传统建筑工程施工工法

主编单位　陕西古建园林建设有限公司

参编单位　陕西建工第三建设集团有限公司
　　　　　陕西建工第七建设集团有限公司

中国建筑工业出版社

图书在版编目（CIP）数据

传统建筑工程施工工法/陕西古建园林建设有限公司主编. 陕西建工第三建设集团有限公司，陕西建工第七建设集团有限公司参编. —北京：中国建筑工业出版社，2018.5

ISBN 978-7-112-22031-1

Ⅰ.①传… Ⅱ.①陕… ②陕… ③陕… Ⅲ.①建筑工程-工程施工 Ⅳ.①TU74

中国版本图书馆CIP数据核字（2018）第057399号

本书主要面对一线施工管理人员和操作人员，采用图文并茂的形式，较为系统地总结了当前传统建筑工程施工工法。这些施工工法技术内容新颖，具有较高的参考价值。本书分为23项施工工法及6个工程案例，其中施工工法主要包含结构、斗栱、椽子、墙面、屋面、门窗、建筑装饰、油漆彩绘等内容。

本书可作为传统建筑工程施工现场管理人员和操作人员的技术指南。

* * *

责任编辑：赵晓菲　朱晓瑜

责任校对：李美娜

传统建筑工程施工工法

主编单位　陕西古建园林建设有限公司

参编单位　陕西建工第三建设集团有限公司

　　　　　陕西建工第七建设集团有限公司

*

中国建筑工业出版社出版、发行（北京海淀三里河路9号）

各地新华书店、建筑书店经销

霸州市顺浩图文科技发展有限公司制版

北京京华铭诚工贸有限公司印刷

*

开本：787×1092毫米　1/16　印张：18　字数：437千字

2018年5月第一版　　2018年5月第一次印刷

定价：**80.00**元

ISBN 978-7-112-22031-1

（31933）

编 委 会

主编单位： 陕西古建园林建设有限公司

参编单位： 陕西建工第三建设集团有限公司

陕西建工第七建设集团有限公司

主　　编： 姬脉贤

副 主 编： 周　明　俱军鹏　王奇维　王瑞良

编　　委：（以姓氏笔画为序）

王升科　王　波　王　强　王　瑾　王文宝　王永冬

王忠孝　王海鹏　王福华　牛晓宇　艾小明　叶　峥

申佩玉　吕多林　吕俊杰　朱锁权　任文哲　刘　庆

许建峰　李　建　李清楠　肖东儒　何建升　沈　强

张　鹏　张江南　张贤国　陈学岩　陈斌博　周晓红

赵　涛　赵盼秦　钟翔科　秋俊辉　贺黎哲　聂　鑫

康永乐　章纪伟　雷亚军　雷德荣　解　炜　魏　琳

魏更新

审核专家： 刘大可　贾华勇　时　炜

序　一

欣闻由陕西建工集团所属陕西古建园林建设有限公司等单位组织编写的《传统建筑工程施工工法》即将出版，欣喜之余不免又生出几分感想，那就姑且以此为序吧。

住房和城乡建设部一直在倡导和推动建筑施工工法的编写工作，并已在现代施工技术方面取得了显著的成绩，不但基本实现了全覆盖，还能做到只要出现一项新技术、新材料，几乎就能对应编写出一个新工法。相比之下，那些大量早已存在了的传统建筑的施工技术，能形成工法的却不是很多。在这样的情况下，本书的出版对于进一步推动我国建筑业工法的全面普及工作，无疑是有益的。另一方面，如何编写施工工法，这对于许多中小型施工企业甚至一些大型古建施工企业的技术人员来说，往往并不熟悉，本书的出版应该能为工法的编写提供一些参考。对于编写单位而言，要能将传统建筑的施工工法正式出版，除了样本的数量要足够多，质量要足够好，代表性要足够强以外，还要能做到不保守，能乐见其他企业的进步，能有社会责任感。由此可见，本书能公开发行既体现了陕西建工集团的实力和自信，也体现了一个国有企业的责任和担当。

历史建筑因其有形而属于物质文化遗产，传统技艺因其无形而属于非物质文化遗产。无形的技艺要靠有形的建筑才能传承，而有形的建筑要靠无形的技艺才能实现，虽说实物与技艺两者同样重要，但没有了实物靠技艺可以再造，而失传了的技艺靠实物却不一定能再现，从这个意义上讲，技艺尤显重要。多年来陕西建工集团不但始终重视传统建筑，还始终重视对传统技艺的继承，并在两个方面都取得了不少的成果，这从我们见到的这本工法就可略见一斑。

纵观我国的城市建设，一直都存在着历史建筑的保护与现代化城市发展的关系问题，传统工艺也一直存在着继承与创新的关系问题。近些年来，西安的城市建设逐渐开始形成了以“新唐风”为主的民族形式新建筑的城市形象，作为西安城市建设主力军的陕西建工集团，在积极参与探索城市建设如何走上一条具有中国特色和地域特色之路的同时，更着重在传统工艺的创新方面做了许多有益的尝试，本书的部分内容就是他们对传统工艺创新施工的心得。

一段时间以来关于“工匠精神”的话题十分热络，但人们在大谈精神的时候却很少涉及这一精神背后的工匠，似乎更热衷对于这一精神的内涵挖掘和意义的拓展引申，而工匠这个群体的被重视程度依然未见有多少提高。其实显而易见的道理是，没有工匠，哪来精神？不重视工匠，这精神岂不虚无？所以我特别想要表达的是，我们在对这本工法的出版表示赞许和祝贺的时候，更应该对这本工法背后的陕西建工集团的工匠们表达由衷的敬意和谢意！

全国著名古建专家

序　二

以木结构为主的中国古代建筑，也称中国传统建筑，历经数千年的发展，已成为世界独立的建筑体系。随着社会经济的发展和科学技术的进步，传统建筑所用材料也随之发生变化，这些传统建筑材料，逐步被钢筋混凝土及金属材料所替代，替代后的新材料在使用功能和营造技艺上也在发生变化。本书所汇编的工法，正是这些传统建筑材料和营造技艺变化的产物。

无论是传统官式建筑还是地方民族建筑，不同时期和不同地域的建筑风格、建筑材料、营造技艺也随着时间的延续而变化。当今时代，采用新的材料对传统建筑进行新建、扩建或重建时，必然会产生一些新的技术和工法，如预制轻质混凝土斗栱后置焊接安装工法、钢筋混凝土椽子预制及安装工法、屋脊金属瓦型避雷接闪器施工工法、滑秸泥墙面抹灰施工工法、屋面高分子仿真茅草施工工法等。这些新的技术和工法在实施过程中，又会出现一些新问题和质量通病，针对这些质量通病又会制定出新的工法，如屋面檐口防水处理施工工法、钢木结构隔扇门施工工法、混凝土油饰彩画地仗施工工法等。另外，对包括文物建筑在内的历史建筑，在保护和修缮过程中，对一些特殊部位和构件、分项，也要采用一些新材料及新工艺，如木梁、柱因腐朽造成的空洞，无法墩接和更换时，可采用环氧树脂配剂进行灌注填实和加固；对历史建筑的砖石外墙面，为延长其使用寿命，采用悬浮粒子喷射清洗技术；对抗震能力较差的砖内墙采用高延性混凝土进行抹灰加固等。这些工法通过实践、改进和完善后，逐步形成新的工艺标准，并在实际工程中运用。传统建筑施工渊远流长，新的工法必将应运而生，从而推动传统建筑更好地发展。

传统建筑工艺技术需要传承和弘扬，更需要创新和发展。本书收录的这些工法，既是古建技术人员多年施工经验的总结，也是众多工匠集体智慧的结晶。相信这些工法在传统建筑的发展历程中会得到广泛应用，并不断完善。

是为序。

中国营造大师 

前 言 | FOREWORD

中国古代建筑拥有独特的建筑形式和营造技艺，它传承了中华民族数千年以来积累的传统建筑工程技术，众多古建筑见证了中华民族悠久的历史和古老的文明，也是世界建筑史上的宝贵遗产。

在古建筑的发展和传承过程中，无数建筑大师和中国工匠们奉献出辛勤劳动和智慧，在全国各地留下了许多古建筑的杰出作品。随着城市现代文明及科技的发展，运用新材料和新工艺来表现传统建筑形制的仿古建筑应运而生。陕西古建园林建设有限公司等单位担当着继承和弘扬民族传统文化的责任，建造了大量的仿古建筑工程，例如陕西历史博物馆、西安大唐芙蓉园、临潼华清宫、西安楼观台道文化区、汉中诸葛古镇、安康南宫山弘一寺大雄宝殿工程、宝鸡周原国际考古中心等仿古建筑（群）。通过大量的工程实践总结出了传统建筑材料与现代工程材料在施工技术上的操作应用与经验，也为学习实践古代营造技术、传统施工工艺，创新施工技术做“抛砖引玉”之意。

故此，在陕西建工集团指导下，陕西古建园林建设有限公司等单位共同编制《传统建筑工程施工工法》。本书分为施工工法及工程案例两部分，其中施工工法主要包含结构、斗栱、椽子、墙面、屋面、门窗、建筑装饰、油漆彩绘等内容。

《传统建筑工程施工工法》主要是面对一线施工管理人员和操作人员，采用图文并茂的形式，总结了传统建筑施工的技术与管理措施，具有较强的可读性和可行性。《传统建筑工程施工工法》中总结了 20 余项传统建筑施工技术与管理措施，突出了施工可操作性，内容丰富，较好地体现了传统建筑工程施工技术特色，同时也是陕西古建施工企业在其多年施工经验上的成果总结。对传统建筑工程施工现场具有较强的规范、实用、指导和操作性。

因时间关系，书中仍存在一些不足之处，恳请广大专家、读者予以批评指正，我们将不胜感激！

目　录 | CONTENTS

结　构

斗　栱

椽　子

墙　面

屋　面

门　窗

建筑装饰

油 漆 彩 绘

附录　工程案例

结　　构

1　仿唐式建筑现浇混凝土圆柱施工工法

陕西建工第三建设集团有限公司　陕西建工第七建设集团有限公司

王奇维　王瑞良　钟翔科　王福华　许建锋

1.1　前言

古代木构架体系主要由柱、梁、枋、斗栱、椽等构件卯榫组成，圆柱是最重要、最常见的构件之一，其主要承受各构件的荷载并传递于基础。在新型建筑材料不断涌现和发展的今天，向来以木构架为主旋律的古代建筑，也逐渐被现代钢木结构、钢结构、现浇混凝土结构所代替。

传统圆柱施工采取与复杂的斗栱、屋面体系一起支模现浇，此方法支模难度大、钢筋绑扎困难、混凝土不易密实、工序较繁杂、施工周期长、施工费用高，这些问题在卷刹及斗栱部位较为突出。针对以上诸多不利因素，施工企业着重对圆柱卷刹段、斗栱段等部分进行技术研究，经过多次的论证，在西安大唐芙蓉园紫云楼（图 1-1）中率先创新地提出了《仿古建筑预制构件后置焊接安装施工工艺》①。复杂构件与主体结构分解施工，圆柱

图 1-1　西安大唐芙蓉园紫云楼实景

① 《仿古建筑预制构件后置焊接安装施工工艺》是由陕西建工第三建设集团有限公司首先提出并应用的一项创新工艺，其主要内容为"先进行仿古建筑框架施工，穿插进行仿古构件的预制。随后在已完成的框架上依次焊接安装全部仿古预制构件。预制构件安装与主体框架现浇部分有序分解、交叉施工，达到了化繁为简的目的，此工艺已经获批为 2006 年国家级工法，并获国家专利。"

采用多种定型、异形模板组合施工，对节点处进行严格控制。合理解决了圆柱与斗栱、梁枋、柱头等节点关键技术难题。节点处的分层流水，同层构件标高的合理控制，使成型圆柱表面光洁、曲线优美、尺寸一致，卷刹处过渡平滑顺直，较好地体现了仿古建筑的艺术效果。

随后，施工企业在曲江池遗址公园、大唐西市、大唐不夜城等大型仿古建筑群中多次应用本工法，获得较大成功，取得了良好的社会效益和经济效益。在仿古建筑施工中，有极大的推广应用价值。

1.2 工法特点

1.2.1 技术先进：本工法结合仿古圆柱构造特点，进行分段、分层叠合施工。加之与预制构件后置焊接安装技术的融合，不仅使施工层次清晰，而且结构受力明确，质量控制简单易行。

1.2.2 效益显著：本工法大量运用了现代营造技术，对柱头节点进行合理控制，使节点处钢筋、混凝土的复杂工序趋于常规，作业难度小、强度低、工序少、速度快。

1.2.3 经济适用：本工法与传统工艺相比，降低了模板及设施料投入，提高了模板的周转使用率；混凝土成型效果达到清水要求，减少了二次抹灰产生的费用，工期效益显著。

1.2.4 节能环保：本工法大量采用新材料、新工艺，开发运用了多种节能定型、异型模具，减少传统工艺对木材的依赖，为低碳环保技术运用于仿古建筑之中开辟了新路。

1.3 适用范围

本工法适用于仿唐式建筑现浇混凝土圆柱施工，主要应用在仿古建筑檐口斗、栱、升等采用后置焊接安装技术的圆柱施工。

1.4 工艺原理

1.4.1 基本原理

本施工工法是结合后置焊接安装技术提出的，在方法上比较独特。此方法虽然将圆柱形成了独立体系，但由于梁、枋以上短柱较多，梁柱节点由于钢筋较密，加之此处圆柱卷刹，柱子仍然不易一次施工到顶。所以需要创新地将圆柱划分为正身段、柱头段、斗栱段、柱顶段四个施工段，并结合仿古建筑构造特点开发运用多种定型、异型模具组合施工。成型圆柱满足清水要求，加之成熟的彩绘工艺处理，达到与木构架相同的艺术效果。本工法简化了施工工序，缩短了施工工期，节约了成本，使圆柱整体性得到提升。

1.4.2　理论基础

本工法以普通钢筋混凝土结构、模板制作安装、钢构件焊接等成熟技术为基础，进行合理运用。符合设计和现行施工质量验收规范要求，并将现行的标准、规范与古建筑的法式、则例等有机地融为一体。

1.4.3　名词解释

圆柱：用于支承屋面及檐口体系的承重构件。圆柱在古建筑中的位置不同，名称又不同。有檐柱、金柱、山柱、中柱、攒金柱、童柱、擎檐柱等。仿古建筑主体结构及檐口构造见图 1-2。

斗：用于支承柱上体系部分的构件。

栱：连接斗升和升与椽口体系之间的部分。

升：将檐口体系的荷载传递给斗的构件。

耍头：升与升之间直接传递荷载的主要通道。

椽子：在檩、梁上铺设，承受并传递屋面上部荷载。

卷刹：圆柱柱头处上下两端直径不相等，根部略粗，顶部略细的构造。

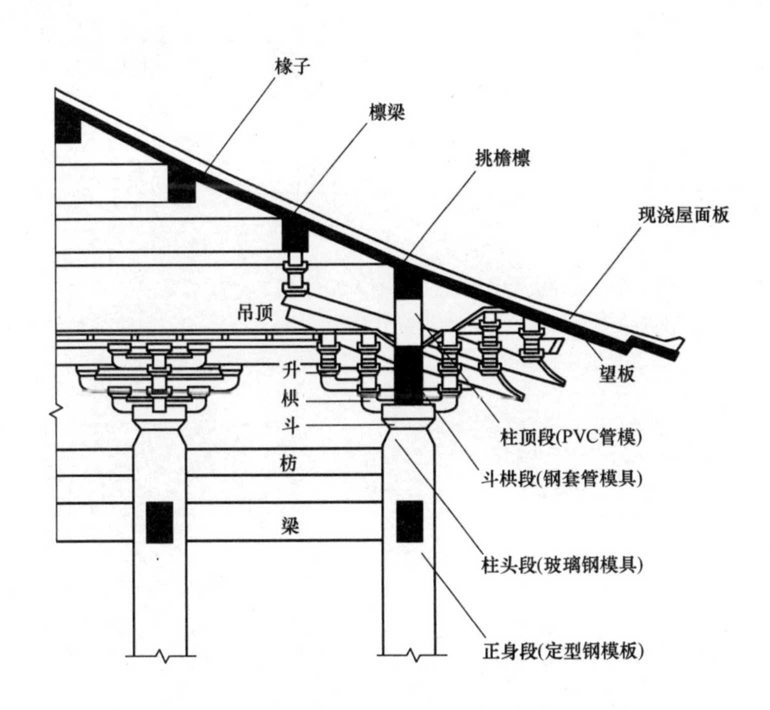

图 1-2　仿古建筑主体结构及檐口构造示意图

1.4.4　仿古建筑现浇混凝土圆柱施工过程示意如图 1-3、图 1-4 所示。

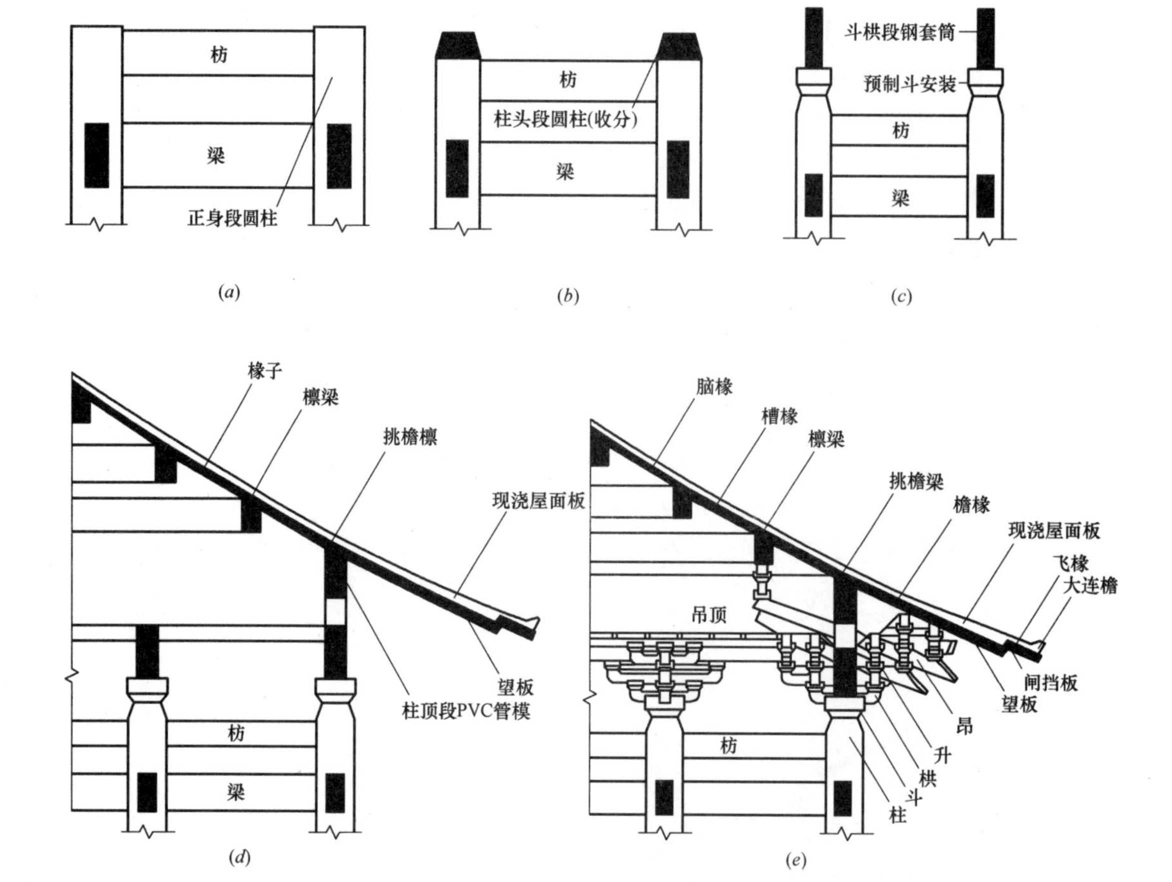

图 1-3 仿古建筑现浇混凝土圆柱施工过程示意图

(*a*) 正身段圆柱及梁枋施工；(*b*) 柱头段圆柱卷刹处理；(*c*) 斗栱段圆柱预埋钢套筒；(*d*) 顶段圆柱及屋面主体施工；(*e*) 斗栱段预制构件后置焊接安装

图 1-4 圆柱与斗栱、屋面支模现浇

1.5 工艺流程及操作要点

1.5.1 工艺流程

1 总体流程

现场准备→定位放样→脚手架施工→圆柱钢筋→圆柱模板→圆柱混凝土→圆柱装饰、彩绘→圆柱础石安装→质量检验。

2 子流程

(1) 定位放线:

施工放样→平面控制→垂直度控制→高程控制。

(2) 脚手架施工:

脚手架设计→外脚手架搭设→内脚手架搭设。

(3) 圆柱钢筋施工:

圆柱主筋施工→圆柱箍筋施工→圆柱保护层控制→圆柱钢筋成品保护→圆柱钢筋隐蔽验收。

(4) 圆柱模板施工:

正身段圆柱模板(定型钢模板、定型高强塑料模板)→柱头段圆柱模板(异型木模板、异型玻璃钢模具)→斗栱段圆柱模板(特制钢套筒)→柱顶段圆柱模板(PVC管模)→模板拆除。

(5) 圆柱混凝土施工:

混凝土浇筑→混凝土振捣→混凝土养护→施工缝处理→季节性施工。

(6) 圆柱油漆彩绘及装饰装修:

涂刷水泥素浆→腻子修补→第一遍满刮腻子→第二遍满刮腻子→第三遍满刮腻子→弹分色线→刷第一道油漆→刷第二道油漆→柱础石安装。

1.5.2 操作要点

1 定位放线

(1) 施工放样:首先,编制施工放样专项方案。认真将各层建筑平面与同层结构核对。从建筑剖面图和外墙大剖面图,分析各构件和圆柱的构造关系,弄清楚结构的受力特点。可以考虑制作立体比例模型进行施工放样。利用模型尺寸在现场地面放出足尺大样,而斗栱、圆柱支模体系也很快得以解决。对无法直接从图纸读取的数据应采用仿古建筑CAD或3D数字模型放样控制技术进行分析及研究,并反复进行验证、改进,保证放样准确,详见图1-5、图1-6。

(2) 平面轴线控制:由于仿古建筑构造复杂,有些楼板面不便于架设经纬仪或出现遮挡经纬仪视线的情况,所以根据场地实际情况,可以考虑采用激光铅垂仪进行竖向十字控制点的传递。仿古建筑中由于柱顶节点处梁枋集中,相互重叠遮挡,用下面圆柱轴线直接测放顶部短柱轴线比较困难,所以此处短柱轴线可以将结构板面上纵横主轴线外放0.5~

图 1-5　1∶10 的木质比例模型

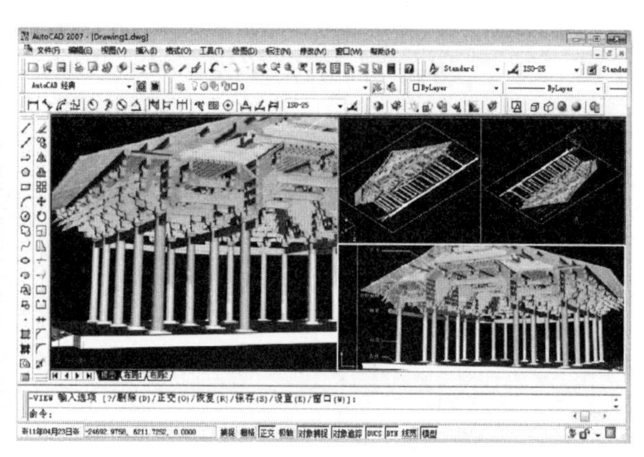

图 1-6　仿古建筑 3D 数字模型放样

1m，用吊线锤上引测放至梁、枋处做好标记。此轴线作为安装柱顶模板及钢套筒的定位控制线（图 1-7）。

（3）垂直度控制：施工中应随时严格校核、检查圆柱垂直度，误差应小于 3mm，保证准确无误。以免由于柱子偏差过大，造成预埋钢套筒偏移，使斗栱上下不在一条垂线上。所以，圆柱垂直度的控制在后置焊接安装工艺中显得相当重要（图 1-8）。

图 1-7　现场施工定位放线

图 1-8　圆柱垂直度控制

（4）高程控制：根据给定的高程基准点，将高程引测到施工区，每栋楼要求至少有两个水准标高控制桩，以便校测。圆柱下部定型模板支设和混凝土浇筑采用结构 0.5m 线引至柱顶附近安装好的钢筋上，并用红油漆标识此高程引测线。以此为依据进行柱顶端混凝土浇筑标高的控制，此处严格控制混凝土标高，可以为卷刹模板安装打下基础，减少漏浆现象的发生。圆柱各段标高都应采用 0.5m 线标高进行校核，避免圆柱各段相互引测造成标高误差的传递。

2　脚手架施工

（1）脚手架设计：仿古建筑由于其造型复杂多变、高低错落，主体施工中由于进度的需要，不能实现按部就班的施工，客观要求采用分段施工。针对仿古建筑的外形结构及主体圆柱分层施工的特点，需要在一些特殊部位进行脚手架的专项设计，垂直分割上下各层施工面，使每层互不干扰创造了施工条件。架体既配合了主体框架的施工，又保证了斗栱、翼角部位的施工安全（图 1-9）。

图 1-9 圆柱垂直度控制

（2）外脚手架搭设：外回廊檐口施工时一般采用悬挑式外脚手架，底部采用 18～22 号工字钢进行受力支撑，每 1.5～2m 距离设置一根。工字钢长度为 3～6m 左右。檐口脚手架立杆一般按纵向间距 900mm，横向间距为出檐加 500mm（一个人的行走宽度），外立杆高度为檐口标高加 1.8m（密目网高）。立杆与横杆交接处设置双扣件。设置剪刀撑，增加整体强度。架体附墙支撑采用内侧一排混凝土圆柱，柱上半部还有斗栱装饰，故不宜附着。圆柱外架施工完毕后，可以继续进行斗栱、翼角部位的施工。

（3）内脚手架搭设：由于仿古建筑内部层高都较大，所以在进行内部圆柱模板安装时必须考虑到架体应有足够的牢固性和稳定性，在允许荷载和气候条件下架体不产生变形、倾倒或摇晃现象，确保施工人员安全。满堂架必须和操作外架分开。脚手架钢管搭设时不得遮挡各控制线位置，并且应避开预制构件安装的位置。

3 圆柱钢筋施工

（1）圆柱主筋施工：圆柱主筋竖向连接按照图纸设计及规范的要求严格进行施工。柱顶卷刹处柱子变截面处，主筋应向内部进行连续弯折向上，并与檐檩以下柱主筋进行焊接连接或机械连接。圆柱与梁节点处由于钢筋较密，加之此处柱顶卷刹，圆柱和梁不能实现一次性配置定型模板。梁下部受力钢筋在浇完圆柱后采用植筋方案与柱子内预埋件进行焊接连接，梁上部筋贯通。立枋、檩采用现浇方案与柱子的预留筋连接。但采用植筋焊接方法施工时易伤到柱子主筋，用冲击钻打孔时对混凝土破坏也较大。所以梁、枋与柱子接头还可以采用泡沫块预留孔方案施工（图 1-10）。

图 1-10 圆柱钢筋施工

（2）圆柱箍筋施工：箍筋一般采用圆箍或螺旋箍，采用圆箍施工时按照图纸设计间距，先将圆箍套在下层短柱伸出的搭接主筋上，然后立柱子主筋，在搭接长度内将圆箍与主筋进行绑扎，扎丝扣向柱子中心。柱基、柱顶、梁枋交接处间距应按设计要求严格进行箍筋加密，卷刹处的箍筋要按不同截面处的直径进行加工处理。采用螺旋箍进行施工时将箍筋缠绕至主筋上并用点焊焊牢。由于螺旋箍缠绕方向与柱子受 45°剪切破坏时的方向一致，所以为保证柱子整体刚度及抗扭刚度，按每隔 1m 增设加劲箍，并在主筋和箍筋之间增加附加点焊。

（3）圆柱保护层控制：按照规范规定严格控制柱子主筋保护层厚度，在柱子主筋上应设置塑料定位卡或砂浆垫块，塑料定位卡及砂浆垫块的竖向间距一般按 500mm 梅花型进行设置。柱子变截面处放内、外双定位卡，并且还应在柱顶增设定型钢筋定位箍。

（4）圆柱钢筋成品保护：加工成型的钢筋应挂牌标识，应将不同规格、不同形状的钢筋分别整齐捆绑堆放，防止受压变形；不得在安装模板时踩踏、搬动及切割已加工好的圆柱钢筋；为防止混凝土浇筑时柱子主筋偏移，应派专人对柱子位移钢筋进行校正处理；模板涂刷隔离剂时，严禁污染钢筋；在主筋和箍筋之间增加附加点焊时要避免烧伤主筋。

（5）圆柱钢筋隐蔽验收：圆柱的钢筋绑扎完毕后必须严格按照《混凝土结构工程施工质量验收规范》GB 50204 中钢筋分项工程进行隐蔽验收，并做好隐蔽验收记录，在卷刹处、变截面处、梁枋柱节点处应进行重点验收控制，验收合格后方能进行模板安装。钢套筒的检查验收也应该按照现行《钢结构工程施工质量验收规范》GB 50205 严格进行执行。

4　圆柱模板施工

仿古建筑结构工程混凝土的质量高低主要体现在模板工艺上，合理选择模板体系和进行模板设计、施工是关键环节，为体现仿古建筑艺术效果，充分运用了现代营造技术，将圆柱划分为正身段、柱头段、斗栱段、柱顶段四个施工段，并结合圆柱构造特点开发出多种异型及定型模具（在圆柱下段采用定型钢模板或定型高强塑料模板；圆柱卷刹处采用异型木模具或玻璃钢模具；在斗栱处的圆柱采用特制钢套筒，先作为圆柱混凝土模板，后作为焊接安装预制构件的载体；圆柱最顶端采用 PVC 定型管模）。成型圆柱上下轴线一致，大小形状、柱头节点的处理质量较好。

（1）正身段圆柱模板

1）定型钢模板

在仿古建筑中对于模板的要求较高，现在较多的圆柱采用定型钢模板进行施工（图 1-11）。采用其浇筑的混凝土柱子效果好，能达到清水混凝土的效果，在剪力墙结构的转角柱中，模板为异形，加固连接较为困难，钢模板此时有较大的优势。定型钢模板在模板厂进行专门的拼装式设计和制作，在现场进行安装。圆柱模板进场后为避免混淆误用，一般用醒目字体对模板编号，安装时对号入座。

图 1-11　圆柱定型钢模板

钢模板安装前根据测放出的纵横主轴线、圆柱十字轴线并结合模板直径的实际情况，在已施工好的结构板面上弹放模板矩形控制线，每侧宽出圆柱模板外边缘 200mm，以便检查效验圆柱模板。在模板矩形控制线弹设完毕后项目部需派专人进行验线，用 90°夹角法校验模板控制线的方正，用钢卷尺检查平面尺寸误差应小于 3mm。

在柱脚处摊铺护脚砂浆，再将钢模板按照事先放出的外放控制线进行放置安装。上部钢模板的拼装，在模板下口找平，然后将模板逐块吊至柱钢筋处，第一片模板就位后应设临时支撑或用铁丝与柱主筋绑扎临时固定，随即安装第二片柱模并对准定位轴线，将模板就位并用螺栓将模板组合起来，使之成筒形。多节柱模拼接使用时要注意上下对齐，然后在模板周围沿竖向设置钢管，柱模接口处要求平滑、尺寸精确。采用花篮螺丝调整垂直度（图 1-12）。

图 1-12 定型钢模板加固

2）定型高强塑料模板

定型高强塑料模板是这些年发展起来的新型模板，其质量轻、操作简单、造价较低、周转次数多。由于其良好的适用性，慢慢开始在构造较为复杂的仿古建筑中进行运用，在节点处的实施效果较好。但定型高强塑料模板由于热胀冷缩，此方法受外界环境影响，建议工程中小式建筑采用。并且为增强模板整体垂直刚度，一般沿柱模高度方向应每隔 300～500mm 增设一道钢肋。并采用 10 号槽钢和花篮螺丝来进行外围加固。每根柱模安装完毕后应对模板的轴线位移、垂直度偏差、对角线扭向等全面校正后用钢管固定，安装一定流水段的柱模后，全面检查安装质量。模板加固后内径应符合设计要求，钢肋应钉固牢靠，弧度规矩，接缝不应有张口或凹凸现象，两个半圆模板应接缝严密（图 1-13）。

图 1-13 圆柱高强塑料模板

（2）柱头段圆柱模板

1）柱头卷刹

柱头是混凝土圆柱的重要组成部分，对于仿古整体效果起着画龙点睛的作用。中国古代的圆柱上下两端直径一般是不相等的，而是根部略粗，顶部略细，这种作法称为“卷刹”。小式建筑卷刹的大小一般为柱高的 1/100。大式建筑柱子的卷刹规定为 1/1000。唐式柱有直柱及梭柱之别，梭柱上段三分之一，卷刹渐收。清式角柱与平柱同高，角柱不生起，且柱均为直柱，无卷刹

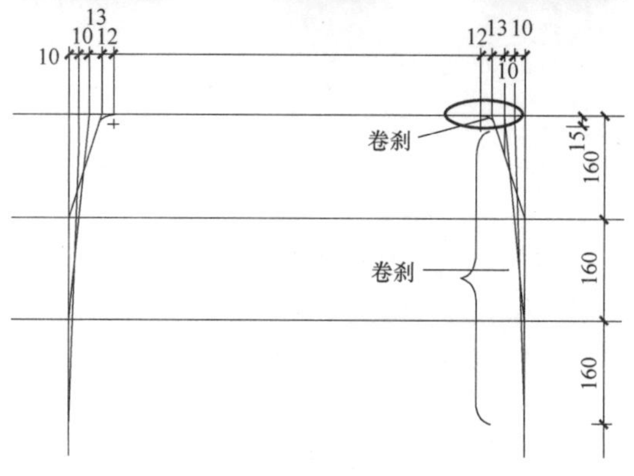

图 1-14　圆柱柱头卷刹、卷刹

(图 1-14)。

2) 异型木模具 (卷刹处理)

柱顶卷刹处采用定型钢模板制作难度较大，模板二次使用的几率较小，费用投入大，不经济。所以可以采用异型木模具拼装施工 (图 1-15)。首先根据柱高 7/1000～1/100 长度作稍度长度的控制线，1/100 柱高即为稍度部分，采用木板挖去半圆来制作凹形柱箍，由于柱子卷刹上下直径不一致，所以凹形柱箍应按卷刹圆柱的不同位置测算出直径分别制作。随后在其内侧钉宽 40mm、厚 40mm 的一边带弧形的三角木条作为竖勒，将三角木条挤压拼凑形成圆弧模，并在三角木条上钉一层 2mm 厚的镀锌铁皮，两块相同的圆弧模即组成一套圆柱模板。对于直径较大或高度较高的卷刹柱子，可以适当加密内三角木，增加木模的刚度或厚度。

图 1-15　圆柱异型木模具

异型木模具加固时采用钢管组成的六边形箍来加固，顺柱子按 200mm 一道，两块模板对接处采用螺栓紧固，用木楔将空隙处塞满，并用铁丝将模板全部缠紧加固。直径较大的柱子还应该在模板中间穿对拉螺杆。异型木模具可以多次利用，但由于使用次数过多圆弧度改变，内径变小，容易出现漏浆现象。所以在两块模板对接处采用双面密封胶带防止漏浆。二次加固时一定要下功夫，多增加几套套箍，保证混凝土柱模形状不改变。

3) 异型玻璃钢模具 (卷刹处理)

随着国内建筑市场对施工工艺水平和质量要求的不断提高，模板技术在多样化、标准化、系列化等方面取得了可喜的成绩。其中，玻璃钢体系以其轻质高强、耐热腐蚀、电绝缘好等优良特性及施工工艺完善已渐成趋势，在快速发展的仿古建筑中得到广泛的应用。

施工技术人员创新地开发出一种用玻璃钢制作卷刹柱头的方法（图 1-16），首先采用电脑制作模板三维图形，制作石膏胚胎，然后翻制玻璃钢模具。为满足模具刚度要求，采用以环氧树脂为粘结材料，低碱玻璃平纹布作为增强材料的工具式玻璃钢模板，柱头模板面层为高性能耐腐蚀树脂，模板厚度为 2.5mm，模板厚度均匀一致、光滑，无接缝高低差，模板直径误差小于 2mm，边肋采用 2mm 厚的扁铁，三条扁铁间距 160mm 的钢带横肋，竖向采用间距 200mm 的三道钢肋。

图 1-16　圆柱异型玻璃钢模具的开发

转角处圆柱“卷刹”模板为 180°、270°圆，模板加固时各个面上的法向应力是均匀、相等的增长，在模板边与墙体相接的位置，最容易产生力学的膨胀现象，即模板临边的定型、定位问题，采用在紧贴柱两边的墙体上预埋穿墙螺杆来解决问题。玻璃钢圆柱模板的接缝是影响施工效果的最重要因素，为了达到理想的施工效果，采用螺栓拼缝（螺栓 M10 的竖向间距为 151～152mm 均布）。异型玻璃钢模板通过多个工程运用，浇成的柱子效果也较好，单套模具周转 30 次以上，未出现变形、破损现象，满足模具刚度、强度要求。模具成型效果曲线流畅，尺寸误差与图纸设计尺寸误差在 2mm 以内。玻璃钢模具施工的圆柱柱头达到清水混凝土效果（图 1-17）。

（3）斗栱段圆柱模板（特制钢套筒）

由于在圆柱卷刹上口至檐檩这段高度需要承接大量的预制斗栱，我们采取了带铁脚的 8mm 厚钢套筒进行焊接施工。此工艺为我们在紫云楼施工时的创新技术（后置焊接安装技术），钢套筒前期为浇筑圆柱混凝土时的模板使用，后期主体框架混凝土强度达到设计值时，又作为斗栱的受力载体，将预制斗栱焊接之上（图 1-18、图 1-19）。

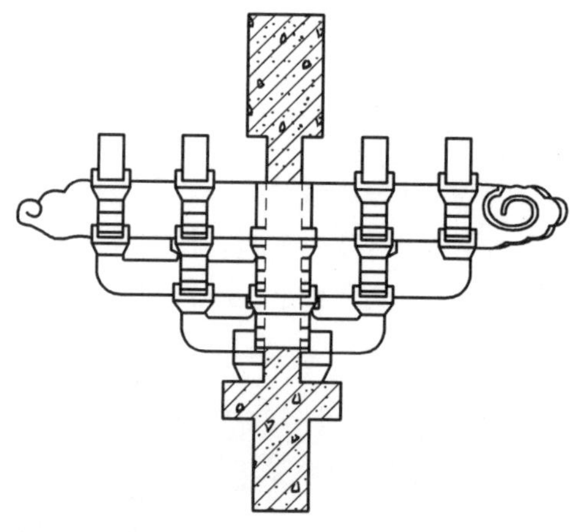

图 1-18　圆柱特制钢套筒模具

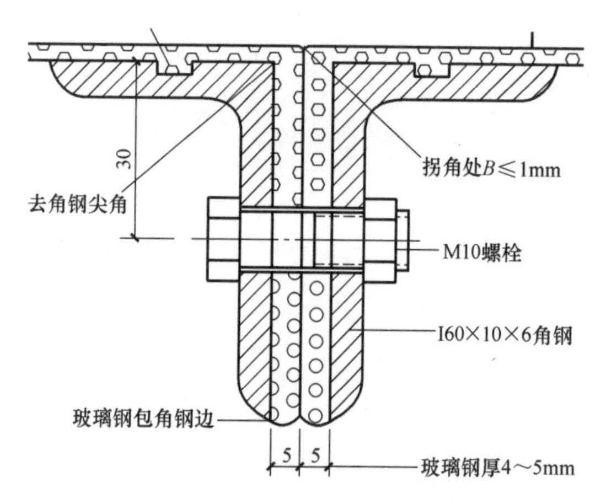

图 1-17　圆柱异型玻璃钢模具的加固

图 1-19　预制斗栱后置安装

圆柱钢套筒根据现场实际情况进行专门加工制作，有圆筒形的、也有半圆形的，需要厚度≥8mm 的 Q345 特制钢板。与其相连的锚筋长度必须大于现行国家标准规定的钢筋最小锚固长度。钢套筒在安装固定时还应该确保柱子主筋保护层厚度，并且复核其标高及中轴线位置；其外径比设计圆柱外直径应略小 10～20mm，以便后期的装修、防腐处理时的需要。在浇筑混凝土前钢套筒外表面还应用胶带包裹严密，避免在混凝土浇筑时污染表面，影响后期焊接质量。在斗栱等预制构件全部安装焊接完毕后，将钢套筒刷第一道防腐油漆，以盖底不流淌、不留刷痕为宜。

安装时采用绳索套好绕过桅杆滑轮，通过滑轮升起钢套筒，将其从柱筋上套下去，并将柱模转正、临时加固，后与柱主筋进行点焊连接。钢套筒轴线位置的矫正通过外放的 200mm 矩形控制线从相互垂直的两个方向去校正。钢套筒标高校正依据标高控制线完成。仿古建筑主导工序的改变，从根本上简化了异型模板的从制作到安装的过程控制，保证了构件达到清水混凝土效果，还可提高质量控制水平。

(4) 柱顶段圆柱模板 (PVC 管模)

仿古建筑圆柱柱顶构造较为复杂，短柱以上梁、枋较多，梁柱节点由于钢筋较密，与斗栱、檩梁的相应衔接，此处采用PVC管模板进行施工。首先，根据柱子高度、直径选好PVC管料，然后用锯割开PVC管，分成两半，两块相同的圆模即组成一套圆柱模板。模板对接缝用角钢2×L40×5，ϕ12@300钻孔，用U形卡扣紧。柱身用小腰箍钢板－3×20@370，大腰箍钢板－3×100@500箍紧，保证柱不变形。最后还应采用铁丝将模板全部缠紧，再用钢管组成的矩形箍来加固，沿柱身从上至下每250mm加固一道。为避免在与钢套筒接缝处出现漏浆现象，所以在接缝处采用双面密封胶带防止漏浆。PVC管模板加固完后要及时校正。垂直度的矫正在钢套筒边挂铅垂线，用钢卷尺量测垂线与模板之间的净距，通过微移钢套筒进行调整，再换90°从另一个方向挂线调整，并多次重复（图1-20）。

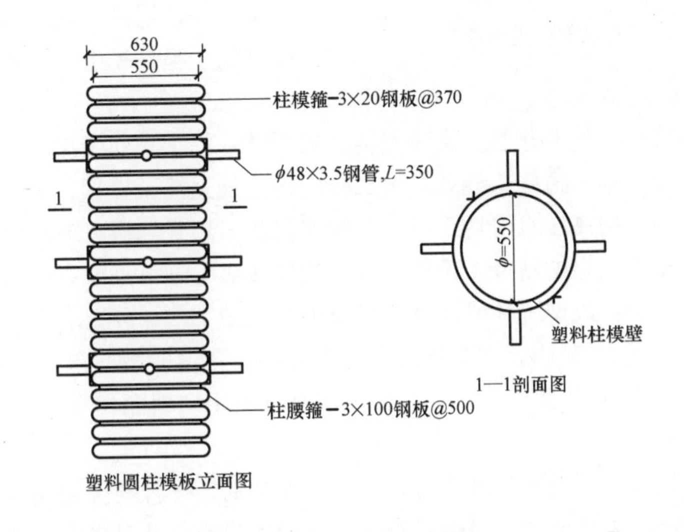

图1-20 柱顶PVC管模剖面

（5）圆柱模板拆除

当圆柱混凝土强度达10MPa时，可开始拆模，首先拆除拉筋，然后拆开组合模板的螺栓，将模板从柱面拉开稍微松动模板，然后在柱模顶部套上绳索，通过滑轮拉起模板。拆开的模板严禁摔撞，拆下的钢模应及时清理干净，钢模板涂刷油质脱模剂，木模板涂刷水质脱模剂，涂刷时严格按操作规程进行。最后将两半模拼好，上好螺栓，竖向放置，严禁叠压横放。

5 圆柱混凝土施工

（1）混凝土浇筑：由于仿古建筑正身段柱子比较高，浇筑混凝土时，应防止混凝土离析。浇筑混凝土前要先检查柱模底部的密封情况，无误后方可浇混凝土。先要在柱模内浇注与混凝土相同强度的砂浆或细石混凝土，防止混凝土离析产生的柱子烂根。同时要时刻注意柱顶预留筋以及柱跑模胀模现象。柱高在3m之内，可在柱顶直接下浆浇筑；超过3m时，应采取措施（用串桶）或在模板侧面开门子洞安装斜溜槽分段浇筑。每段高度不得超过2m，每段混凝土浇筑后将门子洞模板封闭严实，并用箍箍牢。浇筑混凝土时模板工、钢筋工必须在场，应经常观察模板、钢筋、预留孔洞、预埋件和插筋等有无移动、变形或堵塞情况，发现问题应立即处理，并应在已浇筑的混凝土凝结前修正完好（图1-21）。

图 1-21 现浇圆柱成型效果

（2）混凝土振捣：圆柱混凝土应多次分节分层灌注，以免振捣不密实造成空洞。分层振捣使用插入式振捣器时每层厚度不大于 500mm，振捣棒不得触动钢筋和预埋钢套筒。除上面振捣、下面还应随时敲打模板。插点要均匀排列，逐点移动，顺序进行，不得遗漏，做到均匀振实。卷刹处浇捣时要振捣适中，振捣时间不能太长，特别是振捣棒不能接触木模板内壁，保证混凝土柱模形状不改变。PVC 柱模属于脆性模板，严禁振捣时震动棒接触柱模。

（3）施工缝处理：仿古建筑柱头节点构造较特殊，柱子不能一次施工到顶，需留设多道水平施工缝。应在第一道施工缝处，增加竖向构造加强筋至柱顶。各节点施工缝处，模板拆除后及时凿毛，用高压水清理干净，合模前再次清理并润湿。节点处应处理好结构与艺术的统一，须在施工层的划分、模板接缝、构件接槎等细节采取有效措施来控制。

（4）混凝土养护：成型圆柱要注意成品保护及养护工作，外表应光滑平整，满足清水要求。混凝土浇筑完 8h 以内，应对混凝土浇水养护。常温时每日至少浇水养护时间不得少于 7d，以防止混凝土表面产生干缩裂缝。高温时采用塑料布覆盖养护混凝土，保证其全部表面覆盖严密。

（5）季节性施工：高温天气施工时，水泥、外加剂、掺合料等均应入库存放，模板避免烈日直晒或雨淋。雨期期间，应做好防雨、防潮等措施。及时排除搅拌地点的积水。提前编制好冬期施工方案，方案应符合《建筑工程冬期施工规程》JGJ/T 104 相关规定。混凝土浇筑前，应将模板和钢筋上的冰雪清除干净。混凝土浇筑完毕后要在柱子模板外设保温毯进行保温处理。模板拆除后要用薄膜将圆柱表面包裹严密，采用临时防护栏杆予以隔离。加大测温频次，制订大风降温措施避免突然降温引起混凝土表面出现裂缝。

6 圆柱油漆彩绘及装饰装修

（1）油漆、彩绘施工

在西周已开始应用彩色颜料来装饰建筑物，后世发展用青、绿、朱等矿物颜料绘成色彩绚丽的图案，增加建筑物的美感。宋代《营造法式》中就有明确规定，建筑彩画方法分为 6 大类，如何衬底、贴金、调色、衬色、淘取石色及熬炼桐油等工艺，都有具体规定和要求。色彩的运用表现出不同朝代的审美习惯，在应用上等级也相当严格。例如在古代宫殿、庙宇、寺院、官邸等建筑中圆柱色调以褐、红两色为主，凡色之加深或减浅，用叠晕之法，此方法自唐至清所通用。

混凝土圆柱一般采用无光漆来饰面处理（皇家宫廷多以赭红色出现，民间多以深褐色出现），其具体流程为：涂刷水泥素浆（加 5%胶结剂修复）→腻子修补→第一遍满刮腻子→第二遍满刮腻子→第三遍满刮腻子→弹分色线→刷第一道油漆（可施涂铅油以盖底不流淌，不留刷痕为宜）→刷第二道油漆（用调和漆施涂，应多刷多理，达到薄厚一致，不流不坠，漆膜饱满)。油漆后达到与木构架相同的艺术效果，为仿古建筑增添了光彩(图 1-22)。

图 1-22　现浇混凝土圆柱油漆后效果

(2) 装饰施工 (柱础石安装)

柱础石 (俗称磉盘，又称柱顶石，如图 1-23 所示)，是承受房屋立柱压力的奠基石，起到相对的防潮作用。唐、宋时期开始就比较讲究柱础的雕刻，不仅造型各异。到了明清雕饰更加丰富，工艺已达到极高水平。现代仿古建筑中柱础石已变为半装饰品，失去原有的功能和作用，只是为增加建筑物的宏伟气势。仿古建筑中柱础石一般采用石灰岩、花岗岩进行工厂预制雕刻成型，多以雕有莲瓣的覆盆式柱础石出现。其以柱径加倍定尺寸，由于柱础石上皮凸出地面少许 (0.2 柱径)。柱础石安装时必须牢固平稳，位置正确，物件端正，整体顺直整齐。用水准仪和尺杆控制柱顶石标高。石缝对接触灰缝应平直，宽度均匀，勾缝整齐、严实、干净。

图 1-23　仿唐式建筑莲瓣柱础石

7　质量控制要点

(1) 圆柱模板应尽量采用定型模板，以保证构件的标准化。钢模板施工，刚度较好、周转次数多，但同时钢材易返锈，且易产生气泡。这是施工中需要控制的重点。

(2) 柱模底部密封无误时方可浇筑混凝土，浇筑高度至额枋底部，及时检查跑模胀模现象。如果采用泵送混凝土，泵管架子不得与柱模架子相连，防止泵管振动影响柱子位置的准确性。

(3) 对圆柱卷刹处及梁、枋、柱节点处不易控制的地方进行跟踪指导，钢套筒安装时保证不出纰漏。严格控制此处脱模时间，保证混凝土的强度，坚决保证构件的完整无损，不缺楞少角。

（4）柱础石选择时不得使用带有裂缝、炸纹、隐残的石料。表面雕刻应造型准确，线条清晰流畅，根底清楚，空当处应清地扁光，不露扁子印或錾印。

（5）油漆工程时当刷完第一道油以后，再刷第二道油，有时会碰到第二道油在第一道油皮上凝聚起来，好像把水抹在蜡纸上一样，这种现象，叫作“发笑”。为防止发笑，每刷完一道油可用肥皂水或酒精水，满擦一遍，即可避免这种现象。

1.5.3 成品保护

1 加工成型的钢筋应挂牌标识，应将不同规格、不同形状的钢筋分别整齐捆绑堆放，防止受压变形；不得在安装模板时踩踏、搬动及切割已加工好的圆柱钢筋；

2 模板按规格、型号堆放，不得混淆和乱放。

3 模板安装固定好后，在浇筑混凝土之前必须保护，严禁人员踩踏。

4 模板涂刷隔离剂时，严禁污染钢筋；在主筋和箍筋之间增加附加点焊时要避免烧伤主筋。

5 要采用临时防护栏杆予以隔离。避免受到强烈碰撞而掉角。禁止在成品圆柱上悬挂重物或进行其他施工作业。

1.6 材料与设备

1.6.1 主要材料

1 模具、模板材料：定型钢模板、木模板、石膏、PVC 管、钢套筒、玻璃钢、木条、镀锌铁皮、扁钢、覆膜胶合板、槽钢、圆钉、方钢管铁丝、方木、脱模剂等。

2 施工材料：普通硅酸盐水泥、砂、石子、水、预拌混凝土、脱模剂、钢板、槽钢、圆钉、焊条。

1.6.2 施工机具

钉锤、振捣器、覆膜胶合板、钢筋切断机、钢筋弯曲机、塔吊、电焊机、电锯、焊钳、焊锤等。

1.6.3 测量仪器

经纬仪、水准仪、卷尺、水平尺、线锤、靠尺、卡尺。

1.7 质量控制

1.7.1 施工验收标准

1 工程施工质量验收要求

除应达到本工法规定要求外，还必须满足以下规范要求：

《建筑工程施工质量验收统一标准》GB 50300；

《混凝土结构工程施工质量验收规范》GB 50204；

《古建筑修建工程施工与质量验收规范》JGJ 159。

2 主控项目

（1）混凝土圆柱外观质量尺寸偏差及结构性能应符合设计要求。

（2）钢筋强度等力学性能必须符合设计要求。

（3）混凝土的砂、石及外加剂必须符合设计和规范的要求，要有出厂合格证、检验报告、复试报告。

（4）混凝土的配合比、搅拌、运输及养护要符合规范的规定。

（5）模板安装必须保证轴线和截面尺寸准确，垂直度和平整度符合规定要求。

（6）模板必须选用变形小、坚固的模板，能保证达到清水混凝土的效果。模板安装后应保证整体的稳定性，确保施工中模板不变形、不错位、不胀模。

3 一般项目

（1）预埋件规格及位置符合设计要求。

（2）混凝土浇筑完毕应及时覆盖、浇水养护。

（3）混凝土外观质量不宜有一般缺陷。

（4）现浇结构尺寸允许偏差项目和检验方法（表 1-1、表 1-2）。

圆柱模板安装的允许偏差和检验方法 **表 1-1**

项目			允许偏差(mm)	检测方法
1	圆柱轴线位置		5	钢尺检查
2	标高	层高	±10	经纬仪或吊线、钢尺检查
		全高	±30	
3	模板截面内部尺寸		+4，−5	钢尺检查
4	模板垂直度	层高	6	经纬仪或吊线、钢尺检查
		全高 H	H/1000 且≤20	经纬仪、钢尺检查
5	圆柱模板表面平整度		5	楔形塞尺检查

圆柱现浇尺寸允许偏差和检验方法 **表 1-2**

项目			允许偏差(mm)	检测方法
1	圆柱轴线位移		8	钢尺检查
2	标高	层高	±10	经纬仪或吊线、钢尺检查
		全高	±30	
3	圆柱、梁截面尺寸		+8，−5	钢尺检查
4	圆柱垂直度	层高	8	经纬仪或钢尺检查
		全高 H	H/1000 且≤20	经纬仪、钢尺检查
5	圆柱表面平整度		8	2m 靠尺和塞尺检查
6	预埋钢套筒中心线位置偏移		10	钢尺检查
7	主筋保护层厚度		+10，−5	保护层厚度测定仪

(5) 模板的拼缝要平整，堵缝措施要整齐牢固，不得漏浆。模板与混凝土的接触应清理干净，隔离剂涂刷均匀。

1.8 安全措施

1.8.1 现场安全管理应执行以下规范：

《建筑施工安全检查标准》JGJ 59；
《建筑施工扣件式钢管脚手架安全技术规范》JGJ 130；
《施工现场临时用电安全技术规范》JGJ 46；
《建筑施工高处作业安全技术规范》JGJ 80。

1.8.2 安全管理的内容

1 安全技术措施需针对施工项目的特点进行编制。
2 起重设备、吊装机械安装和撤出需制定专项安全措施。
3 施工脚手架搭设应编制施工安全技术措施。
4 每一分部、分项工程施工前，工长必须向操作人员进行安全技术交底。
5 项目经理部应重视安全检查工作，发现问题应及时纠正。
6 易燃、易爆、有毒作业场所必须采取防火、防爆、防毒措施。
7 照明条件应满足夜间作业要求。

1.9 环保措施

1.9.1 环保管理措施

1 现场模板隔离剂应盛装在可靠的物品内，防止渗漏污染地面。
2 混凝土浇筑养护的废水应经过沉淀后排放。
3 尽可能降低施工噪声污染，作业区应远离居民区。
4 夜间施工向有关部门申请批准，并张贴安民告示。
5 施工现场设置垃圾箱，专人负责打扫、清运。

1.10 效益分析

1.10.1 经济效益

本工法从根本上改变了圆柱的施工流程，尤其简化了节点部位的施工工序。减少施工模板设施投入与消耗，增加模板的周转使用。结构成型混凝土能达到清水效果，不再进行二次抹灰。采用与后置焊接安装技术的配合施工，流水作业、效率较高、缩短了工期，工期效益显著，经粗略计算能节省 9%～12%的工程费用。

1.10.2 环保、节能效益

本工法通过应用异型玻璃钢、特制钢套筒、PVC 管模等轻质、高强模具，融入了环保的理念和技术。减少了施工流程，减少了建筑材料的投入。减少了对木材的依赖，为仿古建筑圆柱施工创造出新思路。减少了二次抹灰的水泥用量，并减少了建筑垃圾，环保、节能效果明显。

1.10.3 社会效益

本工法的形成，延长了仿古建筑结构的使用寿命，减少了维修频次，能将木结构彩绘后效果准确表达，体现了中国古建筑之美。本工法技术水准较高、操作简单易行，卷刹、斗栱部位工序的大量简化，使之成为一项实用性很强的工法，能使以后同类仿古建筑可以有效借鉴和利用。通过运用本工法的多个大型仿古建筑群的建成，为西安发展“唐皇城复兴计划”打下了坚实基础；也为国家增添了宏大、气派非凡的历史文化载体，传承、弘扬了中国古代文化；为促进中、外文化交流，展示盛唐文化，提供了多个现实的平台。

1.11 应用实例

1.11.1 大唐芙蓉园紫云楼

该工程 2003 年 6 月开工，由主楼、飞桥、四座阙楼连接而成，为四层框剪结构，建筑面积 9121m²。圆柱下部采用定型钢模板，卷刹及圆柱最顶端采用异型 PVC 管模，圆柱斗栱处采用钢套筒，并在此创新性地提出斗栱后置焊接安装工艺，施工质量较好。

1.11.2 曲江池遗址公园

曲江池遗址公园工程 2007 年 10 月开工，为平民化仿古园林，给人一种返璞归真的感觉，标志性建筑阅江楼为四层重檐框架结构，五个攒尖古岸亭，建筑面积约 9600m²。圆柱下部采用定型钢模板，也采用了部分高强塑料模板，圆柱卷刹采用异型木模板，圆柱斗栱处采用后置焊接技术，圆柱顶端采用 PVC 定型管模，施工质量较好。

1.11.3 大唐西市

该工程 2007 年 5 月开工，钢筋混凝土框架结构，仿古构件较简单，总建筑面积为 68027m²。有庑殿顶、攒尖顶、重檐顶、悬山顶、歇山顶等多种形式，翼角形式多。圆柱下部采用定型钢模板，圆柱卷刹创新地采用异型玻璃钢模板，圆柱斗栱处、柱顶端采用异型木模板，施工质量较好。目前，大唐西市金市广场、崇善坊和大唐西市金市工程已施工完毕，后续的盛世坊、大鑫坊等继续采用本工法施工。

本工法工序流程少、作业难度低、生产速度快、可实施性强，成功解决了诸多的施工难题，圆满实现了各项工程建设目标，整体质量优良，经总结形成了一套成熟的施工工艺，为以后同类工程施工积累成功的经验。具有良好的推广价值和发展前景。

2 仿清官式建筑结构施工工法

陕西建工第三建设集团有限公司

时　炜　王奇维　张贤国　王忠孝　解　炜

2.1 前言

明清时期是中国古代建筑体系的最后一个发展阶段，明代的官式建筑已经模数标准化，风格定型化，而清代则进一步制度化。明清建筑具有明显的复古取向，官式建筑由于形式上斗栱比例缩小，出檐较短，柱础、柱的生起、收分不再使用梁枋的厚重比例，建立严谨而硬朗的基调，所取的装饰效果更加明显。

古代建筑多为木结构，而我们现在建造的仿古建筑，基本上是用混凝土结构代替木结构，以再现古建筑风采。经查阅大量的资料发现，目前施工明清风格的建筑时，在斗栱构架体系中基本上是采用木质斗栱，极少数工程采用混凝土，即使采用，其斗栱体系都很简单，五踩及五踩以上采用钢筋混凝土制作是较少的。这就对复杂的仿明清建筑混凝土结构施工提出了新的更高的要求，最困难的当属柱头以上的构架体系的制作。

施工企业总结多年的施工经验，针对明清建筑结构施工进行深入研究和实践，创新形成了一整套完善的施工技术，总结形成了本工法。通过本工法在工程中的实际应用，取得了良好的效果，得到有关专家的肯定，具有很强的推广应用价值。

2.2 工法特点

本工法针对明清建筑斗栱体系中单件尺寸小巧、相互关系严密的特点，对混凝土斗栱体系采用了分单件预制再拼装组合，组合件整体吊装及就位，最后用垫栱板及檩的现浇混凝土进行固定。通过对斗栱体系的合理分解，构件标高、位置的合理控制，使构件层次清晰、结构安全可靠、施工操作灵活、工效显著。与采用传统的在作用面分层现浇工艺及分单件预制、再在高空建筑结构上逐层单件安装的工艺相比较，具有生产效率高，构件的结合好，建筑结构的整体安全性能大大提高，安装效率大大提高，节约劳动力，减少安全事故的发生，加快施工进度等优点。

2.3 适用范围

本工法适用于仿清官式建筑的混凝土结构施工。

2.4 工艺原理

本工法以达到清水混凝土效果为目的，针对明清风格建筑复杂的仿古建筑檐口构造。主要通过单件预制、再组合成完整的1/2攒单坐斗斗栱体系或者多坐斗斗栱体系的一层并经过几次重复施工形成1/2攒多坐斗斗栱体系、吊装1/2攒斗栱体系，并通过精确定位加固，最后浇筑垫栱板混凝土与建筑结构结成一体。形成完整的斗栱体系，再施工上部的枋和檩及屋面。

建筑结构和构件位置、名称如图2-1所示。

图2-1 建筑结构和构件位置、名称示意图

2.5 工艺流程及操作要点

2.5.1 仿明清建筑结构施工工艺流程见图2-2。斗栱体系预制是本工艺流程图的关键子流程。

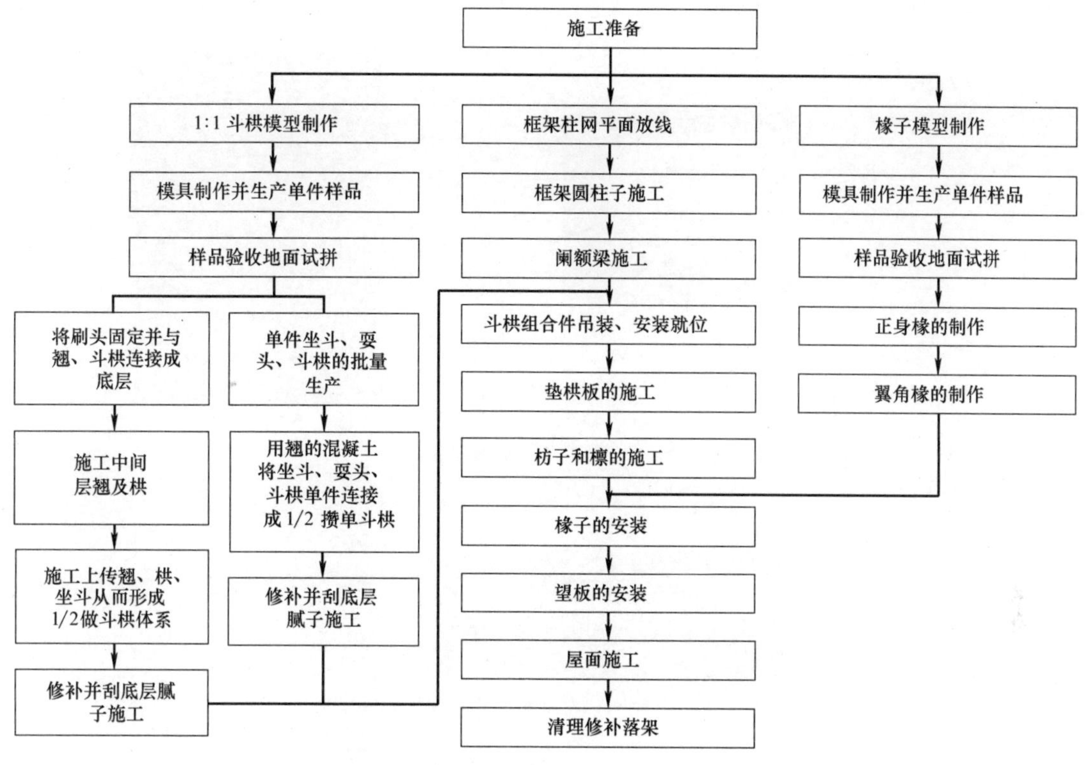

图 2-2 仿明清建筑结构施工工艺流程图

2.5.2 操作要点：

1 平面弹线：结构施工前，平面放线，要设十字中线控制点位、外边控制线、角柱要设45°控制线。各层施工前把十字线和外边控制线及角柱45°线投测到楼面上。

2 圆柱子施工

（1）弹柱边线：根据模板的情况弹出柱边控制线，每侧外放200mm，以便于检查、校正模板。

（2）钢筋绑扎：竖向钢筋在柱头的单面卷刹处的钢筋要向内收，箍筋设三道定位卡。

（3）柱模板：根据柱子边控制线，安放柱子模板并校正，外部用槽钢加螺栓并配合钢管固定，特别注意角柱和柱头的卷刹（卷刹为定型模具）位置、方向、标高均要一致。

（4）混凝土施工：混凝土采用泵送混凝土，应根据柱子的高度分几次浇筑成功，每次间隔时间应小于混凝土的初凝时间。浇筑高度至坐斗底30mm，混凝土泵管的架子不要同加固柱子的架子相连接。

3 斗栱预制

（1）模型制作：各单件的模型按1∶1的比例制作，保证单件尺寸误差在2mm以内，模型经过设计单位认同后，再以该模型为内胎制作成模具，新型耍头模具示意如图2-3所示。

（2）单件预制：因坐斗、耍头、瓜栱、万栱、厢栱的模具均不一样，所以模具应做好标识，并选用耐用的材料制作模具（玻璃钢模具，覆面胶合板模具等），特别要注意的是瓜栱和厢栱的卷刹不一样，按“万三瓜四厢五”原理制作卷刹。

（3）斗栱的模具内部采用反贴法原理制作，即有栱眼的地方先在其位置上贴上栱眼模型，见图 2-4。

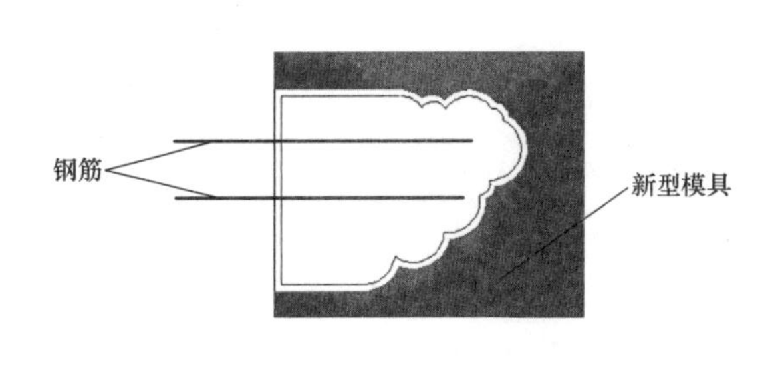

图 2-3　新型要头模具示意图

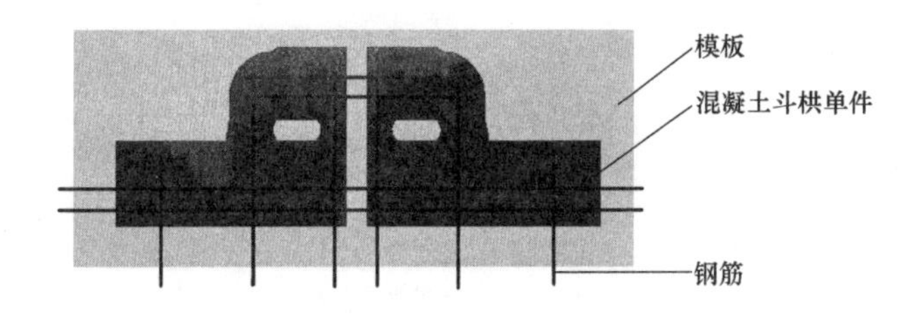

图 2-4　生产单件斗栱示意图

（4）翘的模板安装：在木板基层上安装定位模板，固定单件和翘的模板，确保拼装件尺寸的准确和统一。

（5）翘的混凝土施工：因为翘的宽度只有一个斗口宽度，所以宜选用小型振动棒。

（6）在翘的混凝土初凝前将预制好的单件坐斗通过预留钢筋安装在翘上。

（7）多坐斗体系，首先用翘将单件拼装组合出第一层，在各个十字交叉点预埋上钢筋，待第一层混凝土强度达到 50％后再进行第二层施工，这样重复施工便形成多踩多斗的 1/2 复杂斗栱体系。

（8）细部的修补打磨：重点是卷刹和升口及栱眼处，翘和栱的交叉处的修补打磨。该工序对斗栱的下道工序施工有直接的影响，应认真处理。

4　1/2 攒斗栱体系的吊装和安装

（1）安装起吊前应对斗栱全数检查，检查项目包括：总体和分件的尺寸、数量、尾部钢筋预留的长度和数量、内廊柱头科留设的上架拉梁预留口位置等，并查看斗栱构件的数量和结构形式及质量是否符合设计要求。

（2）按照斗栱体系的位置，对架体进行计算设计，包括架体的宽度、高度、承载力、用于挂安装控制线的位置、水平支撑点的位置及辅助 1/2 攒斗栱体系移动的三脚架支撑位置等；并按照审批过的方案进行架体搭设，组织验收并记录。

（3）在斗栱 90°翻身的过程中，如果有损坏，在吊装之前应采用高强度等级的砂浆加白水泥、建筑胶粘剂进行修补好。在经过验收的斗栱体系上弹出其自身的中线及一条统一高度的水平线，可为以后安装校正使用，再进行运输及吊装。

(4) 吊装用的棕绳需留有较大的富余值。水平运输用的平板车，在运输的时候，铺上双层棉毡，以保护好构件不被碰坏。

(5) 在搬运和安装的过程中应对构件进行软包装，防止构件棱角破损。

(6) 在吊装的过程中，起吊的速度应尽量慢一些，防止因为起吊过快而造成绳子断裂。

(7) 吊装和安装人员应固定，对作业人员应认真进行书面和口头的技术和安全交底。设专人指挥塔吊。

(8) 1/2 攒斗栱体系临时固定宜用木板作为水平面支撑，便于用木楔子进行标高及左右位置调整，临时固定好后取出吊绳。

(9) 构件的校正按标高、轴线、控制线的顺序进行，先校正构件的标高、再校正中线，基本符合要求后，再检查构件的垂直度、平整度及构件的控制线。对同一轴线上及同一位置内外的构件必须拉通线进行二次校正，均符合要求后，再将里外 1/2 攒斗栱体系的预埋钢筋采用双面帮条焊接在垫栱板内部，通过验收后进行下一道工序。

5 垫栱板的施工

(1) 宜采用分轴线分段进行垫栱板的混凝土施工，利于及时固定好斗栱体系。

(2) 焊接斗栱预留钢筋和垫栱板的钢筋，该工序是保证斗栱体系和结构安全的关键工序之一，必须满足焊接规范的要求，宜实施双面焊接，焊缝长度必须满足规范要求。

(3) 垫栱板的混凝土施工：因为该工序既要保证构件和结构连接又要保证其自身的误差在 3mm 以内，才能确保下道工序彩绘的艺术效果。故该模板及混凝土的施工都要很仔细，误差必须在要求的范围以内。在垫栱板混凝土施工完后，对局部修补是难免的，宜用界面剂进行，由专人负责，修补完后要及时养护。

6 枋子和檩的施工

(1) 枋子的一部分已经同斗栱一起预制，其余部分把整道枋连接起来，檩同样采用现浇混凝土构件。施工中的重点是模板的制作和安装，必须确保混凝土构件的成型尺寸误差在 3mm 以内。

(2) 因为多工序交叉施工，特别要注意成品保护，不要破坏已经安装好的斗栱体系。而斗栱中的上部预留钢筋要锚固在檩中，这一点要特别注意锚固的长度和位置的正确性。

(3) 檩的施工还要同椽子的安装相互配合。

7 椽子的预制和安装

(1) 椽子的预制关键技术是模板的加工，要求尺寸误差在 2mm 以内，内部光滑，自身的强度好，能够重复多次使用，实现工厂化生产。

(2) 椽子的上口要预制成凸形，便于下一步平稳地安装望板，进而有利于椽子的上部钢筋在同一平面上进行绑扎和屋面混凝土施工。

(3) 必须保证椽子在预制时的钢筋位置的准确，这样才能够确保椽子的正确的力学性能。

(4) 椽子的预制是按照放样加工的，要仔细的编号，特别是翼角的椽子，其尾部带有梢度，尺寸是变化的，要根据样品定向加工。

（5）椽子安装时特别要注意控制外端的出檐尺寸统一，并用角钢作外檐挡杆，以满足要求。

（6）椽子间距的控制是又一个关键点，应用统一尺寸的卡具控制。

（7）椽子的尾部钢筋应锚固檩和屋面板的混凝土内，钢筋宜能够相互焊接，以确保其受力的整体性。椽子的上面钢筋应同屋面板的钢筋进行有效的连接，确保其处于良好的受力状态。

（8）椽子在安装时应特别注意不能让其表面破坏，因为在其表面将直接进行彩画的施工。

（9）翼角的椽子安装应在固定的模型上进行，因为关键是翼角的起翘和出翘要统一，必须要有统一的固定模型来控制。

（10）大连檐的位置将使椽子的外露部分统一整齐，确保以后在屋面瓦件施工时的位置准确。

8　望板的安装

（1）望板可以用 20mm 厚的预制钢筋混凝土板或者使用工厂加工好的 10mm 厚的水泥压力板，现在使用较多的水泥压力板，其优点是工厂化程度高，尺寸标准，可提前加工，根据椽间的尺寸变化而裁剪。

（2）安装的关键是提前把椽子用水润湿，15～20min 后再用高强度等级（M7.5 水泥砂浆）坐浆，再把整块的水泥压力板安装在椽子的凹槽中。安装完后应及时补充不饱满的砂浆并把多余的砂浆清理干净。

9　屋面施工

（1）屋面钢筋应同椽子钢筋进行有效的连接，翼角处的钢筋应锚固到老角梁及子角梁内，锚固长度应满足国家规范的要求。

（2）混凝土施工宜采用坍落度较小的混凝土（60～120mm），才能够保证坡屋面施工的要求。

（3）在混凝土施工时应认真计算，把上部用于挂瓦件的钢筋和搭设架子要用的钢筋准确预留。

10　清理修补落架

（1）先将屋面混凝土施工完，清理干净，在保证各构件位置准确，表面光滑，修补到位后，才具有落架的条件。

（2）如果是条件允许，最好是能够在落架之前把彩画的前期工作做好，比如用草酸清洗构件的表面和批第一遍和第二遍腻子（最多可以批四遍，但是不能太厚应小于 4mm），这样就提高了架体的利用率，同时提高了观感，为下一步的彩画打好了基础。

2.6　材料和机具设备

2.6.1　材料有：轻质斗栱的原材料，包括陶粒、陶砂、纤维及外加剂；普通混凝土；模板料；钢筋骨架。

2.6.2　机具设备，如表 2-1 所示。

机具设备一览表 **表 2-1**

序号	机具名称	用途	备注
1	强制式搅拌机	混凝土搅拌	轻质混凝土
2	混凝土输送泵及管	混凝土输送	泵管的长度由实际情况定
3	混凝土振动棒	混凝土的成型	小振动棒用于构件预制
4	塔吊	垂直运输	
5	木工电刨电锯和压刨	木模制作	
6	钢筋机械	钢筋加工	切断机、弯曲机、调直机
7	平板车、棕绳、黑心棉、手动滑轮	吊装构件	黑心棉用于软包吊装工具

2.7 质量控制

2.7.1 施工验收标准

1 工程施工质量验收要求

除应达到本工法规定要求外，还必须满足以下规范要求：

《建筑工程施工质量验收统一标准》GB 50300；

《混凝土结构工程施工质量验收规范》GB 50204；

《古建筑修建工程施工与质量验收规范》JGJ 159。

2 主控项目

1）模板必须选用变形小、坚固的模板，能保证达到清水混凝土的效果。模板安装后应保证整体的稳定性，确保施工中模板不变形、不错位、不胀模。

2）轻质混凝土的陶粒、陶砂、纤维及外加剂必须符合设计和规范的要求，有合格的出厂合格证，检验报告，复试报告。

3）陶粒混凝土的配合比、搅拌、运输及养护要符合规范的规定，其比普通混凝土更容易离析，需减少运输时间，增加搅拌、养护时间。

4）陶粒混凝土的外观质量不应有严重缺陷。

3 一般项目

1）安装时位置的准确，包括水平位置和垂直方向以及外轮廓线的控制，误差不大于 3mm。

2）单件的构件堆放要按坐斗、瓜栱、厢栱、耍头，分类堆放。

3）单件构件注明生产日期、构件编号名称、质量标识（合格或者不合格）。

4）安装时为减少构件的破损，各种工具必须进行软包装，对起吊点要进行特别的保护。

5）轻质混凝土构件预制质量允许偏差表 2-2，构件安装质量允许偏差表 2-3。

轻质混凝土构件预制质量允许偏差表　　表 2-2

项目名称	允许偏差(mm)	项目名称	允许偏差(mm)
坐斗宽度	3	卷刹水平长度	2
分件栱高	0,－2	卷刹竖向长度	2
栱眼深度	2	耍头云彩深度	2
分件栱长度	3	斗栱总长度	0,－3
栱厚度	<3	斗栱总高度	0,－3

构件安装质量允许偏差表　　表 2-3

项目名称	允许偏差(mm)	项目名称	允许偏差(mm)
轴线位移	3	整条轴线拉通线构件错位误差	2
标高	3	整个建筑的构件垂直度	4
自身垂直度	2	同位置内外 1/2 攒件错位误差	2
同层构件平直度	3	构件尾部钢筋焊缝长度	0,＋10

2.8 安全措施

2.8.1 具体要求：

1 所有的机械设备必须专人使用，安全防护措施到位。

2 各种电动工具必须有漏电保护器，上到架子上的安装人员必须穿绝缘防滑鞋。

3 安装作业面实施全封闭，与安装无关的人员不得进入该区域。

4 五级以上的大风天气，不得进行构件的吊装和就位。

5 高温天气施工注意防暑降温，冬雨期施工防滑防冻，及时扫雪排水。

2.9 环保措施

2.9.1 环保措施见表 2-4。

环保措施表　　表 2-4

序号	可能的环境污染因素	措施
1	电锯、震动板、钢筋机械等噪声	木工、钢筋棚封闭，选择白天使用震动板减少扰民
2	施工污水	设置沉淀池，达标后再排放到城市管网
3	搅拌站的扬尘	将搅拌站封闭
4	电焊的光污染	选择白天使用电焊

2.10 经济效果分析

2.10.1 工艺优良性

1 环境保护及文明程度作用显著，单件实现了工厂化，大大降低了污水、建筑垃圾、噪声的排放。

2 安全施工方面，减少了高空安装的时间和劳动用工，降低了高空坠落等安全事故发生的概率。

3 施工工期方面，预制及地面拼装同主体结构同步施工，不占用施工关键线路上的时间，大大节约了施工工期，降低了施工成本。

4 施工质量方面，从预制到吊装及安装，所有的环节质量完全处于收控状态，施工误差小于国家标准，满足设计及规范的质量要求。

5 施工成本方面，在该工艺的各个环节都体现了工厂化、标准化，从劳动力到材料，从机械的使用到工期节约，都有效地降低了成本。

该施工工艺受到了建设单位、建设主管部门、监理公司以及古建专家的一致好评，具有很强的推广性。经过技术查新，该施工工艺目前为国内首创。

2.10.2 实例

该工法在咸阳楼的应用，取得了很好的社会效益和经济效益。人工费、模板材料、支撑架子的搭设，设施材料租赁费用、构件二次修补等的节约，施工工期的缩短带来的管理费用减少，为项目节约成本大约 125.5 万元，共预制厢栱和外曳瓜栱及耍头和椽子共计 12830 个单件。表 2-5 是按照 2006 年咸阳市人工及材料标准直接计算的经济效益，并没有计算工期成本、节约机械成本、减少质量修补成本、高空作业劳动力的节约、脚手架的搭设所用人工及租赁费用、高空安全设施增加的费用。

在咸阳楼工程中该工法与分件预制分件安装的传统工艺经济对照表　　表 2-5

1	模具投入	22300 元	48700 元	26400 元	覆膜木质胶合板(模板)220×120=26400 元
2	模板安装用工	0	520×60 元	31200 元	每个工日按 60 元计算
3	构件安装用工	80×60 元	760×60 元	40800 元	每个工日按 60 元计算
4	构件预留安装孔材料	0	5600 元	5600 元	
5	灌浆水泥	0 元	4500 元	4500 元	
6	小计			107500 元	

2.11 工程实例

陕西省咸阳市咸阳楼复建工程（原名清渭楼），是一项规模和难度很大的钢筋混凝土框架剪力墙结构的仿明清建筑。建筑总高 66.57m，建筑面积 21436m^2，古建筑面积 4322m^2。咸阳楼复建工程采用轻质混凝土预制斗栱、椽子，而柱、枋、檩、垫栱板及屋面采用现浇混凝土的一座大型仿古建筑。工程采用本工法组织施工，施工质量优良。通过该工法总结形成的 QC 成果获 2007 年度全国工程建设优秀质量管理小组 QC 成果二等奖，2007 年度陕西省工程建设优秀质量管理小组 QC 成果一等奖。

3 仿古建筑翼角构件硬架支模成型施工工法

陕西建工集团第七建筑工程有限公司
王瑞良　吕俊杰　何建升　雷亚军

3.1 前言

翼角是指屋面的转角部位。在中国的古建筑中，最具特色的部位是飞檐翘角，飞翘的翼角，广泛地应用于庑殿、歇山、攒尖顶等屋面的建筑中。翼角极大地丰富了建筑物的优美造型，使体形庞大的屋顶呈现出一种舒展飘逸的形象，与欧洲建筑的坡屋面迥异其趣，成为中国古建筑的一个非常突出的特点。

现代的仿古建筑翼角构件采用钢筋混凝土结构比较多，与传统的木结构造型相比，施工工序较多、支模成型较难、施工工期长且施工质量难以控制。而采用仿古建筑翼角构件硬架支模成型施工工艺，从根本上改变了上述的不利因素，使钢筋混凝土仿古建筑翼角构件的施工实现了快捷、方便，成型正确、流畅，为钢筋混凝土仿古建筑翼角构件的施工提供了一种新的、科学的思路和方法。

本工法成功应用于大唐芙蓉园仿古建筑工程施工，荣获2006年度国家优质工程银奖，陕西省优质工程“长安杯”奖，陕西省建设新技术示范工程。本工法还在大唐西市等仿古建筑工程施工中得到了进一步推广，取得了满意的施工效果。

3.2 工法特点

3.2.1 设计单位应对仿古建筑翼角的出檐尺寸、起翘尺寸及出檐、起翘的始点位置特别明确，对翼角椽子的总体分布尺寸也应表达清楚，这样就便于施工单位进行翼角硬架的加工和翼角椽子位置样板制作。

3.2.2 施工单位应充分理解仿古建筑翼角的设计意图；硬架的加工前应组织技术人员绘图、放样校对，确认无误后方可再加工使用；翼角椽子位置样板制作应充分领会翼角的设计意图，然后按照1∶1进行水平面翼角椽子位置样板制作。而对于后序的硬架支设、翼角椽子的定位、翼角椽子的铺设、翼角的成型来说，作业难度小，施工要求快捷、方便和成型流畅、正确，施工质量容易控制。

3.2.3 作业人员主要按照施工单位制作好的翼角硬架控制标高、位置尺寸；按水平面翼角椽子位置样板垂直投点控制椽子在翼角曲面上的位置，并按编号安装预制好的椽子，熟悉施工技术要求，掌握操作要领，并达到成型正确，简单快捷，有利于施工质量安全控制。

此外，与传统的钢筋混凝土异型结构施工工艺比较，仿古建筑翼角构件硬架支模成型施工工艺采用水平标高控制弧面标高，水平位置控制构件的弧形位置，具有成型正确、便于支设、容易控制、工期短、造价低、安全容易保证等特点，给钢筋混凝土仿古建筑翼角构件的施工提供了一种新思路。

3.3　适用范围

本工法适用于钢筋混凝土仿古建筑的翼角构件施工。

3.4　工艺原理

钢筋混凝土仿古建筑的翼角构件是由椽子按照出檐和起翘形成的曲面异型。对于每根椽子来说其长度尺寸、位置尺寸、标高尺寸都是不一样的，而最终的翼角应做到椽子分布合理，整体线条流畅，翘曲达到设计的艺术效果。

仿古建筑翼角构件硬架支模成型施工工艺中的硬架制作安装使用，就是把翼角椽子的控制标高统一到支架上，采用水平标高控制弧面标高，从而形成翼角曲面。而翼角椽子位置水平样板的制作和使用，采用水平位置控制构件的弧形位置，使得翼角预制好的椽子通过平面位置的垂直投放，在曲面上有了明确的定位，两者的配套使用有效避免了翼角椽子起翘弧形线条不顺畅、翼角造型不对称、不统一的现象，简化了钢筋混凝土仿古建筑翼角的施工工序，使不同构件的纵横、上下、前后位置关系明确，施工操作方便，质量易于控制，从而达到翼角造型整体对称，线条流畅，雄浑美观的效果。

3.5　工艺流程及操作要点

3.5.1　工艺流程

工艺流程如图 3-1 所示。

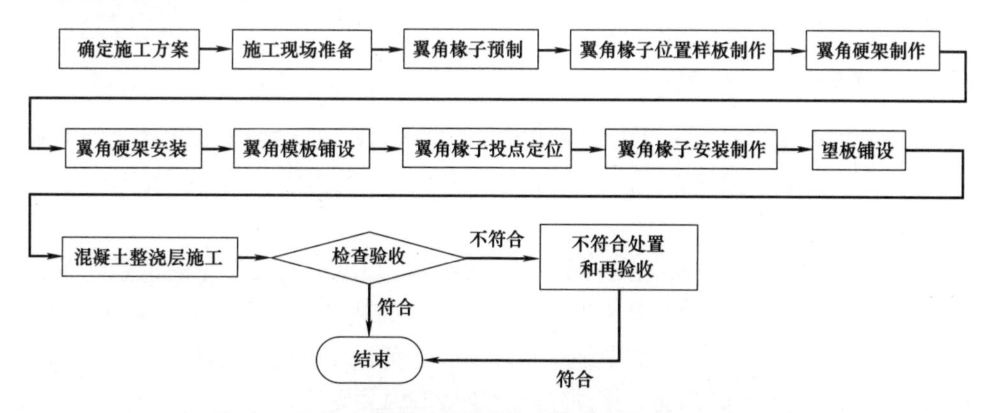

图 3-1　仿古建筑翼角构件硬架支模成型施工工艺流程图

3.5.2 操作要点

1　施工单位应充分理解设计单位对翼角的设计意图，尤其对翼角的出檐尺寸、起翘尺寸及出檐、起翘的始点位置、翼角椽子的总体分布尺寸应特别明确，并及时与设计单位沟通，提取施工需要的相关数据，这样就便于进行翼角硬架的加工和翼角椽子位置样板制作。

2　设计单位对翼角的椽子位置、总体分布、出檐尺寸及所形成的连檐弧形，都应给出明确的平面图。施工单位在现场硬化的平整地面上进行 1∶1 平面模拟弹线放样，然后把翼角椽子在梁枋枕头木位置、檐口位置、老角梁中线、连檐弧线都复制到三合板上，这样就制作成翼角椽子位置水平样板，见图 3-2 和图 3-3。

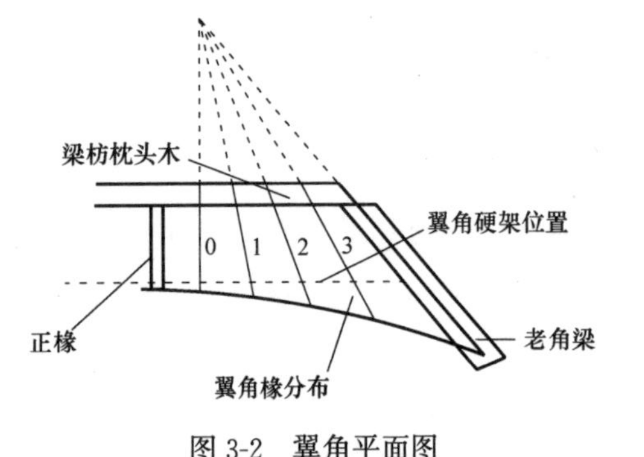

图 3-2　翼角平面图

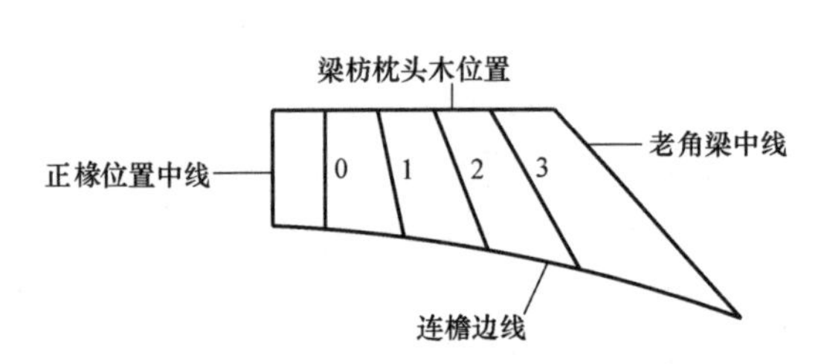

图 3-3　翼角椽子位置水平样板示意图

3　翼角硬架制作时，设计单位应配合提供翼角起翘的始点位置、硬架在老角梁相交处的标高、起翘点到老角梁标高所形成的弧线。施工单位采用网格坐标法进行 1∶10 比例模拟绘制翼角硬架弧线，然后按翼角椽子的总体分布尺寸，在硬架的水平方向分别画出支撑的位置，弧线与水平线之间的长度即为每个分支撑的高度，见图 3-4 和图 3-5。

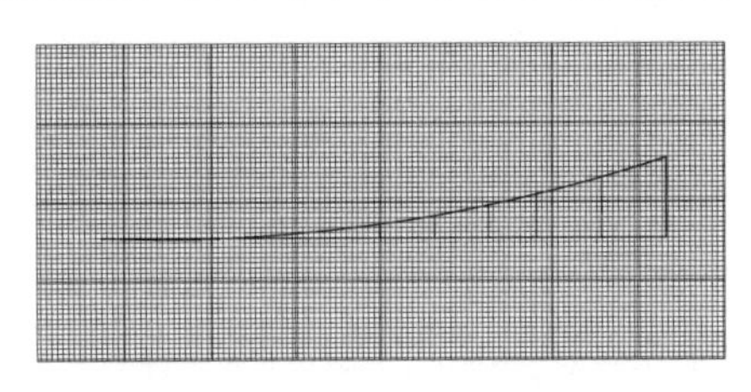

图 3-4　翼角硬架 1∶10 放样网格图

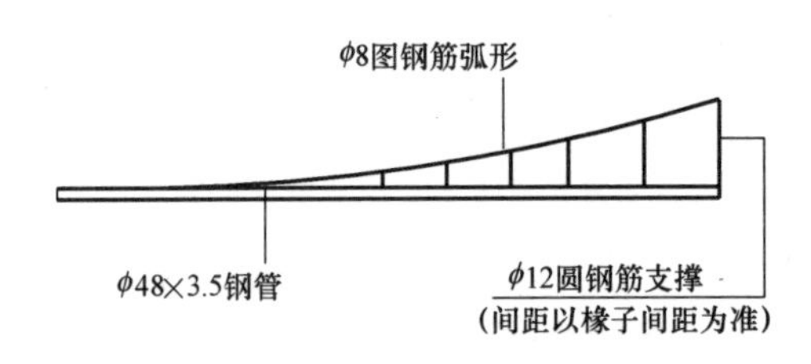

图 3-5　翼角硬架实物示意图

4　翼角硬架制作材料：水平方向采用 ϕ48×3.5 钢管，这样便于和扣件式脚手架配合周转使用；弧形采用 ϕ8 圆钢筋，这样容易成型并有足够的强度、刚度；弧形的竖向支撑采用 ϕ12 圆钢筋等。

5　翼角的硬架制作时，首先按水平方向选钢管，画出竖向分支撑的位置，然后按设计单位提供的起翘点到老角梁标高所形成的弧线，在起翘的始点和竖向端点用 ϕ8 圆钢筋起弧型，再用网格模拟图和 ϕ20 的缆绳进行尺寸、造型、线条流畅复核、校正，最后在每个竖向分支撑位置用 ϕ12 圆钢筋焊接固定连接钢管和弧型钢筋。

6　第一个加工制作翼角硬架校核质量验收后，按其弧形制作样尺，并按翼角的数量成批加工制作硬架。

7 檐口支撑架子搭设到椽子位置时，按起翘的始点位置和翼角支架竖端老角梁位置、标高把翼角硬架和檐口支撑架连成整体，固定牢靠，这样翼角的硬架上口 ϕ8 圆钢筋的弧形就是翼角椽子将要形成的曲面控制线。

8 在翼角硬架和梁枋枕头木之间放射状铺设规格为 40mm×60mm 的木龙骨，尾部梁枋枕头木处木龙骨间距控制在 50mm 左右，并随枕头木生起，端部木龙骨间距按翼角椽子的分布尺寸铺设，固定好木龙骨后，朝老角梁方向顺翼角的起翘分扇形片满铺设五合板钉牢，铺设时要超过出檐尺寸 100mm 为宜，并且随时用样尺进行起翘弧度检查。

9 翼角硬架安装完毕，模板验收合格，把翼角椽子位置水平样板放在翼角曲面上部支设水平，按翼角起翘位置、老角梁中线校对并固定样板，然后在梁枋枕头木位置、檐口位置垂直投放翼角椽子中线点，垂直投画连檐弧线，把中线点连接弹线，就是设计的翼角每个椽子的位置中线，这样就通过平面位置垂直投放确定了构件在曲面上的位置。

10 在翼角模板曲面上弹放好翼角椽子中线、连檐弧线后，检查无误，就可进行翼角椽子安装，定位尺寸复核，翼角椽子固定，望板铺设及钢筋混凝土整浇层施工等作业。

11 仿古建筑翼角椽子提前预制。预制时应严格按照设计单位提供的椽子形状尺寸进行控制，并且按所在位置的不同，统一编号，注意保护好翼角椽子的预留、预锚钢筋，待预制构件混凝土强度达到 100%后方可用于安装。

12 仿古建筑翼角椽子应对称安装，严格按照画线及编号进行操作，椽子构件尾部预留钢筋应锚固到翼角现浇的钢筋混凝土梁枋内。

13 翼角椽子安装完毕，必须进行定位尺寸复核，无误后对翼角椽子固定牢靠，再铺设椽子间的望板（一般采用 5～8mm 厚水泥压力板），望板伸进预制椽子边沿不少于 15mm，接缝平整、密实。

14 望板铺设好后进行钢筋混凝土整浇层的钢筋绑扎，注意钢筋的受力位置和预制翼角椽子预留锚筋的连接。

15 在浇筑翼角椽子上部钢筋混凝土整浇层时，应先浇筑翼角的老角梁混凝土，再以老角梁为对称轴分两边同时从下向上分段均匀布料浇捣、收毛面，湿润养护。

16 对每个翼角来说，同时存在来自两个方向的起翘和出檐，所以翼角硬架也是以老角梁为轴对称分布安装，对于同一建筑屋面来说，翼角一致，翼角硬架也是一致的，翼角硬架安装位置、标高也是一致的。

3.5.3 劳动力组织

1 翼角椽子位置样板制作以专业技术人员和技工为主，主要进行弹线、放样，制作位置样板。

2 硬架制作劳动组织按技工：普工=3：1 组合，以技工为主，技工中应有木工、电焊工、钢筋工等，确保硬架制作尺寸准确、线条流畅、装拆方便。

3 硬架安装劳动组织按技工：普工=1：3 组合，技工主要是硬架安装、模板铺设、构件定位画线，普工主要进行钢筋混凝土构件的配合作业。

4 钢筋混凝土整浇层劳动组织应有钢筋工、木工、混凝土工、机械工等，主要以技工为主，进行望板铺设、钢筋绑扎、混凝土浇筑的操作作业。

3.6 材料与设备

3.6.1 主要材料：三合板、划线笔、墨斗；ϕ48×3.5 钢管、扣件；ϕ8、ϕ12 钢筋及焊条、焊剂；缆绳等。

3.6.2 机具设备

1 施工机具：塔吊、物料提升机、混凝土输送泵、电焊机、切割机、混凝土振动器等。

2 监测设备：5m 钢卷尺、方尺、铝合金水平尺、小线锤、样尺、靠尺。

3.7 质量控制

3.7.1 施工验收标准

1 工程的施工及质量验收，除应达到本工法规定要求外，还必须满足以下规范要求：

《建筑工程施工质量验收统一标准》GB 50300；

《混凝土结构工程施工质量验收规范》GB 50204；

《古建筑修建工程施工与质量验收规范》JGJ 139；

《建筑施工扣件式钢管脚手架安全技术规范》JGJ 130；

《建筑施工模板安全技术规范》JGJ 162。

2 主控项目

(1) 安装翼角硬架的地面或楼面必须具有足够的承载力，并铺设垫板。

检验方法：对照模板设计文件和施工技术方案检查。

(2) 翼角硬架上的木龙骨必须固定牢靠、均称。

检验方法：按照施工技术方案尺量检查。

(3) 木龙骨上铺设的五合板必须紧贴龙骨，确保起翘造型。

检验方法：用样尺、塞尺检查。

(4) 翼角硬架拆除时现浇板的混凝土强度必须符合设计要求（≥100%）。

检验方法：检查同条件养护试件强度试验报告。

3 一般项目

(1) 模板拆除时，不应对楼层形成冲击荷载。拆除的模板和硬架宜分散堆放并及时清运。

检验方法：观察检查。

(2) 翼角硬架及模板安装偏差及检验方法见表 3-1。

翼角硬架及模板安装偏差表 **表 3-1**

序号	项目	允许偏差(mm)	检验方法
1	出檐位置	±3	用经纬仪或吊线

续表

序号	项目	允许偏差(mm)	检验方法
2	标高	±2	用水准仪、尺量检查
3	模板面接槎高低差	2	尺量检查
4	模板面起翘造型	±3	用样尺、塞尺检查

3.7.2 质量技术措施和管理方法

1 严格按照ISO9001标准要求，建立完善的现场质量管理体系，并进行有效运行。

2 加强与设计单位联系和配合，深刻领会翼角的设计意图。

3 根据本工法和审定的施工方案，现场制作模型，对照模型和施工图纸等，对相关的管理人员和所有的操作人员进行全面细致的技术交底。

4 对于本工法涉及的测量仪器和检测工具，应按规定进行法定计量鉴定。

5 对制作好的翼角椽子位置样板、翼角硬架应注意成品保护，防止摔、碰变形，尤其是弧形面。

6 做好翼角椽子位置样板使用、翼角硬架安装的指导和核查工作，位置应正确，固定应牢靠。

7 对于翼角椽子应严格按编号安装固定，锚固到位。

8 翼角椽子上部的钢筋混凝土整浇层受力筋应设专门的定位卡，浇筑混凝土时注意保护。

9 由专职的质检员随时进行跟班检查。同时，操作班组之间认真做好自检和工序交接检。

3.8 安全设施与成品保护

3.8.1 现场安全管理必须执行以下规范

《建筑施工安全检查标准》JGJ 59；

《建筑施工扣件式钢管脚手架安全技术规范》JGJ 130；

《建筑施工模板安全技术规范》JGJ 162；

《施工现场临时用电安全技术规范》JGJ 46；

《建筑施工高处作业安全技术规范》JGJ 80。

3.8.2 安全管理措施

1 施工现场安全管理、文明施工、脚手架、“三宝四口”防护、施工用电、物料提升机与塔吊起重吊装等有关要求遵照《建筑施工安全检查标准》JGJ 59中的规定。防止人员伤亡事故发生。

2 安全施工必须由项目经理领导和安排，专业工长对作业人员进行安全教育、安全技术交底，专职安全员负责每日的现场检查，确保施工安全措施到位。

3 编制仿古建筑翼角椽子位置样板制作施工方案、仿古建筑翼角硬架制作施工方案、仿古建筑翼角硬架搭设施工方案、仿古建筑翼角施工方案等，严格按规定审批执行。

4 焊工应持有效证件上岗，经鉴定技术水平达到要求，方可正式上岗施焊。

5 翼角椽子位置样板制作、翼角硬架加工制作区域严格防火管理，制定有效防火预案。

6 施工临时用电采用三相五线制、TN-S接零保护系统，执行三级配电、两级保护，做到“一机、一闸、一漏、一箱”。

7 脚手架搭设应符合要求，按规定设护身栏杆，挂好安全网，要满铺架板并固定好，做好防雷接地处理，并进行验收控制。在使用过程中进行每日巡查，保证使用安全。

8 电气设备及线路必须进行安全检查，闸刀箱上锁，电器设备安装漏电保护器。

9 作业人员必须配备完善的防护用具，如安全帽、安全带、护目镜、手套等。高空作业应系好安全带。

10 翼角混凝土浇筑时，操作人员应站在坡屋面上端，混凝土泵管布料放在人的下端，均匀缓慢布料，切勿造成过大冲击。

11 施工操作面使用的工具不得乱放，随时放入工具盒或工具袋内，防止滑出坡屋面伤人。

12 雨天、雾霜、雪天、大风等天气不宜进行硬架安装、翼角施工作业。

3.8.3 应针对工程实际编写《预防火灾紧急预案》《预防漏电伤害紧急预案》《预防支撑脚手架坍塌紧急预案》《预防高空坠落紧急预案》《预防坠物打击紧急预案》等。

3.9 环保措施

3.9.1 现场环境保护管理应执行以下规范：《建设工程施工现场环境与卫生标准》JGJ 146。

3.9.2 环境保护指标：白天施工噪声≤70dB（夜间≤55dB），施工现场建筑垃圾分类处理。

3.9.3 环境保护监测：对施工现场的噪声等进行监测，均需达到国家环保标准要求。

3.9.4 环境保护措施

1 减少施工噪声措施有：物体搬运轻起轻放；减少施工作业的敲击噪声；减少施工作业的噪声。

2 减少施工光污染措施有：硬架制作加工区域设隔离墙体、防护棚。

3 建筑垃圾处理措施有：建筑垃圾采用容器运输分类，分区密闭堆放，并由有资质的清运公司处理。

3.9.5 现场文明施工管理

1 按照文明工地验收标准，制定文明施工措施并有效执行。

2 文明施工的主要措施内容包括：

（1）完善施工及安全防护设施，完善各类标志及标识。

（2）合理调整现场布局，定时清洁、清理现场。

（3）持续改进施工人员现场服务设施。

（4）定期开展员工文明施工行为教育和文化娱乐活动。

3.10 效益分析

仿古建筑翼角构件硬架支模成型施工工法的实施，从根本上简化了钢筋混凝土仿古建筑翼角操作，确保了仿古建筑翼角施工成型正确、对称、统一，受到了设计单位、建设单位、监理单位及古建筑行内人士的一致好评。

大唐芙蓉园仿古建筑群、大唐西市仿古建筑工程采用本工法都取得了加工方便、易于支设、成型流畅等效果，加快了施工进度，节约了工程成本。同时，本工法还规范了钢筋混凝土仿古建筑翼角的操作，对钢筋混凝土仿古建筑施工有科学的指导价值，值得进一步推广应用。

3.11 应用实例

如表 3-2 所示。

本工法应用实例 **表 3-2**

工程名称	地点	开、竣工日期	工法应用时间	应用效果
大唐芙蓉园仕女馆彩霞长廊	西安	2003 年 9 月～2005 年 4 月	2003 年 11 月	良好
大唐芙蓉园杏园	西安	2003 年 9 月～2005 年 4 月	2004 年 3 月	良好
大唐芙蓉园北大门	西安	2004 年 3 月～2004 年 9 月	2004 年 6 月	良好
大唐芙蓉园御宴宫	西安	2004 年 2 月～2005 年 4 月	2004 年 10 月	良好
大唐西市大鑫坊	西安	2007 年 5 月～2009 年 3 月	2007 年 11 月	良好
大唐西市盛世坊	西安	2007 年 11 月～2009 年 5 月	2008 年 7 月	良好

4 仿古建筑斜坡屋面现浇混凝土施工工法

陕西建工集团第七建筑工程有限公司　陕西建工集团第六建筑工程有限公司
何建升　王瑞良　雷亚军　赵长经　张雪娥

4.1 前言

近年来，在建筑设计上呈现出许多新颖别致、纷呈多样的仿古坡屋面结构，体现了人们生活多样化选择的审美需求。仿古坡屋面在混凝土施工过程中由于施工方法选择不当，易造成混凝土浇筑不密实，极易引起渗漏。本工法针对仿古坡屋面的结构特点，采用双层模板安装体系进行施工，取得了良好的效果，在同类建筑工程中得到了广泛的应用。

4.2 工法特点

本工法采用竖向定位木龙骨作为控制坡屋面结构的厚度及安装面层模板的依据，面层模板则预先制作好，施工时采用逐级摆放、安装，逐级浇筑，模板安装与浇筑混凝土互不干扰工作面，从低处向高处依次循环进行，操作简单、方便，不仅有利于保证混凝土结构的质量，同时还加快了施工进度。

4.3 适用范围

本工法适用于设计坡度在25°～60°的现浇钢筋混凝土仿古斜坡屋面结构。

4.4 工艺原理

本工法是在按要求安装坡屋面底层模板后，依据坡屋面的走向沿坡底至坡顶的方向布置竖向龙骨，竖向龙骨与底层模板间通过限位止水螺栓进行加固、定位，以此来控制结构的厚度及安装面层模板的依据。面层模板则根据放样的结果予以事先分级预制，安装时将面层模板摆放进竖向龙骨之间，通过钩头插销插入竖向龙骨与面层模板预先钻好的圆孔内固定即可。木工绕坡屋面四周从下至上分级安装面层模板，每安装完一级即可浇筑混凝土，混凝土工绕坡屋面四周浇筑已安装好一级模板的混凝土。采用逐级安装、逐级浇筑的方法、相互依次循环进行，直至浇筑结束，详见图4-1。

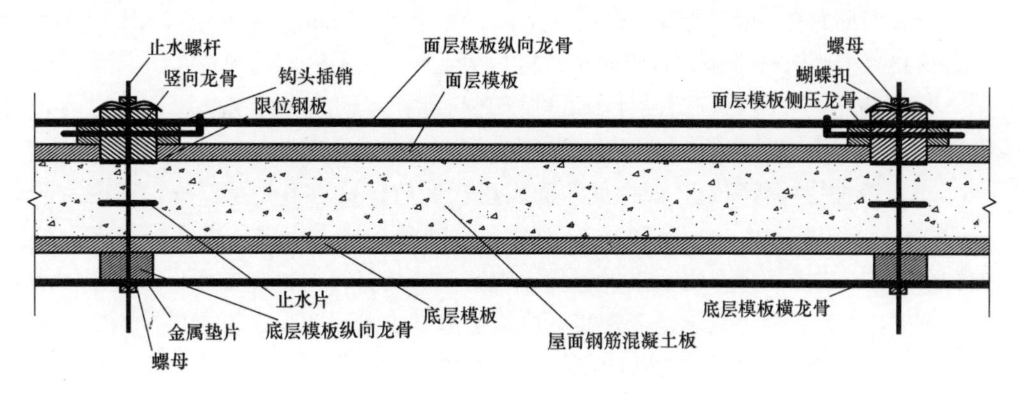

图 4-1 坡形屋面板模板安装断面示意图

4.5 工艺流程及操作要点

4.5.1 工艺流程

工艺流程如图 4-2 所示。

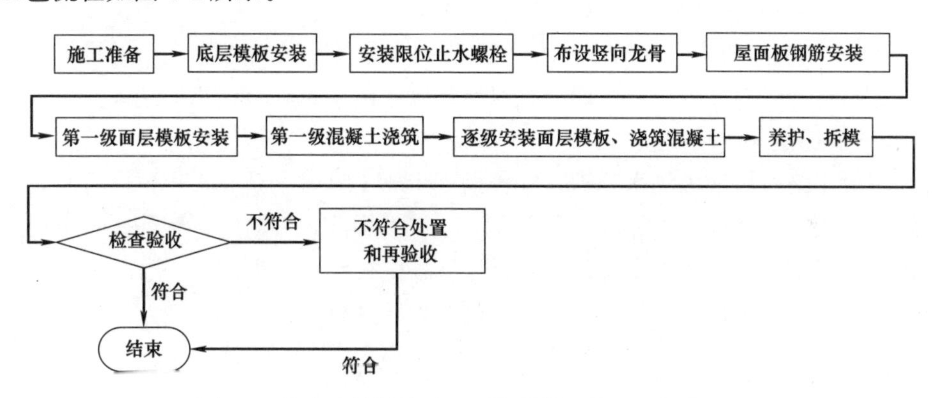

图 4-2 仿古建筑斜坡屋面现浇混凝土施工工艺流程图

4.5.2 操作要点

1 施工准备：模板应根据混凝土浇筑要求的流水线安装；若为双坡屋面结构，还应考虑对称安装。

2 底层模板安装：模板安装前，先检查支撑体系是否符合模板方案的设计要求。方木楞应固定牢固，底层模板一般采用木胶合板或竹胶合板，底层模板应钉设牢固，拼缝严密，标高及平整度经检查符合要求。

3 安装限位止水螺栓：在底层模板上按方案设计尺寸弹划出限位止水螺栓的位置，进行打孔，穿过螺杆，底端螺母固定。止水螺栓规格可采用 ϕ10，止水片规格采用（50～80mm）×（50～80mm），止水片厚度不小于 5mm，止水片与螺栓应满焊严密，布设好的止水螺栓、止水片应位于屋面钢筋混凝土板的中心线上。

4　布设竖向龙骨：竖向龙骨可采用40mm×60mm或50mm×50mm方木双拼包裹螺栓上部，双拼间的空隙用小木条夹钉，竖向龙骨的下边缘至底层模板面为屋面结构层厚度的尺寸。

5　屋面板钢筋安装：按照设计图纸进行钢筋绑扎，钢筋相应绑扎牢固，以防止浇捣混凝土时，因碰撞、振动使绑扣松散，钢筋移位。

6　第一级面层模板安装：屋面周边面层模板经放样要求事先预制好，宽度一般采用300～500mm，长度采用900～1200mm为宜，预制时尽量采用同一模数级，不足处经现场放样后确定，这样一方面便于模板安装、周转，节约材料，另一方面也有利于混凝土浇筑及在施工中检查混凝土浇筑是否密实，可适当地减少混凝土上、下层搭接时间，减少冷缝产生。分级面层模板预制时的长度模数应比两侧竖向龙骨之间的净距小10mm（两端各5mm），两侧边加钉300～500mm长、断面为30mm×40mm的侧压龙骨，并在两侧龙骨长度的一半处均钻直径10mm的水平孔，以便安装时两侧与钻孔的竖向龙骨用8mm直径的钩头插销固定。分级面层模板应逐级逐段安装。

7　第一级混凝土浇筑应符合下列规定：

（1）浇筑混凝土时在模板面上口可临时设置500mm高的挡板，避免浇筑时骨料滑落。对于钢筋排列较密集的坡屋面，可采用ϕ30小型振动棒振捣。浇筑过程中可采用小锤敲击检查是否已浇筑密实。

（2）混凝土浇筑时的坍落度应控制在160～180mm之间。

8　逐级安装面层模板、浇筑混凝土：按照6、7步骤逐级施工，浇筑混凝土时，本着不留直缝、不留冷缝的原则，自下而上，对称逐级逐段浇筑，直至浇筑结束。

9　养护及拆模

（1）混凝土终凝后即可浇水养护，养护期不少于14d。

（2）面层模板可在混凝土强度达到1.2N/mm^{2}后拆除，拆模时严禁乱撬，以免造成止水螺栓松动，底层模板则应根据规范中有梁板拆模的规定予以拆模。

（3）拆模后同时割掉上下外露的止水螺杆并作防锈处理。

4.5.3　劳动力组织

1　架子工主要用于搭设外架。

2　模板主要用于模板安拆的操作。

3　测量工主要用于施工放线。

4　电焊工主要用于焊接作业。

5　混凝土工主要用混凝土的施工。

6　钢筋工主要用于钢筋加工和安装。

4.6　材料与设备

4.6.1　主要使用材料

1　模板采用木质胶合板或竹质胶合板；竖向龙骨采用40mm×60mm或50mm×50mm方木双拼。

2 止水螺栓规格可采用ϕ10，止水片规格采用（50～80mm）×（50～80mm），止水片厚度不小于5mm，配蝴蝶扣和螺母。

3 针对坡屋面板厚较小、钢筋较密的特点，粗骨料宜采用10～20mm碎卵石，易于浇筑密实，宜采用中砂。

4.6.2 主要使用机具设备：

1 模板预制安装设备：木工电锯、木工平刨、锤子、扳手、墨斗（弹线器）。

2 钢筋加工、安装设备：钢筋切断机、钢筋弯曲机等。

3 混凝土运输及浇筑设备：混凝土输送泵、铁锹、插入式振动器等。

4.7 质量控制

4.7.1 施工验收标准

1 工程的施工及质量验收要求

除应达到本工法规定要求外，还必须满足等规范要求：

《建筑工程施工质量验收统一标准》GB 50300；

《混凝土结构工程施工质量验收规范》GB 50204；

《古建筑修建工程施工与质量验收规范》JGJ 159。

2 主控项目

1）混凝土配合比必须符合设计要求。

2）支撑系统及附件安装牢固，无松动现象，面板安装严密，不变形、不漏浆。

3 一般项目

1）模板接缝不应漏浆。

2）混凝土外观质量不宜有一般缺陷。

3）现浇结构模板安装偏差应符合表4-1的规定。

现浇结构模板安装的允许偏差及检验方法 **表4-1**

项目		允许偏差(mm)	检验方法
轴线位置		5	钢尺检查
底模上表面标高		±5	水准仪或拉线、钢尺检查
截面内部尺寸	基础	±10	钢尺检查
	柱、墙、梁	+4，−5	钢尺检查
层高垂直度	不大于5m	6	经纬仪或吊线、钢尺检查
	大于5m	8	经纬仪或吊线、钢尺检查
相邻两板表面高低差		2	钢尺检查
表面平整度		5	2m靠尺和塞尺检查

4.8 安全设施与成品保护

4.8.1 屋面临边应有护栏及竖挂密目安全网进行围挡，防止高空坠落。

4.8.2 坡屋面高处作业必须搭设安全操作平台，并系好安全带。

4.8.3 操作工人上岗前正确佩戴安全帽并严禁酒后作业，防止事故发生。

4.8.4 屋面作业时使用的工具不能乱放，随手放入工具袋内。

4.8.5 模板安装与拆除严格按照操作规程进行。

4.8.6 绑扎屋面钢筋时，不得撞坏限位止水螺栓。

4.8.7 混凝土浇筑时应搭设操作平台，以免踩坏钢筋或面层模板。

4.8.8 拆除模板时不得用铁锤、撬棍硬砸猛撬，以免混凝土外形或内部受到损伤。

4.8.9 模板支撑拆下后，应及时进行清理，并分类予以堆放整齐。

4.9 环保措施

4.9.1 限位止水螺栓集中封闭制作，防止因焊接作业引起的光污染。

4.9.2 模板刷脱模剂时应铺设塑料布，防止污染地面。

4.9.3 夜间施工严禁大声喧哗，所有金属等构配件或材料应轻拿轻放。清理模板时不得用硬物敲击，以免噪声扰民。

4.9.4 施工垃圾应集中分类堆放，不得乱扔。

4.10 效益分析

采用本工法施工，可提高浇捣混凝土工效，降低混凝土因滑落而造成的损耗。消除了以往施工中给坡屋面混凝土结构留下的渗、漏隐患，避免了因此造成的工期延误及经济损失，保证了混凝土结构质量，具有良好的经济效益和社会效益。

4.11 应用实例

如表 4-2 所示。

本工法应用实例 **表 4-2**

工程名称	地点	开、竣工日期	工法应用时间	应用效果
大唐芙蓉园御宴宫	西安	2004 年 2 月～2005 年 4 月	2004 年 10 月	良好
大唐西市大鑫坊	西安	2007 年 5 月～2009 年 3 月	2007 年 11 月	良好
大唐西市盛世坊	西安	2007 年 11 月～2009 年 5 月	2008 年 7 月	良好

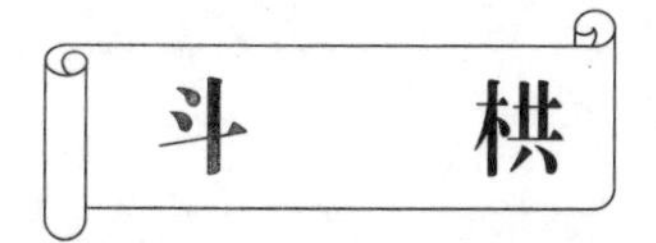

5　唐式栱预制施工工法

陕西建工集团第七建筑工程有限公司　陕西建工集团第三建筑工程有限公司
王瑞良　王奇维　何建升　吕俊杰　雷亚军

5.1　前言

斗栱系统是我国古建筑独具特色的组成部分，它极大地丰富了古建筑物檐口的立体造型，使整个古建筑锦上添花，显得更加富丽堂皇、气势磅礴。唐式栱是斗栱发展演变史中重要的阶段，大多采用木材料制作，具有结构和装饰的双重作用，仿古建筑唐式栱采用钢筋混凝土预制施工工艺，防腐、防蛀，结合牢靠，更加突显了唐代建筑的简洁利落、稳健雄丽的风格。

仿古建筑唐式栱预制施工工法是施工企业结合多年积累的古建施工经验总结研发的，通过唐式栱的模板制作、安装、预制等施工工艺、方法和质量控制标准，为钢筋混凝土仿古建筑唐式栱预制施工提供了一套科学的思路和方法。

5.2　工法特点

仿古建筑唐式栱的预制施工工法，通过对仿古建筑的唐式栱构件的模具制作、组拼、预制的施工实施，形成了一套科学的、完整的、合理的钢筋混凝土仿古建筑唐式栱系统的施工方法，便于操作和质量控制，有效地指导了现场施工，尤其是采用钢筋混凝土预制取代了木结构，防腐、防蛀，增加了构件的耐久性；预制模具采用竹质胶合板和方木相结合的方式，与传统的钢筋混凝土异型现浇结构施工工艺相比较具有加工方便、成型准确、易组拼、成本低等特点；既保证艺术造型准确，又保证结构受力合理、安全，有效地加快了施工进度。

5.3　适用范围

5.3.1　本工法适用于钢筋混凝土仿古建筑唐式栱的预制施工。还可供钢筋混凝土仿古建筑其他构件预制施工参考。

5.3.2　在钢筋混凝土仿古建筑主体施工前就进行唐式栱构件的预制，当混凝土强度达到设计值后，方可配合主体结构铆接或焊接。

5.4 工艺原理

在大式古建筑中，介于上下两层斗和升构件之间，作为承接上下两层的略似弓形构件叫栱。栱随其所在的位置不同，有不同的名称，如正心栱、单材栱（又如华栱、泥道栱、瓜子栱、令栱、慢栱）等；按照长短、卷刹的不同，也有不同的名称，如瓜栱、万栱、厢栱等。唐式栱属于钢筋混凝土仿古建筑斗栱系统中重要的构件之一，栱的卷刹竖向构成比例6∶9，称之为“上留六，下刹九”。仿古建筑唐式栱的预制施工工法，通过钢筋混凝土唐式栱模具的制作、组拼及构件的预制等方法，使唐式栱构件预制造型准确，施工操作方便，质量易于控制，达到结合牢固、雄浑美观的效果。

5.5 工艺流程及操作要点

5.5.1 工艺流程

如图5-1所示。

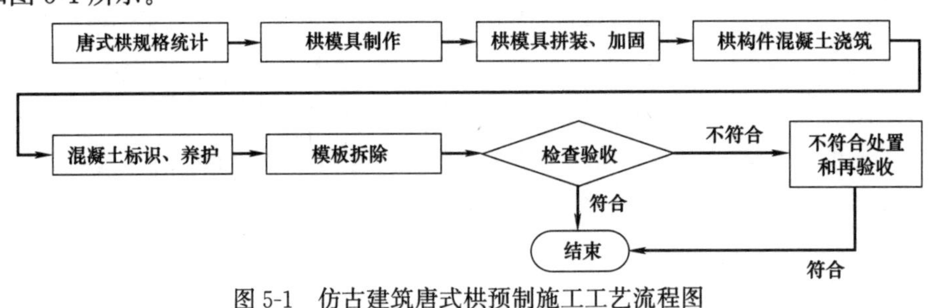

图5-1 仿古建筑唐式栱预制施工工艺流程图

5.5.2 操作要点

1 唐式栱规格统计：唐式栱规格的统计是仿古建筑唐式栱的预制施工的一项重要工作，这关系到预制模具制作的数量、材料、人员投入的多少，需要熟悉仿古建筑的专业技术人员细心审核设计图纸，然后统计唐式栱构件的规格类型。

2 栱模具制作：预制模具制作包括放样、卷刹制作、栱底、侧模板制作、档头模板制作等工序，尤其是放样、卷刹制作都是精细的工作，必须由专人负责操作，认真进行技术质量交底，把好每个环节，这样才能保证预制模板的良好周转，为确保唐式栱预制成型效果打好基础。

（1）放样：依据图纸设计要求进行构件的统计，按照唐式栱长短的不同进行分类，并对同类的栱进行特征复核，无误后采用三合板进行刻录放样，以明确其长短、高低、宽窄及卷刹的几何尺寸。

（2）卷刹制作：卷刹模板是采用覆膜竹质胶合板分片接合而作成的，要按唐式栱卷刹的尺寸制作，先选择和卷刹相同宽度的竹胶板，表面平整、顺直，然后按卷刹的具体几何尺寸分成板条，注意转角的拼接倒角尺寸准确，然后在卷刹的外侧用竖向模板进行接合背靠，这样既能保持卷刹造型，又便于预制加固。

(3) 唐式栱底、侧模板制作：唐式栱的底、侧模板采用12mm厚竹质胶合板外包，卷刹内镶在栱的底模板上，侧模采用“侧包底”的组拼形式，确保了棱角接槎紧密，便于加固，易于脱模。

(4) 档头模板制作：档头模板采用12mm竹质胶合板，内插于栱的两侧模板之间，靠侧模板上的竖肋定位，应有预留钢筋孔。

3 模具组拼装、加固：唐式栱模具制作完毕，初步进行模具制作质量验收，合格后进行组拼装、加固。模具组拼装时，按照“侧包底，密接槎”，即：两侧模包底模板，内镶的卷刹紧密接槎，然后在模具外侧采用加固肋固定，整体加固方正、平整。

4 唐式栱构件混凝土浇筑：唐式栱模具加固完毕，把栱构件的钢筋网架绑扎好后放置于模具内，垫好钢筋保护层垫块，安装好档头，沿模具上口分层均匀灌注浇捣混凝土，宜采用小型号的振动棒振捣。混凝土灌注到模具槽口时，注意栱端部连接钢筋的定位，灌注浇捣混凝土至模具满，采用铁抹子将表面抹平抹光。

5 唐式栱构件标识、养护：唐式栱构件混凝土浇灌初凝前，采用墨笔对构件进行标识，以便于安装时识别。终凝后，浇水保持湿润养护。在构件模板拆除之前，应进行浇水保湿养护；在构件标识归堆安放之后，应用养护毡覆盖，进行浇水保湿养护不少于7d；冬期预制栱构件时，要结合混凝土保温同时进行保湿养护不少于14d，并防止混凝土构件受冻。

6 模板拆除：唐式栱构件混凝土浇筑一般24h后方可进行侧模板拆除。模板拆除应按照模具组拼装的顺序反向进行，即：解除加固肋，先拆除栱侧模板，后拆除档头模板，72h后方可进行底模板拆除，内镶的卷刹随底模板自然带出。模板拆除时严禁硬撬。

模板拆除后，按照唐式栱构件质量验收标准逐个进行检查验收，不合格的构件应按废料统一处理。唐式栱构件质量检查验收合格的，应按照标识进行构件归堆。栱构件归堆时注意相互放置稳妥，并保护好棱角，堆放不宜超过四层。

5.5.3 劳动组织

1 唐式栱构件模板制作劳动组织按技工∶普工＝2∶1组合，以技工为主，确保模具制作尺寸准确、组合合理、装拆方便。

2 唐式栱构件预制劳动组织按技工∶普工＝1∶2组合，技工主要是模板加固、拆除；普工主要进行钢筋混凝土的作业及构件移位、归堆。

5.6 材料与设备

5.6.1 主要材料

三合板（厚度3mm），划线笔，墨斗，覆膜竹质胶合板（厚度10～12mm），ϕ8、ϕ12钢筋及焊条，焊剂等。

5.6.2 机具设备

1 施工机具：混凝土搅拌机、木工电动圆盘锯（刨）、混凝土振捣器、电焊机、切割机、水平运输机械等。

2 监测设备：磅秤、3m钢卷尺、方尺、铝合金水平尺、塞尺、样尺。

5.7 质量控制

5.7.1 施工验收标准

1 工程的施工及质量验收，除应达到本工法规定要求外，还必须满足以下规范要求：

《建筑工程施工质量验收统一标准》GB 50300；

《混凝土结构工程施工质量验收规范》GB 50204；

《古建筑修建工程施工与质量验收规范》JGJ 159。

2 主控项目

(1) 唐式栱预制构件的材质（钢筋、混凝土、水泥、砂、石、外加剂等）必须符合设计要求和施工质量验收规范的规定。

检验方法：检验构件材质试验报告。

(2) 唐式栱预制之前，必须按设计尺寸进行放实样、套样板。每件样板和实样的外形尺寸必须准确。模板应制作成清水混凝土模板，保证构件的表面平整光滑和棱角分明，造型优美，外观质量优良。

检验方法：与设计图纸和样板及实样对照，用钢尺及方尺校对。

(3) 唐式栱构件预制完成后应以组为单位进行编类，并检验、分组堆放，不得混淆。

检验方法：观察检查及尺量检查。

(4) 唐式栱预制构件型号、规格、使用部位、数量、预留钢筋，必须符合设计要求。

检验方法：观察检查及尺量检查。

3 一般项目

(1) 唐式栱预制尺寸标准，表面平整，卷刹完全符合图纸和样板及实样的要求，无瑕病。

检验方法：观察、尺量检查、用样板套对检查。

(2) 唐式栱预制构件操作偏差及检验方法见表5-1。

唐式栱预制构件操作偏差及检验方法 **表5-1**

序号	项目	允许偏差(mm)	检验方法
1	长、宽、高几何尺寸	3	样板尺、钢方尺检查
2	卷刹折线造型	2	样板尺、钢尺检查
3	预留筋位置	5	钢尺检查
4	构件表面平整度	2	水平尺、塞尺检查

5.7.2 质量技术措施和管理方法

1 严格按照ISO 9001标准要求，建立完善的现场质量管理体系，并进行有效的运行。

2 加强与设计单位联系，深刻领会唐式栱的设计意图和在仿古建筑中与其他构件的结构关系。

3 根据本工法和审定的施工方案，现场制作模型，对照模型和施工图纸等，对相关的管理人员和所有的操作人员进行全面细致的技术交底。

4 对于本工法涉及的测量仪器和检测工具，应按规定进行法定计量鉴定。

5 做好钢筋混凝土预制唐式栱的标识、锚固钢筋（或铁件）的保护工作。

6 由专职的质检员随时进行跟班检查。同时，操作班组之间认真做好自检和工序交接检。

5.8 安全设施与成品保护

5.8.1 现场安全管理必须执行以下规范：

《建筑施工安全检查标准》JGJ 59；

《施工现场临时用电安全技术规范》JGJ 46。

5.8.2 安全管理措施

1 施工现场安全管理、文明施工、施工用电和施工机具等有关要求遵照《建筑施工安全检查标准》JGJ 59 中的规定。

2 操作人员进入作业岗位前应进行三级安全教育。作业人员在作业前进行安全技术交底。机械操作人员应持有效证件上岗。建立健全安全生产责任制度，增强作业人员安全防护意识。

3 在操作之前必须检查操作环境是否符合安全要求，预制场地是否畅通，机具是否完好无损，安全设施和防护用品是否齐全。经检查符合要求后方可施工。

4 检查木工机械的防护装置。电锯锯片是否上紧，有裂纹的不得使用；使用平刨，手离开平刨刀 50mm 以上。

5 模具制作人员使用手工刀具时应注意劳动保护。

6 模具制作场要配备足够的消防设施，道路畅通，严禁烟火。

7 所有的机电设备应装置漏电开关，以确保用电安全。

8 所有的电源线不得有破皮漏电现象。使用振捣器时应穿胶鞋，湿手不得接触开关。

9 冬期施工时，预制场地宜搭设保温棚，周边做好保温防冻，内部应设加温的火炉，并派专人管理，注意防火、防冻、防中毒。

5.8.3 安全管理预案：必须针对工程实际编写《预防火灾紧急预案》《预防漏电伤害紧急预案》等。

5.9 环保措施

5.9.1 现场环境保护管理必须执行以下规范：《建设工程施工现场环境与卫生标准》JGJ 146。

5.9.2 环境保护指标：白天施工噪声≤70dB（夜间≤55dB），施工现场建筑垃圾分类处理。

5.9.3 环境保护监测：对施工现场的噪声等进行监测，均需达到国家环保标准要求。

5.9.4 环境保护措施

1 减少施工粉尘污染措施：袋装水泥存放在库房；砂、石等散装骨料应及时覆盖，易起尘物料进行周边围挡、洒水等。

2 减少施工噪声措施：对作业区域进行围挡、封闭；物体搬运轻起轻放；减少施工作业的敲击噪声；减少施工作业的噪声。

3 减少施工水污染措施：生产和生活用水分类排放；施工现场的搅拌机前台及清洗处必须设置沉淀池。严禁直接将未经处理的泥浆水排入城市排水设施和河流。

4 减少施工土壤污染措施：操作人员严禁乱扔、乱抛撒材料、各种废弃物等；涂刷模板脱模剂时，应铺垫塑料薄膜。

5 建筑垃圾处理措施：建筑垃圾采用容器运输分类，分区密闭堆放，并由有资质的清运公司处理。

5.9.5 现场文明施工管理

1 按照文明工地验收标准，制定文明施工措施并有效执行。

2 文明施工的主要措施内容包括：

(1) 完善施工及安全防护设施，完善各类标志及标识。

(2) 合理调整现场布局，定时清洁、清理现场。

(3) 持续改进施工人员现场服务设施。

(4) 定期开展员工文明施工行为教育和文化娱乐活动。

5.10 效益分析

仿古建筑唐式栱预制施工工法的研发和实施，使钢筋混凝土仿古建筑构件操作工序得到了一定的简化，确保了仿古建筑唐式栱的施工既成型正确，又结构受力合理、安全，受到了设计单位、建设单位、监理单位及古建筑行业内人士的一致好评。

大唐西市、大唐芙蓉园等仿古建筑工程采用本工法都取得了加工方便、易组拼、成型准确、成本低廉等效果，有效地保证了工程质量，加快了施工进度，同时本工法还为钢筋混凝土仿古建筑其他构件的施工提供了科学的思路和方法，值得进一步推广应用。

5.11 应用实例

具体见表5-2。

本工法应用实例 **表5-2**

工程名称	地点	开、竣工日期	工法应用时间	应用效果
大唐西市大鑫坊	西安劳动路	2007年5月～2009年3月	2008年1月	良好
大唐西市盛世坊	西安劳动路	2007年11月～2009年5月	2008年7月	良好
西安曲江银泰国际购物中心项目	西安	2010年7月～2011年7月	2011年1月	良好

6　仿清官式混凝土斗栱整层预制安装施工工法

陕西古建园林建设有限公司
贾华勇　姬脉贤　周　明　康永乐　陈斌博

6.1　前言

以木结构为主的斗栱系列构件是中国古建筑中集功能、结构和艺术统一的代表元素之一，使中国古建筑更加宏伟壮观、艺术精美。然而，传统的木结构斗栱是单件加工制作安装，组拼较繁琐，施工进度慢，防腐效果差。随着社会经济的发展，大多数现代传统建筑在材料选用上都是以钢筋混凝土为主，斗栱也以钢筋混凝土代替了木构件，并采用整层预制安装工艺，不仅加快建设进度，而且大大降低施工成本，最关键的是能保证工程质量和外装饰效果。

6.2　工法特点

本工法采用了斗栱整层预制和安装的先进工艺，将每层栱、昂、升等构件连体制模、制作钢筋、预制，并整层吊装安装，使斗栱安装速度快、效率高，能更好地达到古建筑的结构要求和外观效果。

6.3　适用范围

本工法适用于现代传统建筑清式建筑中混凝土斗栱系统的制作及安装。

6.4　工艺原理

根据工程特点，按照设计图纸以 1∶1 的比例在模板上反面放好各层斗栱的上外轮廓线和胎模，再用模板制作外侧模，并绑扎好钢筋，翻制出清水混凝土装饰斗栱整层构件，随后通过预留钢筋将装饰构件整层吊装焊接安装于建筑结构柱、梁中，以此达到建筑装饰及其古建构造的要求，使整层斗栱达到结构受力作用。

6.5　工艺流程及操作要点

6.5.1　工艺流程

施工技术准备→木模具制作→木模具安装配置钢筋、加固→混凝土拌制、运输→混凝土浇筑、振捣→混凝土养护→木制模具拆除→成品保护→整层安装。

具体流程如图 6-1 所示。

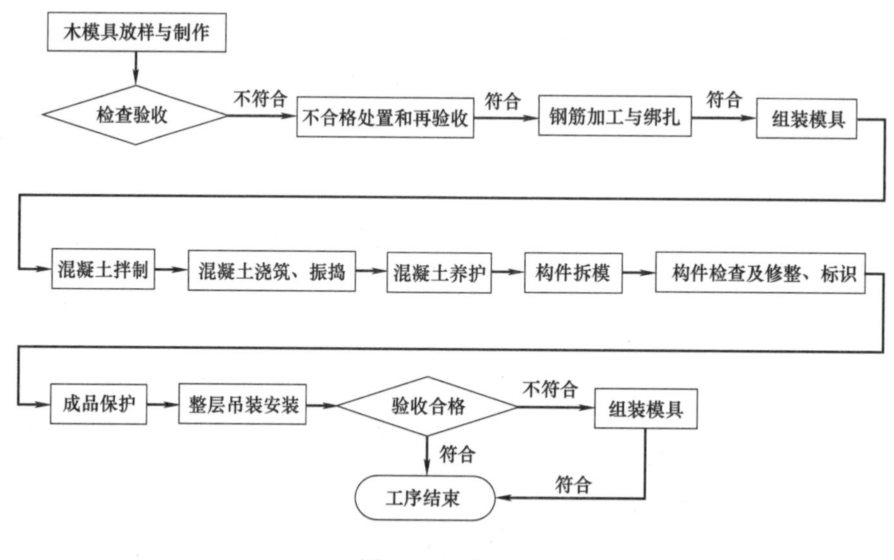

图 6-1　工艺流程

6.5.2　操作要点

1　木制胎体制作

首先由古建技术人员制定方案，并在电脑绘出大样图，总工审核方案无误，古建施工员现场放实际大样，核对正确后方可制模施工。

选择优质木材来进行木制胎体的制作，所用木材要求遇水变形小、利于制模，一般选用松木、覆膜胶合板等材料。选好木材后应对木材进行相应的表面处理，确保脱模预制构件完整。模具底板图如图 6-2 所示。

图 6-2　制作模具底板

2　放样弹线

首先在模板上弹出十字中线，放出一张 1∶1 比例的一层斗栱外轮廓线，再制作内模胎模和图案花纹的轮廓。绘制过程中一定要保证各种曲线、曲面位置准确。模具制作要精确计算各层构件的连接精度，确保安装无误。制模只能放大榫口，不能放大卯头。

3　胎模制作

在木制材料上依据图纸制作好胎模，在制作胎模时，应保证能够把各种曲线、曲面、图案所包含的形体表现出来，而且每个侧面的图案深度要准确一致。胎模完毕后应用细砂纸将木制胎体表面的毛刺全部处理光滑，确保预制构件正确无误。

4 检查模具尺寸

在成套模具制作过程中要严格控制每个模具的尺寸，模具制作好后，按设计尺寸仔细检查线条及图案，保证模具表面光洁、线条清晰、整体尺寸正确无误，分片检查之后进行预装，能满足设计艺术效果时，即可作为模具使用。

5 涂脱模剂

安装模具前应涂好模板脱模剂，分片用漆刷刷脱模剂，并安装固定后检查槽口、企口、拼口处密封性、完好性。以使混凝土浇筑过程中不出现漏浆现象（图 6-3）。

图 6-3 涂脱模剂

6 钢筋绑扎

在模具内按设计要求配制好钢筋，并绑扎成型，绑扎必须牢固。

7 模具加固

用木卡、木楔加固好模具，确保预制构件方正不变形（图 6-4）。检查卡具是否紧固，确保模具在振捣时不会移动，避免错台现象。

8 混凝土拌制（现场拌合混凝土）

（1）砂石应做好级配和配合比，根据搅拌机每盘各种材料用量，对计量装置应定期核验、维护，以保证计量准确。现场应设置混凝土配合比标牌。

（2）轻骨料投料顺序是一般先倒骨料，再倒水泥，后倒细砂，最后加水。掺合料在倒水泥时一并加入，外加剂与水同时加入。

图 6-4 木卡、木楔固定加固

9 混凝土浇筑、振捣

（1）浇筑混凝土构件时，用微型振动棒将下半部振捣密实，将钢筋检查复位，在将上部浇筑到位，局部人工振捣用抹子收好。棱角部位确保混凝土的均匀和密实性。混凝土在振捣的时间宜短不宜长，并用抹子把浮在表面的石子压入混凝土内。对于无法用振动棒振捣的构件，人工用钢筋棍振捣来解决问题。

(2) 浇筑混凝土时，应注意检查看护模板是否变形、移位；固定工具是否松动、脱落；发现漏浆等现象时，及时处理。

10 模具拆除

严格控制混凝土拆模强度及拆模时间。拆模时混凝土强度不得低于 1.2MPa。

严格控制构件的出模质量，应保证构件表面及棱角不受损伤。有损坏的构件现场销毁，不得进行修补后再用来施工。成品与堆放示意见图 6-5。

图 6-5 成品与堆放

11 混凝土养护

混凝土浇筑完 8h 以内，应对混凝土预制构件加以覆盖并浇水养护。常温时每日至少浇水养护时间不得少于 7 次，以防止混凝土表面产生干缩裂缝。

12 成品保护

(1) 装饰构件成型后，按设计要求实测实量，使每个构件都符合要求，构件应尽量放置在预制场周围，搬动构件时，应轻拿、轻放防止构件缺棱掉角。应经常对构件进行检查，如发现缺棱掉角时应及时修复。

(2) 现场堆放构件时，要记录好预制构件的先后加工配套次序，并按吊装顺序和型号分区配套堆放，分件构件要注明生产日期、构件名称、质量标识。

13 整层吊装安装

(1) 吊装

1) 吊装前应对整层预制构件进行试组装，如发现问题，及时进行修整打磨，确保整层构件合格，方可吊装。

2) 按照编号、次序用塔吊或起重机吊装。吊装前对施工人员进行技术培训和现场试吊指导，技术达标后方可吊装安装。

(2) 吊装安装

1) 对主体外架进行改架加固，检查验收合格后方可使用。确保外架加固牢固，满铺脚手板、满挂安全网。

2) 平方梁上放线、测平；拉通线、找平，吊装安装斗栱。先安装四边角科斗栱，再挂线安装柱头科、平身科，从下而上整层安装。安装必须横平竖直，预留筋与梁、柱主筋焊接牢固。

吊装与支撑示意见图6-6。

图6-6 吊装与支撑

6.6 材料与设备

6.6.1 施工材料

1 水泥

用强度等级为32.5MPa及以上的硅酸盐水泥、普通硅酸盐水泥或矿渣硅酸盐水泥。水泥进场应有产品合格证和出厂检验报告，并需要按要求进行见证取样和复试合格后方可使用。

2 砂

砂、石其质量应符合国家现行标准，进场后应对其性能进行检验，合格后方可使用。

3 水

宜采用饮用水，当使用其他水源时，应不含杂质，且水质符合国家现行标准《混凝土拌合用水标准》JGJ 63的规定。

4 外加剂及掺合料

根据要求选用，掺入量由试验室确定。外加剂及掺合料应有产品说明书、出厂检验报告及合格证、进场后应取样复试合格。

6.6.2 施工用具

1 机械设备

塔吊、起重机、搅拌机、振捣器、切割机、角磨机、钢筋弯曲机、电焊机等。

2 主要工具

电锯、手锯、木工凿、方尺、墨斗、线绳、吊线锤、钢卷尺、手推车、铁锹、灰铲、抹子、铁丝、铁钉、卡具、大头楔等。

6.7 质量控制

6.7.1 施工验收标准

除应达到本工法规定要求外，还必须满足以下规范要求：

《混凝土结构工程施工质量验收规范》GB 50204；

《古建筑修建工程施工与质量验收规范》JGJ 159。

6.7.2 主控项目

1 模板及其支架用材料的技术指标应符合国家现行有关标准的规定。进场时应抽样检验模板和支架材料的外观、规格和尺寸。

2 钢筋进场时，应按照国家现行相关标准的规定抽取试件作力学性能和重量偏差检验，检验结果必须符合有关标准的规定。

3 钢筋采用机械连接或焊接连接时，钢筋机械连接接头、焊接连接接头的力学性能、弯曲性能应符合国家现行有关标准的规定。接头试件应从工程实体中截取。

4 钢筋采用机械连接时，螺纹接头应检验拧紧力矩值，挤压连接应量测压痕直径，检验结果应符合现行行业标准《钢筋机械连接操作规程》JGJ 107 的相关规定。

5 混凝土所用水泥、砂、石、外加剂必须符合施工规范及有关标准的规定，有出厂合格证、检验和复试报告。

6 混凝土的强度等级必须符合设计要求。

7 弯钩的朝向应正确，绑扎接头应符合施工规范的规定，搭接长度不小于规定值。

8 箍筋的间距数量应符合设计要求。有抗震要求时，弯钩角度为 135°，弯钩平直长度为 $10d$。

9 预留锚筋规格、长度及位置符合设计要求。

6.7.3 一般项目

1 模板的接缝应严密；模板内不应有杂物、积水或冰雪等，混凝土浇筑施工前，应对模板进行清理，但模板内不应有积水。

2 模板与混凝土的接触面应清理干净并涂刷隔离剂，隔离剂不得影响结构性能及装饰施工；不得沾染钢筋、预埋件和混凝土接槎处；不得造成环境污染。

3 混凝土应振捣密实，不得有蜂窝、孔洞、露筋、缝隙、夹渣等缺陷。

4 混凝土配合比应符合设计要求，拌和均匀，宜采用机械拌和。

5 混凝土在浇筑完毕后对混凝土加以覆盖并保湿养护。

6 混凝土的外观质量有一般缺陷时，应进行修补处理。

7 对于钢筋交错部位，绑扎扣缺扣、松扣的数量不超过绑扎扣总数的 10%，且不应集中。

8 钢筋应平直、无损伤、表面清洁。带有裂纹、油污、颗粒状或片状老锈，经除锈后仍留有麻点的钢筋，严禁按原规格使用。

9 钢筋加工的形状、尺寸应符合设计、规范要求，钢筋安装位置偏差应符合规范。

10 斗、栱、升等混凝土预制构件尺寸允许偏差项目和检验方法应符合表 6-1 的规定。

斗、栱、升等混凝土预制构件尺寸允许偏差项目和检验方法　　表 6-1

项目			允许偏差(mm)	检验方法
昂、翘、耍头平直度	斗口	70mm 以下	2	以间为单位,在昂、翘、耍头上皮部位拉通线,尺量
		70mm 以上	4	
昂、翘、耍头进出错位	斗口	70mm 以下	2	以间为单位,在昂、翘、耍头端部拉通线,尺量
		70mm 以上	4	
横栱与枋子竖直对齐	斗口	70mm 以下	2	在横栱与拽枋(或井口枋、挑檐枋)侧面贴尺,尺量
		70mm 以上	3	
栱件竖直对齐	斗口	70mm 以下	2	在某攒斗栱中线处吊线或在翘、昂、耍头等伸出构件侧面贴尺板,尺量
		70mm 以上	3	
升、斗与上下构件迭合缝隙	斗口	70mm 以下	1	用楔形塞尺检查
		70mm 以上	1	

11 斗、栱、升等混凝土预制构件安装允许偏差项目和检验方法应符合表 6-2 的规定。

预制构件安装允许偏差项目和检验方法　　表 6-2

项目		允许偏差(mm)	检验方法
斗、栱、升	中心线	2	经纬仪、吊线尺量
	底标高	0,−2	水准仪、拉线尺量
	垂直度	2	吊线尺量
	水平度	2	水准仪、水平尺

6.8 安全措施

6.8.1 安全管理措施

1 预制现场要有明显的安全警示牌，非作业人员不得进入。

2 对作业人员进行岗位培训，熟悉有关安全技术操作规程和标准。

3 根据安全措施要求和现场实际情况，安全员必须亲自对作业人员进行安全技术交底，并跟踪检查要求。

4 进入施工现场必须戴安全帽，混凝土振捣人员要穿绝缘鞋戴绝缘手套，高空作业系好安全带。

5 施工作业时，振动棒、电源线、开关箱（包括漏电保护器）用电设施必须经专业电工检查合格后才能使用。

6 特殊工种必须持证上岗。

6.9 环保措施

6.9.1 现场混凝土搅拌站应采取密封措施并应有降尘或洒水设备。

6.9.2 施工预制现场清理设备形成的废水应先经过沉淀池沉淀后才能向外排放。

6.9.3 施工现场形成的落地灰应及时清理，禁止胡乱抛撒。

6.9.4 施工垃圾要有专门的堆放地点和装运容器。

6.9.5 施工现场不宜夜间施工。

6.9.6 施工现场进出车辆必须进行轮胎清洗。

6.10 效益分析

6.10.1 经济效益

本工法简化了装饰构件的单件制作过程，使构件实现整层性的规模化生产，并保证了构件达到清水混凝土效果，相比较此工艺在经济效益和工期上显示出极大的优势。

6.10.2 环保、节能效益

1 工法的应用起到了节材（不抹灰）、降耗（减少了施工设施料的消耗）及环保的效果。

2 提高了建筑的内在品质和技术含量。

6.10.3 社会效益

本工法充分发挥了现代传统建筑的优势，提高了构件的耐久性，解决了防虫、防腐、防火、经久耐用等问题，既加快了工程进度、降低了工程成本，还保证了工程质量。为传统建筑施工技术发展开创出一条新路。

6.11 应用实例

本工法在中国道教圣地楼观台财神故里100多栋单体、楼观台新建商业街30多栋清式传统建筑工程中应用，均取得了良好的效果。

7 仿古建筑预制构件后置焊接安装施工工法

陕西建工第三建设集团有限公司
王奇维　朱锁权　王　强　许建峰　王　瑾

7.1 前言

本工法是在仿古建筑构件后置焊接安装施工方法（发明专利，专利号：ZL2008 1 0151105.1）及轻质陶粒混凝土预制构件应用技术两项关键技术应用的基础上，通过系统性的科技研发、流程优化、工艺改进、技术提升，新增了以下四项具有创新性的关键技术：

1 BIM技术深化设计与检验测量技术；

2 多类型仿古预制构件应用技术；

3 预制构件及表面处理工厂化批量加工技术；

4 三维激光测量定位控制技术。

本工法仿古建筑预制构件类型也由原来的两种增加至四种。

通过关键技术的创新，提高了原工法的科技含量，工法的适用性进一步加强，技术分类更完善。本工法经过改进，具有了构件范围更宽，安装控制更加准确、简便，降低高空安装难度，达到“四节一环保”的特点，工法关键技术水平经陕西省住房和城乡建设厅工法评审委员会鉴定为国内领先。应用该工法施工的有大唐西市一期九宫格工程、临潼东花园改造工程、曲江池遗址公园，其中曲江池遗址公园项目荣获陕西省“长安杯”奖及国家优质工程奖。

7.2 工法特点

7.2.1 在设计及施工单位共同参与下，在深化设计阶段对仿古建筑预制构件运用BIM技术进行建模，并运用模型对建筑结构、构件尺寸、外形等方面进行测量、计算、检查及优化调整，并改进了构件安装工序，提高了建筑设计质量。

7.2.2 在工序安排上，首先进行仿古建筑框架部分制作，并将全部仿古构件进行工厂化预制，随后在已完成的仿古建筑框架上依次焊接安装全部仿古构件。

7.2.3 施工作业难度小、强度低、工序少、速度快以及技术准备要求较高。

7.2.4 能最大限度做到节能、节材、节地、节水及环境保护的效果。

7.3 适用范围

7.3.1 本工法适用于钢筋混凝土框架结构仿古建筑。主要用于表7-1所列构件的制作及安装。

适用构件表　　表 7-1

序号	构件名称	构件材质
1	斗	混凝土、陶粒混凝土、GRC混凝土、钢构件
2	栱	混凝土、陶粒混凝土、GRC混凝土、钢构件
3	升	混凝土、陶粒混凝土、GRC混凝土、钢构件
4	耍头	混凝土、陶粒混凝土、GRC混凝土、钢构件
5	替木	混凝土、陶粒混凝土、GRC混凝土、钢构件
6	惹草	混凝土、陶粒混凝土、GRC混凝土、钢构件
7	博缝板	混凝土、陶粒混凝土、GRC混凝土
8	封檐板	混凝土、陶粒混凝土、GRC混凝土
9	月梁	混凝土、陶粒混凝土、GRC混凝土、钢构件
10	装饰椽子	混凝土、陶粒混凝土、GRC混凝土、钢构件

7.3.2 在仿古建筑主体框架混凝土强度达到设计值，拆除模板并进行清理后，即可进行全部仿古构件焊接安装。

7.4 工艺原理

7.4.1 基本原理

将仿古建筑檐口的仿古构件设计为预制仿古构件。施工按照“先完成主体框架，后在主体框架上分层次、有序地进行仿古预制构件的焊接安装”的专利方法进行。运用BIM技术深化设计及验证、多类型仿古预制构件应用、预制构件及表面处理工厂化批量加工、三维激光测量控制等先进技术，完成预制仿古构件的后置焊接安装。仿古建筑檐口构造示意见图7-1。

7.4.2 理论基础

以普通钢筋混凝土结构、轻骨料混凝土、GRC构件、仿古金属构件焊接、建筑BIM技术以及工程测量技术等成熟技术为理论基础，进行合理运用。符合现行设计和施工验收规范要求，并将现行规范与古建筑的法式、则例等有机地融为一体。

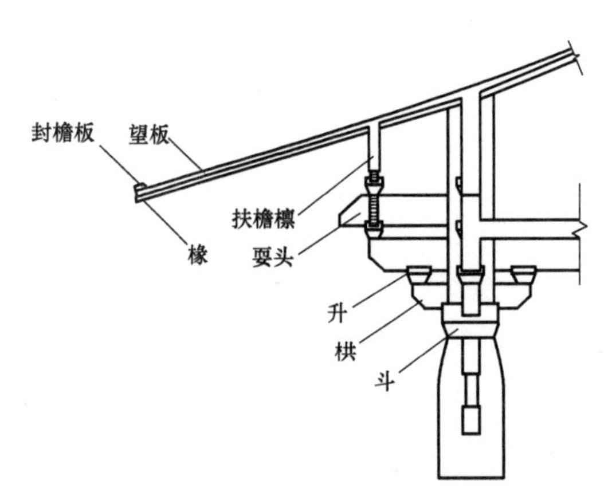

图7-1 仿古建筑檐口构造示意图

7.4.3 名词解释

1 封檐板：檐口的挡板。

2 望板：椽子上直接铺设的屋面板。

3 椽子：在檩条上铺设，支承望板的构件。

4 扶檐檩：檐口最外侧的檩条。

5 耍头：升与升之间直接传递荷载的主要通道。

6 升：将檐口体系的荷载传递给斗的构件。

7 栱：连接斗升和升与椽口体系之间的部分。

8 斗：用于支承柱上体系部分的构件。

7.4.4 仿古建筑预制构件后置焊接安装施工过程示意图，如图 7-2～图 7-5 所示。

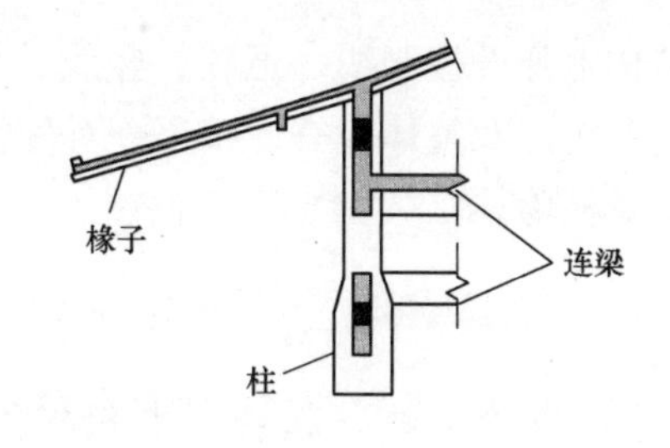

图 7-2 仿古建筑主体框架完工

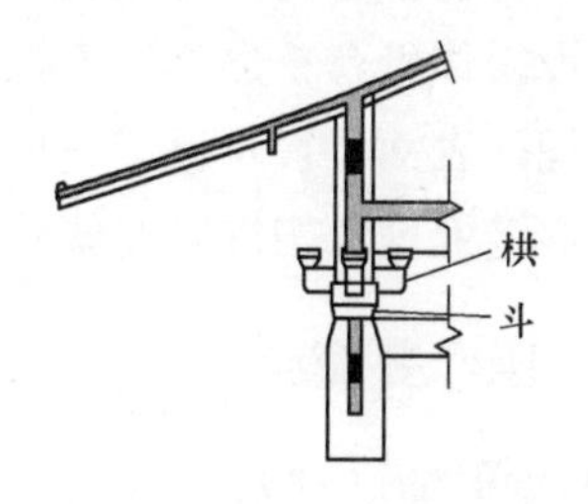

图 7-3 下层斗、栱、升焊接安装

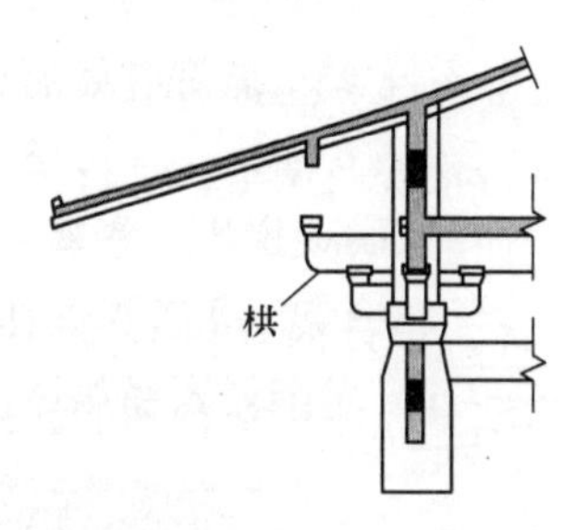

图 7-4 中层的栱、升焊接安装

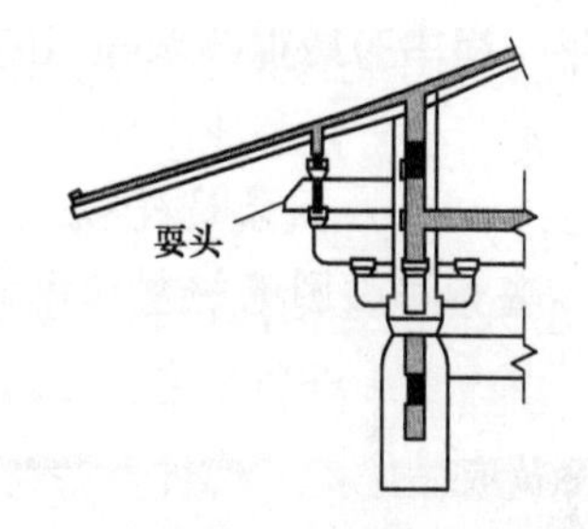

图 7-5 上层栱、耍头、升焊接安装

7.5 工艺流程及操作要点

7.5.1 工艺流程

1 总体流程

确定施工方案→采用 BIM 技术进行深化设计、施工模拟及样板效果验证 → 施工现场准备 → 主体结构施工与仿古构件场外预制 → 搭设操作平台并依次进行焊接安装 → 涂刷面漆→质量检验。

2 子流程

利用 BIM 技术计算预制构件尺寸→确定预埋铁件尺寸→计算预埋钢筋的长短、焊缝大小→加工制作预埋铁件、验收→制作安装模板及涂刷脱模剂→安装钢筋和预埋铁件→钢筋隐蔽验收→浇筑混凝土或陶粒混凝土及振捣→养护→脱模及修整→腻子及底漆→构件编号→弹控制线→分规格堆放。

（1）仿古金属构件的制作：

利用BIM技术计算预制构件尺寸→金属板及型材下料→分片制作→组拼加工→验收→刷防锈漆→编号→弹控制线。

（2）钢筋混凝土结构上金属预埋件安装：

检查主体结构钢筋→建立三维控制网→确定金属预埋件位置→安装金属预埋件及校正→模板支设及验收→浇筑混凝土→拆模及清理。

（3）仿古预制构件焊接安装：

搭设操作平台→建立三维控制网→在主体结构上弹设控制线（通线、竖线、平线）→金属预埋件表面清理及标记→构件依次点焊固定→局部及整体检查、校正→对称整体满焊固定→焊缝处理及构件表面修补→涂刷面漆→质量检验。

7.5.2 操作要点

1 施工前必须对建筑造型，仿古构件尺寸，位置关系，起翘、出翘与预制构件的关系，构件结合部位，预埋件的设置利用BIM技术进行二次深化设计，通过深化设计解决设计中考虑不详细的部位，将构件与整个建筑系统融合在一起，达到实用、美观的效果。

2 在确定施工方案时，采用BIM技术进行建模，对建筑造型、框架结构与仿古构件相互位置关系、建筑及构件比例、整体及局部观感效果等进行检查及调整；进行仿古预制构件安装模拟及安装次序验证；修正并确定仿古构件的预制加工尺寸。

3 对建筑物及各构件预制、安装必须进行二次深化设计，设计内容包括预埋件的设置，起翘、出翘与斗栱的关系，斗栱尺寸与构件的预留口的设置，斗栱结合部的连接，成品构件油漆及成品保护、构件安装与景观照明的配合。

4 构件的制作应采用清水模板，如钢制定型模板、覆面竹胶合板定型模板等。应采用水溶性脱模剂。

5 利用激光水平仪、全站仪、红外线测量仪建立三维控制网，确定主体结构上预埋铁件位置。应采取有效的钢筋、预埋铁件定位措施。框架柱与檐口、悬挑构件（栱、耍头等）相接处，柱内钢筋密度大，绑扎一般较为困难，混凝土浇筑振捣也相对较难，需要采取措施严格控制。

6 混凝土、陶粒混凝土、GRC的配合比，必须经过试验确定，强度必须满足设计要求。浇筑仿古预制构件时，采用铁抹子进行抹压收面，确保表面达到清水效果。此外，必须杜绝过度振捣。

7 构件模板拆除后进行表面打磨处理，然后涂刷腻子及底漆，边角必须涂刷到位；如采用金属预制构件，则在加工完成后对焊缝等位置进行打磨处理并涂刷两遍防锈漆及一遍底漆。

8 焊接安装的主要次序为：先安装建筑大角，后安装中间部分；先安装下层斗栱，后安装上层斗栱；同层斗栱先安装内侧斗栱，后安装外侧斗栱。

9 在构件搬运、吊装、装配时必须对构件进行软包装，防止施工过程中对构件的损伤。

10 在每个仿古预制构件上弹出中心线、水平线，在主体结构相应位置利用激光水平仪弹出中心线和标高控制线，以确保焊接安装就位准确。必须采用激光水平仪控制构件水平。成排成列的仿古构件间，采用激光水平仪进行统一定位与调整。

11 层次构造复杂的檐口体系，应首先对仿古预制构件进行分组编号。安装前按设计要求及构件编组，将构件运至安装部位，对号入位。

12 每个构件部位必须弹线，安装以线进行。安装后经复核位置、水平度、垂直度无误后，再进行固定、施焊。焊接时，先四边点焊，再检查有无移位，并对有移位的构件进行调整。然后，再进行正式焊接。主要采取在构件两边对称焊接的方式进行，并严格防止焊接变形。最后进行四边围焊。焊缝高度一般按 8mm 控制（除设计另有要求）。

13 在仿古建筑同一侧的檐口体系，宜安排同一班组进行作业，便于统一控制和调整。对于不同班组之间，应在施工准备和施工过程中，进行统一的要求和协调，并对两班组结合部位进行严格的检查控制。焊工必须持证上岗，焊工到现场后必须先另行试焊，经鉴定其技术水平达到要求后，方可正式上岗施焊。架子工应具备操作证、安全义务监督员等双重证件，才适宜上岗操作。

7.6 材料与设备

7.6.1 主要材料

普通硅酸盐水泥、砂石、陶粒、陶砂、水溶性脱模剂、型钢或钢板（用于铁件制作）、锚固钢筋、焊条。

7.6.2 施工机具

钢制定型模板、覆面竹质胶合板定型模板、钢筋切断机、钢筋弯曲机、电焊机、焊钳、焊锤、墨斗、通线绳等。

7.6.3 测量仪器

全站仪、激光水平仪、红外线测量仪、卷尺、水平尺、线锤。

7.7 质量控制

7.7.1 施工验收标准

1 工程的施工及质量验收，除应达到本工法规定要求外，还必须满足以下规范要求：

《建筑工程施工质量验收统一标准》GB 50300；

《混凝土结构工程施工质量验收规范》GB 50204；

《古建筑修建工程施工与质量验收规范》JGJ 159。

2 主控项目

(1) 仿古预制构件的外观质量、尺寸偏差及结构性能等，应符合设计要求。

(2) 仿古预制构件的强度应符合设计要求，且出厂强度≥设计强度的 75%。

(3) 预埋件规格及位置必须符合设计要求。

3 一般项目

(1) 仿古预制构件吊运及水平运输不得损伤损坏构件。

(2) 安装前按设计要求检查仿古预制构件的规格、几何尺寸、方正及预埋件等。

(3) 安装前检查临时支撑架体的标高、支承能力及稳定性。

4 仿古预制构件安装允许偏差及检验方法见表 7-2。

仿古预制构件安装允许偏差表 **表 7-2**

项目		允许偏差(mm)	检验方法
柱	中心线偏移	3	尺量检查
	上下接口中心线偏移	2	尺量检查
	收角(弧形线)	5	尺量检查
	垂直度	3	经纬仪、吊线尺量
斗栱升	中心线	2	经纬仪、吊线尺量
	底标高	0	水准仪、拉线尺量
	垂直度	2	吊线尺量
	水平度	2	水准仪、水平尺
椽子	椽距尺寸	±3	尺量检查
	相邻椽高差	±3	拉 5m 线量
	椽斗平整顺直度	5	拉通线尺量
	椽口挑出长度	5	尺量检查
	翼角椽距对称度	5	尺量检查
望板	相邻板下表面平整度	2	尺量检查
	拼缝宽度	2	尺量检查

7.7.2 确保达到标准的技术措施和管理方法

1 确保按照《工程建设施工企业质量管理规范》GB/T 50430 标准，建立完善的现场质量管理体系，并进行有效的运行。

2 认真进行细致到位的图纸会审，加强与设计单位联系和配合。

3 根据本工法和审定的施工方案，现场制作比例模型，对照模型和施工图纸等，对相关的管理人员和所有的操作人员，进行全面细致的技术交底。

4 对采用的测量仪器和检测工具，按规定进行法定计量检定。

5 在工程实体上的代表性部位，组织进行样板安装，总结相关经验，用于指导大面积施工。

6 安排专职质检员进行跟班检验。对每一层斗栱，均进行一次全数检查。同时，要求班组加强自检和工序交接检。

7.8 安全措施

7.8.1 现场安全管理，必须执行以下规范：

《建筑施工安全检查标准》JGJ 59；

《建筑施工扣件式钢管脚手架安全技术规范》JGJ 130；

《施工现场临时用电安全技术规范》JGJ 46。

7.8.2 安全管理的内容及要求

1 安全施工必须由项目经理领导和安排，由专职安全员负责每日的现场检查，确保施工安全管理到位。

2 对外脚手架施工方案、安全用电施工方案等，严格按规定审批执行。

3 脚手架搭设必须符合要求，按规定设护身栏杆，挂好安全网，要满铺架板并固定好，做好防雷接地处理，并进行验收控制。在使用过程中进行每日巡查，保证使用安全。

4 电气设备及线路必须进行安全检查，闸刀箱上锁，电器设备安装漏电保护器。线路的敷设不得与檐口体系形成穿插并妥善地进行固定和防护。遇有雷电等恶劣天气应立即停止作业，并及时切断电源。

5 施工人员必须戴安全帽，高空作业挂好安全带。雪天要清除架子上的冰雪，防止滑倒伤人。

6 照明条件应满足夜间作业要求。

7.8.3 应编制的安全管理预案，主要包括《预防高空坠落紧急预案》《预防漏电伤害紧急预案》。

7.9 环保措施

7.9.1 环保指标主要包括：白天施工噪声≤70dB、晚间施工噪声≤55dB，施工现场基本无扬尘，废水经筛滤、沉淀、中和后排放，建筑垃圾分类处理。

7.9.2 环保监测主要包括：对施工现场的噪声、废水等进行监测，均需达到国家环保标准要求。

7.9.3 环保措施

1 减少施工噪声措施：物体搬运轻起轻落；减少施工作业的敲击噪声；金属型材切割、铁件加工区域增加隔声墙体，进行防护；使用环保型震动器进行仿古预制构件的混凝土浇筑振捣。

2 废水、建筑垃圾处理措施：在仿古预制构件加工厂设置污水沉淀池和筛滤网，使废水经过过滤、沉淀和化学中和后排放；建筑垃圾分类、分区堆放，并及时送至指定地点倾倒。

3 减少施工扬尘措施：对施工现场地面进行硬化处理，并安排专人定时清扫；现场进出车辆必须进行轮胎清洗；施工人员在作业面上做到文明施工、工完场清。

4 电焊工、架子工等作业人员应配备完善的防护用具，如安全帽、安全带、防尘口罩、护目镜、手套等。

7.9.4 绿色、文明施工管理

1 对于需创建文明工地的项目，应将本工法相关的作业内容，纳入项目部《文明工地创建规划》及《绿色施工管理方案》。无创建文明工地要求时，也应按照文明工地验收标准，制定文明施工措施并有效执行。

2 文明施工的主要措施内容包括：

(1) 完善施工及安全防护设施，完善各类标志及标识。

(2) 及时、合理地调整现场布局，并定时清理现场。

(3) 改进施工人员现场服务设施。

(4) 开展职工文明施工行为教育和文化娱乐活动。

7.10 效益分析

7.10.1 经济效益

此工法从根本上简化了异型模板的制作及安装过程，能保证构件达到清水混凝土效果。相比传统工艺的工期、经济效益等，此工法具有极大的优势。经济效益主要包括：大幅度减少施工模板等设施的投入与消耗；达到清水混凝土效果后，不再进行抹灰；节省劳动力消耗等。

7.10.2 环保、节能效益

节省施工设施料投入后，减少了对自然竹木制品的需求；达到清水混凝土效果后，不再抹灰，减少水泥用量；这些均有利于生态保护。通过应用陶粒混凝土仿古构件，减轻了结构自重；节省了混凝土养护用水；减少了高空支拆模板作业以及因此形成的粉尘、噪声污染和危险源。

7.10.3 社会效益

本工法的形成，为仿古建筑施工探索出一条新路，提高了仿古建筑的内在品质和科技含量，延长了使用寿命，减少了维修频次，有利于施工企业技术水平和竞争实力的增强。通过采取系列环保措施，使施工现场周边的居民及企事业单位能正常生活和工作。这是一项值得推广的、绿色的施工工法。

7.11 应用实例

7.11.1 大唐西市九宫格中的金市、金市广场、崇善坊、丰乐坊、盛业坊、通济坊由我公司施工，建筑面积 192121m^2。建筑仿古预制构件斗、栱、升及椽子等构件全部采用轻骨料陶粒混凝土制作，共计 1227 种规格、90413 件。仿古预制构件的抹灰面积为 45330.4m^2。

1 采用本工法

(1) 降低了模板体系的投入费用。对于部分异型构件可在地面简化进行分件制作后再组合安装，用钢模周转支设，模板费用可摊销。此项比传统工艺节约费用30%；模板的制作在工厂进行，减少了支撑架体和脚手架的租赁，模板得到了多次周转利用。此项可比传统工艺节约费用45%；

(2) 构件表面达到清水效果，不进行装饰抹灰。每平方米节约材料费和人工费15元。节约费用=45330.4×15=679956元。

2 采用传统工艺

(1) 模板材料投入多层板3266.1×32=104515.2元；

(2) 模板支设和加固系统共用钢管21t，扣件4030个。租赁时间为90d，钢管租赁单价3.3元/(t·d)，21×3.3×90=5337元；扣件0.005元/(个·d)，4030×0.005×90=1814元。搭设架体面积为1540m²，搭设人工费6.0元/m²，1540×6=9240元。

3 节约成本

104515.2×30%+(5337+1814+9240)×45%+679956=718686.56元

7.11.2 曲江池遗址公园为地上2～4层框架结构。建筑面积9652m²。斗、栱、升预制构件均采用轻骨料陶粒混凝土浇筑。仿古预制构件共有926种规格，14580件。预制构件的抹灰面积为7290.8m²。

1 采用本工法

(1) 降低了模板体系的投入费用。对于部分异型构件可在地面简化进行分件制作后再组合安装，用钢模周转支设，模板费用可摊销。此项比传统工艺节约费用30%；模板的制作在地面进行，减少了支撑架体和脚手架的租赁。此项可比传统工艺节约费用45%；

(2) 构件表面达到清水效果，不进行装饰抹灰。每平方米节约材料费和人工费15元。节约费用=7290.8×15=109362元。

2 采用传统工艺

(1) 模板材料投入多层板1205.2×32−38566.4元；

(2) 模板支设和加固系统共用钢管17t，扣件2036个。租赁时间为30d，钢管租赁单价3.3元/(t·d)，17×3.3×30=1683元；扣件0.005元/(个·d)，2036×0.005×30=305.4元。搭设架体面积为1075m²，搭设人工费6.0元/m²，1075×6=6450元。

3 节约成本

38566.4×30%+(1683+305.4+6450)×45%+109632=124729.2元。

7.11.3 临潼东花园为地上四层框架结构。建筑面积22473m²。斗、栱、升等仿古预制构件共计183种规格，1685件。仿古预制构件的抹灰面积为843m²。

1 采用本工法

(1) 降低了模板体系的投入费用。对于部分异型构件可在地面简化进行分件制作后再组合安装，用钢模周转支设，模板费用可摊销。此项比传统工艺节约费用30%；模板的制作在地面进行，减少了支撑架体和脚手架的租赁。此项可比传统工艺节约费用45%；

(2) 构件表面达到清水效果，不进行装饰抹灰。每平方米节约材料费和人工费15元。节约费用=843×15=12645元。

2　采用传统工艺

（1）模板材料投入多层板 171×32=5472 元；

（2）模板支设和加固系统共用钢管 7t，扣件 720 个。租赁时间为 15d，钢管租赁单价 3.3 元/(t·d)，7×3.3×15=346.5 元；扣件 0.005 元/(个·d)，720×0.005×15=54 元。搭设架体面积为 325m^2，搭设人工费 6.0 元/m^2，325×6=1950 元。

3　节约成本

5472×30%+(346.5+54+1950)×45%+12645=15344.3 元

椽　子

8　仿古建筑混凝土椽子预制及安装施工工法

陕西建工第三建设集团有限公司
王奇维　王福华　肖东儒　钟翔轲　王文宝

8.1　前言

我国古建筑在世界建筑史上具有重要的地位，形成了独特的建筑体系，有着诱人的艺术魅力。在古建筑中椽子及望板采用木质材料施工，它们作为屋面体系中重要的组成构件，将顶部荷载直接传递于檩、梁之上，在屋面和梁、柱之间起着过渡作用。随着当今建筑材料及营造技术的不断发展和演变，现代仿古建筑中混凝土椽子不仅保持着原有的使用功能，还起着重要的装饰作用，使建筑物显得更加雄伟壮观、富丽堂皇。

西安大唐芙蓉园紫云楼（图 8-1）屋面椽子及望板，原设计采用现浇混凝土施工。此方法支模难度大、钢筋绑扎困难、工序较繁杂、施工周期长、施工费用高，这些问题在翼角部位较为突出。针对以上诸多不利因素，施工企业结合十几年的仿古建筑施工经验，经过多次的研究及论证，提出了将现浇混凝土椽子及望板分解预制、有序安装的施工思路。最终，形成了椽子顶部“先预留企口，再安置望板，后现浇屋面”的施工工艺。尤其简化了翼角部位复杂的工艺流程，将仿古建筑中各种曲线、曲面充分地表现出来。不仅缩短了施工工期，而且节约了施工成本。随后，该工法在大唐不夜城、大唐西市、曲江池遗址公园等大型群体仿古建筑工程中多次应用。

图 8-1　大唐芙蓉园紫云楼实景

本工法由施工企业总结形成，得到了设计单位的肯定和认可，取得了良好的经济和社会效益，在仿古建筑施工中有极大的推广应用价值。

8.2　工法特点

8.2.1　将混凝土椽子及望板现浇施工分解成预制、安装处理。预制施工简单易行，构件尺寸一致、样式统一；安装施工快速灵活，构件位置准确、固定牢靠。

8.2.2 椽子及望板均采用轻质、高强材料，减轻了结构构件自重，提高了结构抗荷能力。并可以配合设计单位进行受力分析及配筋调整，以满足结构设计要求。

8.2.3 本工法与传统现浇工艺相比，降低了模板及设施料投入，提高了模板的周转使用率；预制椽子可以达到清水混凝土效果，减少二次抹灰产生的费用。

8.3 适用范围

本工法适用于仿古建筑屋面混凝土椽子的预制及安装。

8.4 工艺原理

8.4.1 基本原理

将仿古建筑的现浇混凝土椽子及望板改为预制、安装施工，其中椽子采用轻质陶粒混凝土制作，望板采用成品预制水泥纤维压力板现场裁切。主体框架结构施工时，混凝土椽子按安装时间要求提前一个月预制。当框架梁、柱强度达到设计要求时，在已完成的主体框架上有序地进行预制椽子的安装。并在椽子顶部预留企口，用于望板的安置。椽子及望板作为屋面现浇板的模板使用，待绑扎完屋面板钢筋，浇筑屋面板混凝土后两者自成一体，从而完成仿古建筑构造施工。通过对混凝土椽子施工工艺的改进，达到了化繁为简的目的。

8.4.2 理论基础

本工法以成熟的混凝土预制、安装技术为理论基础，并通过设计单位的验算论证，符合结构受力要求，满足质量验收规范及标准。

8.4.3 名词解释

椽子：在檩、梁上铺设，支撑望板的构件，承受并传递屋面上部荷载。

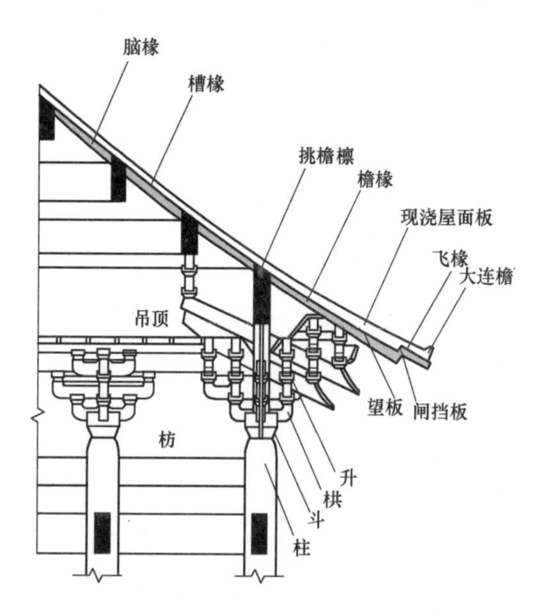

图 8-2　仿古建筑屋面及檐口构造示意图

望板：承托平铺在椽子预留企口之上的板。

檐椽：位于建筑物屋面檐部，向外悬挑之椽，是出檐的主要构件。

脑椽：位于建筑物脊檩两侧之椽。

槽椽：位于檐椽和脑椽之间的椽，又称花架椽。

飞椽：叠附于檐椽端头之上，是重檐结构中构成出檐的辅助构件。

标准椽：屋面标准段椽子的统称，包括檐椽、槽椽、脑椽、飞椽。

翼角椽：翼角部位椽子的统称，包括翼角檐椽、翼角槽椽、翘飞椽。

8.4.4 仿古建筑椽子预制、安装施工过程示意如图 8-3、图 8-4 所示。

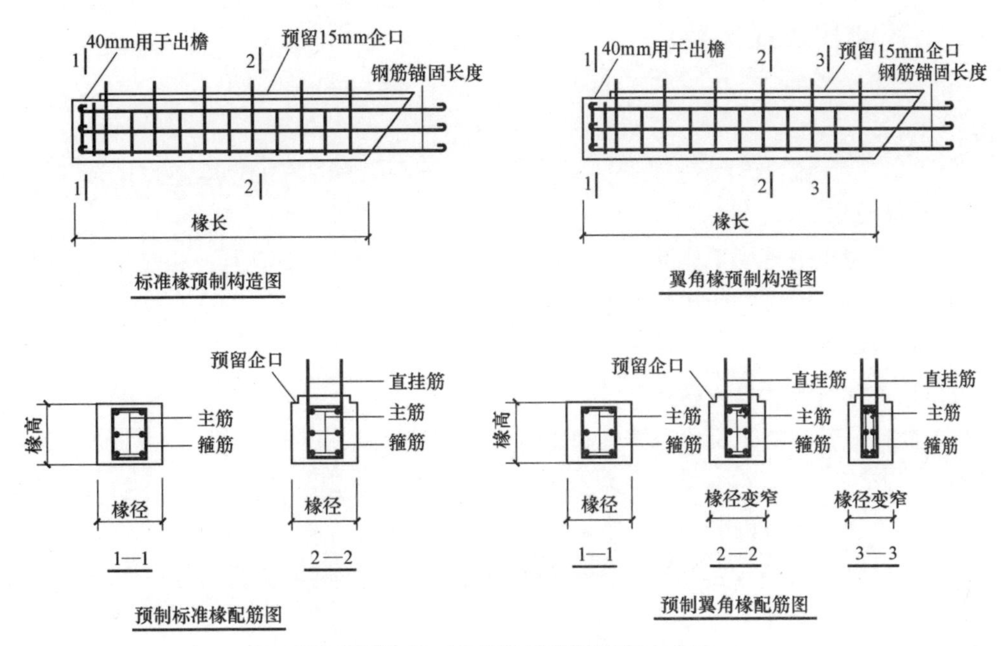

注：主筋及挂筋为ϕ8、ϕ12,箍筋及挂筋间距均不大于200mm。
椽子挂筋预留成直头，在绑扎屋面板筋时弯出锚固弯钩

图 8-3　仿古建筑椽子预制过程示意图

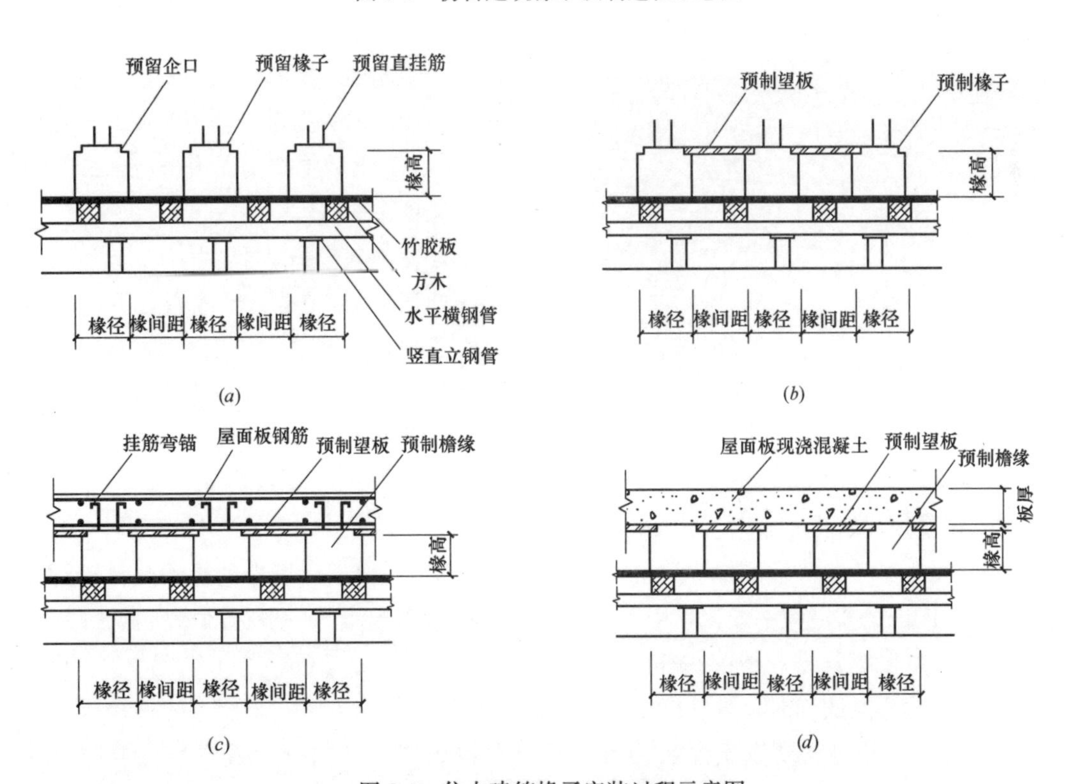

图 8-4　仿古建筑椽子安装过程示意图

(a) 预制混凝土椽子安装；(b) 预制水泥纤维压力望板安装；(c) 现浇屋面板钢筋绑扎；(d) 现浇屋面板混凝土浇筑

8.5 工艺流程及操作要点

8.5.1 工艺流程

1 总体流程

施工方案确定→现场工作准备→主体施工→椽子预制→现场放样→搭设平台→椽子安装→固定校正→屋面施工→质量验收。

2 子流程

(1) 仿古建筑预制椽子制作：

施工放样→计算椽子尺寸→模具制作→椽子钢筋安装→浇筑及养护→模具拆除→构件分类编号。

(2) 仿古建筑预制椽子安装（望板采用成品预制水泥纤维压力板）：

标准椽定位放线→预制标准椽安装→翼角椽定位→预制翼角椽安装→安装→望板裁切→构件校正→结构施工。

8.5.2 操作要点

1 仿古建筑椽子预制施工

(1) 施工放样

图 8-5 施工现场实际模型

首先，编制施工放样专项方案。对无法直接从图纸上读取的数据进行分析及研究。在施工现场按 1∶1 比例制作实际模型以供施工放样参考，详见图 8-5。

(2) 计算预制椽子尺寸

精确计算出椽子的类型、数量、尺寸，开出每种椽子规格、数量、长度等加工计划单。一般在计算标准椽椽长时可以直接从图纸上得到。计算翼角椽椽长时，要考虑起翘、出翘问题。

(3) 椽子模具制作、安装

1) 混凝土椽子分为标准椽、翼角椽两大类进行预制。根据计算出的椽子尺寸进行模板制作。为保证出模后清水效果，应选用覆膜胶合板或钢模板。一般标准椽所需量较大，可预制 20～30 套模具进行周转（图 8-6）。

2) 标准椽模具制作时，椽头挡板及两边侧模应安装固定方正、牢固。椽尾挡板开口便于钢筋通过，开口宽度以不漏浆为宜；椽尾挡板设置一定斜度，需要符合放样尺寸（图 8-7）。

图 8-6 成套混凝土标准椽模具

图 8-7 成套混凝土檐椽模具

3）翼角椽模具制作时长短不一，靠近老角梁处最长，依次逐渐递减。翼角椽一般都为单数，模具制作时椽头大、椽尾小，成楔形状。翼角椽模板最好成对制作，以保证翼角部位不同方向的同一位置翼角椽尺寸一致。

4）椽子模具制作时，在椽子顶部留置 15mm 的企口用于望板的铺设，椽子和望板组成屋面现浇板的底模。椽子顶部企口采用方木条成型控制，方木条应保证牢固、平整及顺直（图 8-8）。

5）在檐椽、飞椽头部约留置 40mm 不用设置企口，外用于出檐。

6）模具两侧采用槽钢进行加固，花篮螺丝紧固，紧固后拉对角线长度检查，防止出现菱形，不得使模板跑位（图 8-9）。

图 8-8 椽子顶部预留企口

图 8-9 椽子模具加固

7）模板均应涂刷脱模剂，宜优先选用水质脱模剂，涂刷时要薄而均匀。

（4）椽子钢筋制作、安装

1）钢筋应有出厂合格证，经过复试合格方可使用。挂筋、主筋必须按图纸设计要求预留锚固长度。箍筋与主筋之间进行点焊连接，增加预制钢筋笼的整体性。大于 2m 的椽子由于在安装时起吊重量较大，在椽子中部容易折损，所以应在此部位配若干构造钢筋。吊装时应保证挂筋朝上，两端两个点起吊（图 8-10）。

2）挂椽施工时需将椽子预留锚固钢筋伸入屋面板及檩梁内。对直径大于 $\phi8$ 的椽挂筋预制时加工弯钩；对直径小于 $\phi8$ 及其以下的椽挂筋，预制时可不加工弯钩，待安装椽子后与屋面板筋结合后在现场安装弯钩，宜在上部双向网筋十字搭界处弯钩，有利于椽板的整体结合（图 8-11）。

图 8-10　椽子钢筋点焊连接

图 8-11　椽子预留直挂筋

3）翼角椽尾尺寸较窄，一般为 60～80mm，钢筋安装位置要正确，保证保护层的厚度。

（5）椽子混凝土振捣、养护

1）采用陶粒混凝土代替普通混凝土预制椽子。陶粒混凝土的原材料及施工配合比要严格控制，以保证构件成型后的质量稳定（图 8-12）。

图 8-12　轻质陶粒

2）陶粒混凝土比普通混凝土更容易离析，搅拌时间应控制在 3～5min，以保证有良好的和易性。

3）混凝土椽子预制施工时，应在坚实、光洁、平整的场地上进行，底模的铺设应进行抄平，防止翘曲现象。

4）浇筑椽子混凝土时，以微型振动棒为宜。应充分振捣好两端，确保混凝土的均匀和密实性。混凝土振捣时间宜短不宜长，对于无法用振动棒振捣的椽子，一般采用钢筋棍人工振捣来解决问题（图 8-13、图 8-14）。

图 8-13　浇筑椽子混凝土

图 8-14　微型振动棒振捣椽子

5）翼角椽椽头大、椽尾小，椽尾径约为60～80mm，要加强此部位的振捣、养护，避免此处出现裂缝。

6）混凝土浇筑完后用塑料薄膜（冬期施工加盖毛毡）覆盖养护，及时对椽子浇水润湿，特别是在高温环境施工中更应注意，避免椽子裂缝。

（6）椽子模具拆除、保修

1）气温在10℃以上时，24小时即可拆除模板，拆模应注意棱角部位。

2）拆除模具一定应清理干净并进行维修，刷脱模剂进行二次备用。

（7）各预制构件分类、编号

1）预制椽子应在指定位置分类堆放好，对于各种椽子按所在位置逐次编码，尤其是对于翼角椽子应认真进行编号（图8-15）。

2）预制椽子叠堆应轻吊、轻放，保证椽角完整。

3）预制椽子叠堆下应垫方木，叠放整齐，且不得超过5层。

图8-15　预制椽子逐次编码

（8）质量检验

1）严格检查预制椽子的外观质量，应符合质量验收规范的要求，如有缺陷应及时处理，保证椽子良好的外观。

2）损坏的椽子不得修补后再使用，必须现场销毁。为了避免椽子数量不够，预制的时候可增加一定的数量。

2　仿古建筑预制椽子安装施工

（1）标准椽定位放线

在地面上放出标准椽的平面位置线，复核其准确性，误差不超过2mm。檐口轴线采用吊线向上传递，各层500mm标高线上翻都应有专人负责，为屋面檐口的形成打下了基础（图8-16）。

图8-16　檐口部位定位放线

（2）预制标准椽安装

1）施工支撑脚手架架体搭设

根据工程现场特点进行脚手架的设计，既要配合主体构架的施工，又要考虑檐口、翼角部位的安全可靠性。安装檐口所用脚手架，立杆一般按纵向间距900mm，横向间距为出檐加500mm（一个人的行走宽度），椽下内立杆高度为椽子下平，外立杆高度为檐口标高加1.8m（密目网高）。立杆与横杆交接处设置双扣件。设置剪刀撑，增加整体强度（图8-17）。

2）檐口标高控制

为了保证檐口水平，支撑椽子的底板标高必须准确，误差不超过2mm。按照标高控

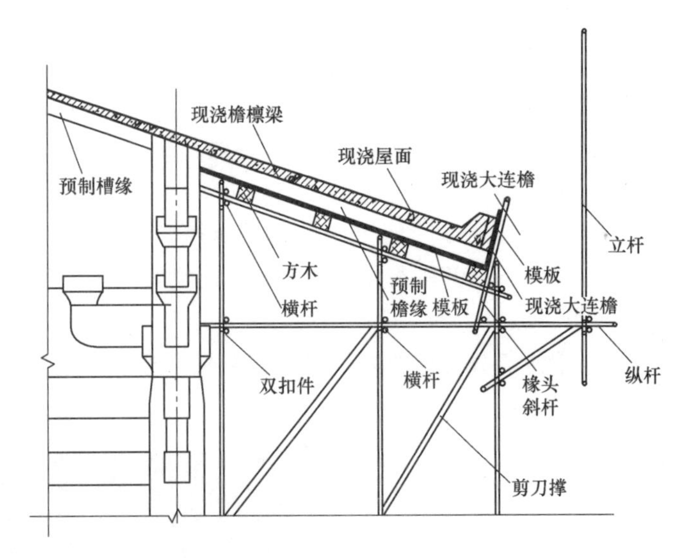

图 8-17　檐口部位脚手架示意图

制点平铺支撑及底板，用椽样板检验，以椽头下平紧顶底板为标准（图 8-18）。

3）标准椽安装就位（俗称挂椽）

椽子根部檩梁模板在加工时，先按照椽径以及椽档制作杖杆，用杖杆标定椽子在檩梁模上的位置线，按此线挖掉椽子部分（卡口模板），留下如牙齿状（椽档）部分，牙口必须大小准确（椽径），间距匀称（椽档净距），椽档净口尺寸误差应控制在 2mm 以内，在卡口模板侧面钉木楔固定，以保证混凝土不外流、不跑模；安装模板时，要求脊檩模板与金檩、檐檩模板的对应牙口必须对正，可以通过龙口线分间校正（图 8-19）。

图 8-18　自制专用检查工具

图 8-19　椽子根部安装定位

安装好封檐板后，按卡口模板上的企口位置，安装椽子即可。挂椽顺序为脑椽、槽椽、檐椽（重檐结构才有飞椽），为了保证三椽直顺，可用专用方尺检查。只要卡口模板的配制及安装准确，则脑椽、槽椽基本可以达到与檩条垂直的要求，可用方尺方正；檐椽可以通过槽椽，用直尺靠直顺。为了保证椽子的出檐准确，在底板上设置通长挡板，以限制椽头位置并防止下滑。所有椽头紧顶挡板，达到出檐整齐一致。在安完檐椽后，定好檐口飞椽的位置，按线放好飞椽，并在飞椽头设置定位卡板限制左右偏移，然后用直尺靠直，使飞椽与檐椽直顺一线。三椽安装时整体伸入檩梁 10～20mm（图 8-20）。

三椽锚固钢筋从檩梁侧面锚入，与檩梁箍筋、主筋进行点焊连接，上部预留挂筋锚入屋面板内。椽尾一般采用 ϕ8 通长钢筋进行焊接定位连接（图 8-21）。

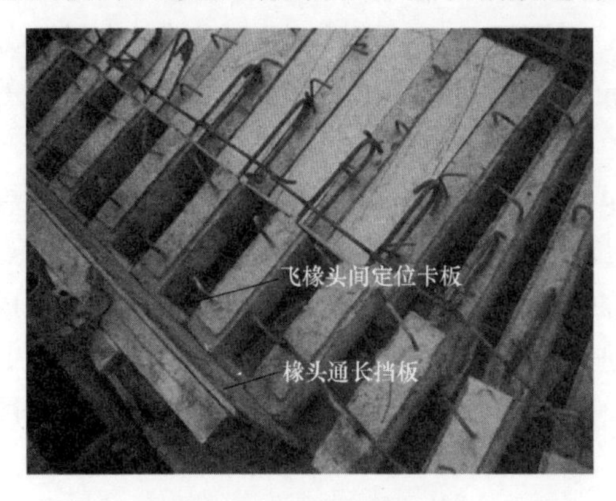

图 8-20 椽子的出檐控制

图 8-21 飞椽头钢筋连接

（3）翼角椽定位放线

1）平面定位放线

在地面上放出翼角部分的平面轴线及 45°轴线，在现有轴线基础上放出翼角椽平面投影线，在模板支设时将轴线传递于施工层，并进行翼角部位轴线核对。翼角平面轴线只能控制椽子的方向及具体位置。翼角的最终形成还要起翘及出翘曲线来控制（图 8-22）。

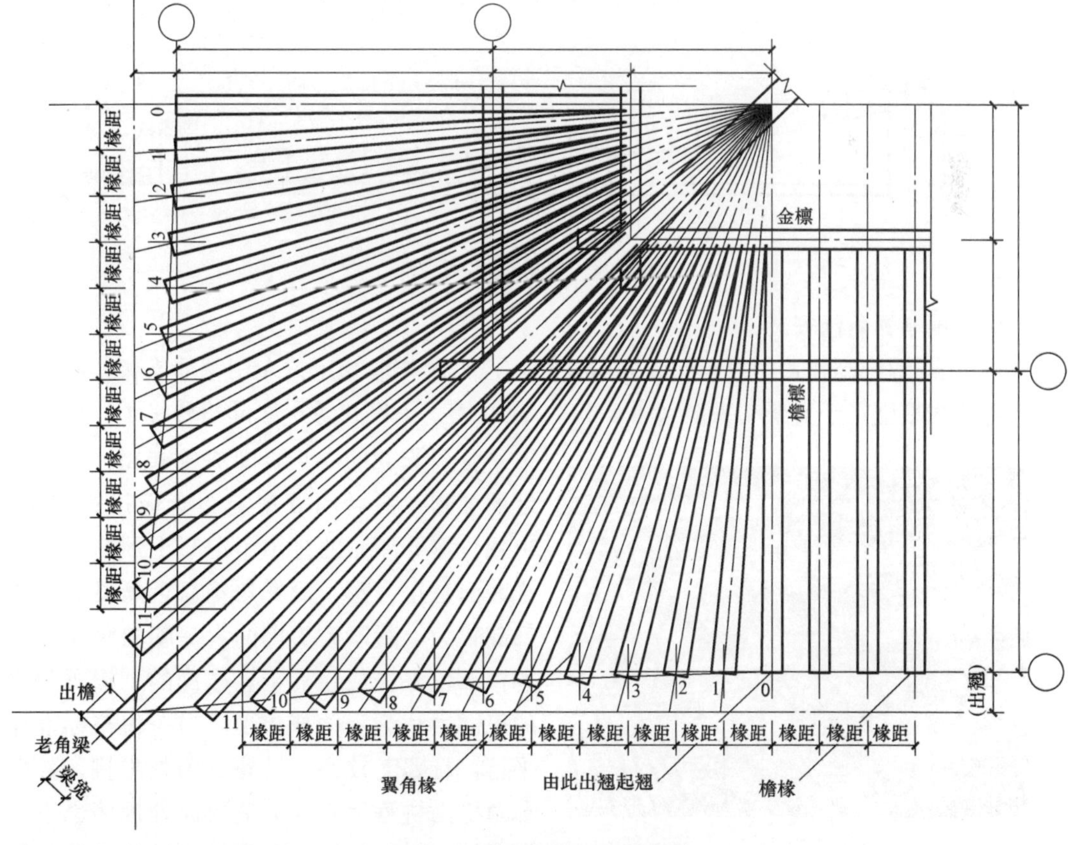

图 8-22 翼角部位平面示意图

2）起翘、出翘的控制

翼角椽同时存在水平方向上的出翘以及垂直方向上的起翘，在接近标准椽一边的根部，翘度较小，接近角梁边的端部较大，就每一根椽子而言，图纸中没有准确的出翘与起翘数值，翼角椽子安装相比标准椽而言难度较大，翼角部分出翘、起翘是我们控制的关键。

对于出翘曲线数据的计算采用一种经验公式，首先我们先确定出翘点起点、出翘点终点，将其水平长度等份为四等份，再按照出翘长度的 1/16、4/16、8/16 计算出中间三点的高度，从起点、终点并连接中间三点所形成的圆弧即为出翘曲线。出翘中间点计算完成后，在现场用 PVC 管沿计算出的 5 个控制点进行摆放，然后沿 PVC 管边线画出出翘曲线。起翘做法与出翘做法类似，施工时制作两个翼角定型套板用于起翘、出翘施工（图 8-23、图 8-24）。

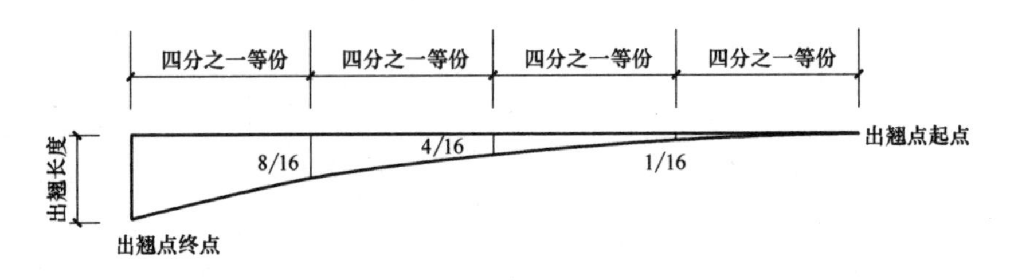

图 8-23　翼角出翘曲线定位控制图

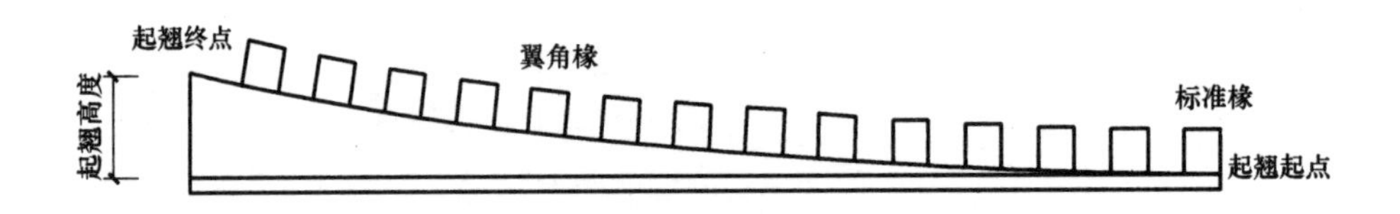

图 8-24　翼角起翘示意图

（4）预制翼角椽安装

1）在工程中制作预制翼角椽起翘曲线板，也可制作起翘定位专用钢筋支架，施工时将起翘曲线板固定于支架端头上（图 8-25），同时用大头楔在椽子底部垫升椽子，使椽子下平紧顶起翘曲线板，即完成起翘，达到弧度的控制，最后用翼角定型套板检查起翘、出翘。需要注意的是由于混凝土预制的翼角椽断面是正方形，而翼角椽靠近角梁的一边升起较大，所以大头楔的大头朝向角梁或椽的根部较好。最接近于标准椽的一根翼角椽的根部做法为一边成楔形，另一边与标准椽平行，且翘度较小。另外翼角处出挑，各个翼角椽出挑程度不一，造成此处椽档也不一样，加上含有飞椽，需要多次反复调整。翼

图 8-25　翼角椽定位控制

角椽椽尾预留钢筋要锚入梁内，并与梁筋焊接，上部预留筋插入屋面板内，锚固长度要符合设计要求。翘飞椽钢筋焊接固定如飞椽。预制翼角椽根部不规则椽档口采用发泡聚氨酯或泡沫密封，以保证屋面混凝土浇筑时翼角椽子的稳定及出模质量。

2）翼角槽椽安装时一般不采用预制、安装的方法，主要原因是由于在翼角部位顶部收分加大（全部收为一点），翼角槽椽头部也只有 40～60mm，断面较小，难于预制，工程一般采用假椽方案。可以 PVC 分割条进行施工，将分割条扣在底模上，浇完混凝土后分割条也随即留在混凝土内，靠分割条的凹槽划分现浇混凝土板，给人以椽子的假象，效果较好。或者采用木条进行安置，待浇完混凝土后将木条取出（图 8-26）。

（5）望板现场裁切及安装

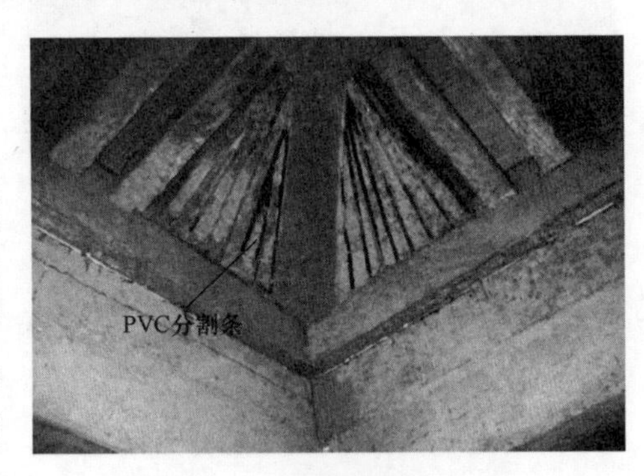

图 8-26　翼角槽椽安装方案

仿古建筑中采用预制成品 15mm 厚水泥纤维压力板代替水泥砂浆板，通常在预制椽子上口设置 15mm 的企口用于望板的铺设，标准椽部位的望板，可以在安装前根据图纸计算并现场进行切割、安装。翼角椽部位的望板，最好在现场实测、实量，这样安装精度较高。其粘结材料用 1∶2 水泥砂浆，安装望板时要保证板面平整、接头严密，安装后缝隙要用砂浆填补。闸挡板用于飞椽与飞椽的空档处，在浇筑混凝土时防止混凝土外漏之用，重檐结构中闸挡板也用 15mm 厚水泥纤维压力板进行施工（图 8-27）。

图 8-27　望板安装施工

（6）校正、验收

当所有的椽子及望板安装完毕后进行屋面钢筋的绑扎，在绑扎之前要进行椽子及望板的校核，以免在钢筋绑扎完成后无法再进行椽子及望板的调整，造成无法挽回的损失。当模板及钢筋工程完毕后再次进行检查验收，檐口模板应拉通线进行校核，标准椽的每段也应拉通线进行校核，以确保在绑扎屋面、梁钢筋以前结构的尺寸、位置准确。

（7）屋面板钢筋施工

1）屋面模板支设完毕后，依次绑扎椽子钢筋、现浇板筋、翼角钢筋等，椽子挂筋预留成直头，在绑扎完屋面板面筋时弯出锚固弯钩，这样便于屋面板筋的施工。

2）钢筋的尺寸及摆放位置要严格控制。纵向和横向的钢筋应用铅丝绑扎，相互固定。以确定它们的正确位置。这些钢筋弯起的位置、长度以及弯起方向也应严格控制（图 8-28）。

3）钢筋应有出厂合格证，经过复试合格方可使用，钢筋制作过程中防止污染。钢筋安装位置应正确无误，保证保护层的厚度。

4）连檐是叠附在椽头的横向构件，作用在于联系檐口所有檐椽使之成为整体。连檐采用其头部加一垂直挡板进行控制，连檐内钢筋由屋面板内钢筋伸入绑扎而成（图8-29）。

图 8-28 屋面钢筋绑扎施工

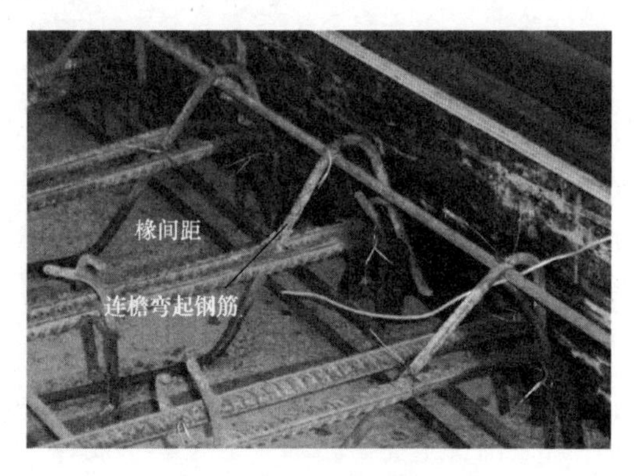

图 8-29 现浇连檐施工

（8）屋面板混凝土施工

1）混凝土浇筑时先檐口，再依次由下向上浇筑整个屋面，应随时控制屋面坡度（图 8-30）。

2）在浇筑混凝土的时候坍落度选择较小为好，一般控制在 100～120mm 之间，有利于屋面的囊势的形成。

3）混凝土浇筑完后用塑料薄膜及毛毡覆盖。

4）对混凝土进行浇水养护，特别是在高温环境施工中更应注意，避免椽子裂缝。

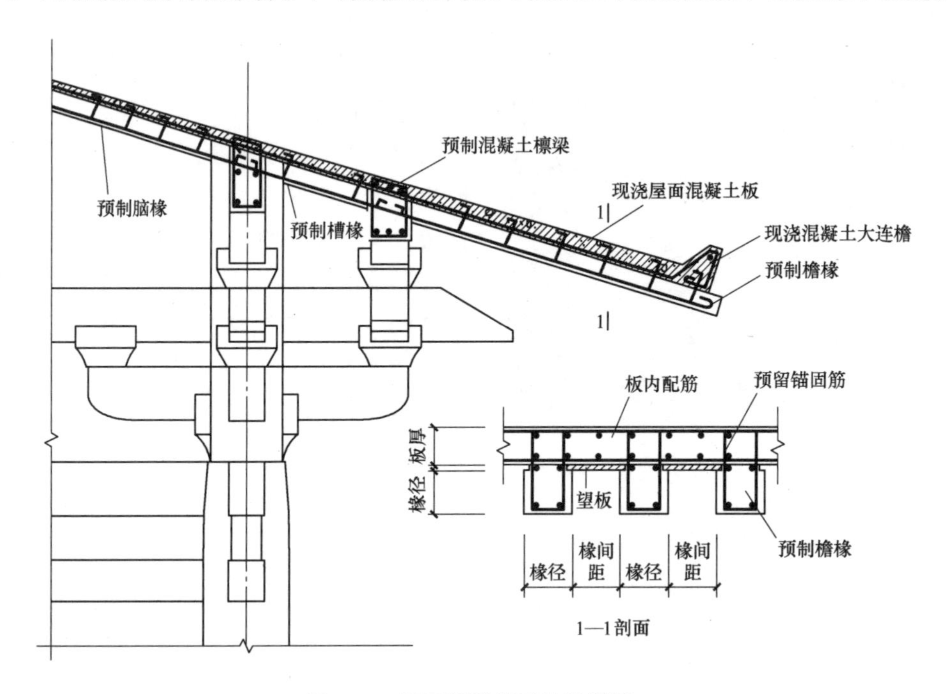

图 8-30 屋面板及椽子构造详图

（9）质量检验

1）认真检查翼角部位的起翘、出翘，严格控制翼角部位的出模质量。

2）混凝土的外观质量不应有严重缺陷。对出现的问题进行处理。

3 成品保护

（1）预制椽子按规格、型号堆放，不得混淆和乱放。

（2）预制椽子堆放场地应平整夯实，并做好排水措施。

（3）预制椽子堆放时应用垫木垫牢，叠放的构件上下层垫木应对齐。

（4）预制椽子安装固定好后，浇筑混凝土之前必须保护，严禁人员踩踏。

（5）现浇施工时椽子及望板钢筋安装完毕后，及时浇筑面层混凝土。

8.6 材料与设备

8.6.1 主要材料

普通硅酸盐水泥、砂石、陶粒、陶砂、脱模剂、钢板、槽钢、圆钉、焊条、锚固钢筋、钢筋骨架。

8.6.2 施工机具

钉锤、振捣器、覆膜胶合板、钢筋切断机、钢筋弯曲机、塔吊、电焊机、电锯、焊钳、焊锤等。

8.6.3 测量仪器

经纬仪、水准仪、卷尺、水平尺、线锤、靠尺、卡尺。

8.7 质量控制

8.7.1 施工验收标准

1 工程施工质量验收要求

除应达到本工法规定要求外，还必须满足以下规范要求：

《建筑工程施工质量验收统一标准》GB 50300；

《混凝土结构工程施工质量验收规范》GB 50204；

《古建筑修建工程施工与质量验收规范》JGJ 159。

2 主控项目

（1）仿古预制椽子所使用的材料质量必须符合设计要求和规范规定。

（2）预制椽子应在明显部位标明生产单位、构件型号、生产日期和质量验收标志。

（3）预制椽子、望板的外观质量不应有严重缺陷。

（4）预制椽子不应有影响安装、使用功能的尺寸偏差。

（5）预制椽子混凝土强度必须符合设计要求。

（6）预制椽子的檐口平整度、出檐长度、椽底平整度、椽间间距、三椽顺直度应符合设计要求。

（7）预制椽子结构性能应符合设计要求，预制望板必须安装牢固。

（8）预留锚筋规格、长度及位置符合设计要求。

3　一般项目

（1）预制椽子的外观质量不宜有一般缺陷。对一般缺陷，应及时处理。

（2）安装前按设计要求检查仿古预制椽子的规格、几何尺寸、方正等。

（3）安装前检查支撑架体的标高、支承能力及稳定性。

（4）预制椽子吊运及水平运输不得损伤损坏构件。

（5）预制构件的尺寸偏差应符合规定，抽查数量5%且不少于3件。

（6）椽距尺寸、相邻椽高低差、椽口出挑长度、翼角椽距对称度。

（7）仿古椽子预制及安装允许偏差及检验方法：

如表8-1、表8-2所示。

椽子预制允许偏差及检验方法　　**表8-1**

项　目	允许偏差(mm)	检验方法
长度	+10，-5	钢尺检查
宽度、高(厚)度	±5	钢尺量一端及中部，取其中较大值
侧向弯曲	$L/750$ 且≤10	拉线、钢尺量最大侧向弯曲处
	$L/1000$ 且≤10	
主筋保护层厚度	+5，-3	钢尺或保护层厚度测定仪量测
翘曲	$L/1000$	调平尺在两端量测

预制椽子安装允许偏差及检验方法　　**表8-2**

名　称	检查项目	允许偏差(mm)	检验方法
椽子	椽距尺寸	±3	钢尺检测
	相邻椽高差	±3	拉5m线量
	椽口平整、顺直度	5	拉通线尺量
	椽口挑出长度	5	钢尺检测
	翼角椽距对称度	5	钢尺检测
望板	相邻板下表面平整度	2	钢尺检测
	拼缝宽度	2	钢尺检测

8.8　安全措施

8.8.1　现场安全管理，必须执行以下规范：

《建筑施工安全检查标准》JGJ 59；

《建筑施工扣件式钢管脚手架安全技术规范》JGJ 130；

《施工现场临时用电安全技术规范》JGJ 46；

《建筑施工高处作业安全技术规范》JGJ 80。

8.8.2 安全管理的内容

1 安全技术措施需针对施工项目的特点进行编制。
2 起重设备、吊装机械安装和撤出需制定专项安全措施。
3 施工脚手架搭设应编制施工安全技术措施。
4 每一分部、分项工程施工前，主管工长必须向操作人员进行安全技术交底。
5 项目经理部应重视安全检查工作，发现问题应及时纠正。
6 易燃、易爆、有毒作业场所必须采取防火、防爆、防毒措施。
7 应满足夜间作业照明条件的要求。

8.9 环保措施

8.9.1 环保管理措施

1 现场隔离剂应盛装在可靠的物品内，防止渗漏污染地面。
2 混凝土搅拌养护的废水应经过沉淀后排放。
3 降低施工噪声污染，作业区要远离居民区。
4 夜间施工向有关部门申请批准，并张贴安民告示。
5 施工现场设置垃圾箱，专人负责打扫、清运。

8.10 效益分析

8.10.1 经济效益

仿古建筑预制椽子采用轻质陶粒混凝土制作，并采用了成品预制水泥纤维压力板作为望板，减轻了结构自重，减少了建筑材料的投入。并从根本上简化了翼角部位模板的制作及安装过程。经济效益主要包括：减少施工模板设施投入与消耗，增加模板的周转使用；达到清水混凝土效果后，不再进行抹灰。

8.10.2 环保、节能效益

由于本工法采用预制施工，流水作业，效率较高，缩短了工期，相对其他施工方案节省施工设施料投入，减少了对木材的需求。达到清水混凝土效果后，不再抹灰，减少水泥用量；通过应用轻质陶粒混凝土，减轻了结构自重，环保、节能效果明显。

8.10.3 社会效益

本工法的形成，延长了椽子使用寿命，减少了维修频次，是一项值得推广的实用性施工工法。有利于施工企业技术水平和竞争实力的增强。为传承和弘扬民族文化，为国家增添现实宏大、气派非凡的文化载体；为促进中、外文化交流，展示盛唐文化，提供了一个平台。

8.11 应用实例

8.11.1 大唐芙蓉园紫云楼

该工程于2003年6月开工，由主楼、飞桥、四座阙楼连接而成，为四层框剪结构。建筑面积9121m²。仿古预制椽子全部采用陶粒混凝土制作，共计130种规格，10500件。仿古预制椽子的抹灰面积为11500m²。施工质量较好。

8.11.2 大唐不夜城

该工程2006年10月开工，钢筋混凝土框架结构，总建筑面积为120000m²。其中庑殿顶、歇山顶、攒尖顶仿古屋面造型，均通过翼角体现古建筑的特点，本地块翼角数量多达120个。仿古预制椽子全部采用陶粒混凝土制作，共计150种规格，20560件。

8.11.3 大唐西市

该工程2007年5月开工，钢筋混凝土框架结构，总建筑面积为68027m²。有庑殿顶、攒尖顶、重檐顶、悬山顶、歇山顶等多种形式，翼角形式多。仿古预制椽子全部采用陶粒混凝土制作，共计150种规格，15300件。目前，大唐西市金市广场、崇善坊和大唐西市金市工程按该工法施工完毕，后续的盛世坊、大鑫坊等继续采用仿古建筑预制椽子预制及安装施工工法。

8.11.4 曲江池遗址公园

曲江池遗址公园工程2007年10月开工，为仿古园林，仿古构件较简单，给人一种返璞归真的感觉，标志性建筑阅江楼为四层重檐框架结构，五个攒尖古岸亭，建筑面积约9600m²。仿古预制椽子全部采用陶粒混凝土制作，共计70种规格，3779件。

本工法工序流程少、作业难度低、生产速度快、可实施性强，成功解决了诸多的施工难题，圆满实现了各项工程建设目标，整体质量优良，经总结形成了一套成熟的施工工艺，为以后同类工程施工积累成功的经验，具有良好的推广价值和发展前景。

9　砖石类建筑物表面粒子喷射清洗技术及修复施工工法

陕西古建园林建设有限公司
贾华勇　周　明

9.1　概况

在我国古代建筑和近现代建筑中，砖、石类结构及围护墙体比较普遍。随着时间的推移，由于建筑物表面长期裸露在外，受到物理的、化学的或生物的作用而形成烟尘土垢、水溶性盐、各色石锈、难溶性硬壳等覆盖层，不仅影响建筑物的清洁美观，而且会缩短建筑物的使用寿命。我们在对古代建筑、历史性建筑物的修缮实践中，本着“修旧如旧”的原则，与有关单位进行技术合作，研制开发了“砖石类建筑物表面粒子喷射技术及修复施工工法”，并应用于多个历史性建筑物外墙修复工程中，取得了良好的社会效益和经济效益。

9.2　特点

9.2.1　不改变建筑物原有建筑风格，不破坏砖石等表层结构及最初表面色泽。

9.2.2　污染小，效率高，便于大面积施工，没有化学品危害问题，也没有水冲击破坏和潮湿危害问题。

9.2.3　提高砖、石对保护剂的吸收率和吸收深度，提高建筑物使用寿命。

9.3　适用范围

本工法适用于包括古建筑在内的历史性建筑物以及近、现代建筑的砖、石、抹灰砂浆、水刷石等外墙面、柱面、梁面的清洗、修复、防护工程。

9.4　工艺原理

粒子喷射翻新技术属于建筑物干法清洗技术，首先利用压缩空气带动粒子（或弹丸）喷射到砖、石表面，对砖、石表面进行微观切削或冲击，以去除砖、石表面的水溶性盐、难溶性硬壳、烟尘灰垢、微生物等杂质，打开被污垢堵塞的砖石气孔，恢复水蒸气通道，然后利用化学药液喷涂的方法对砖石表面进行防护、翻新。

9.5 工艺流程

如图 9-1 所示。

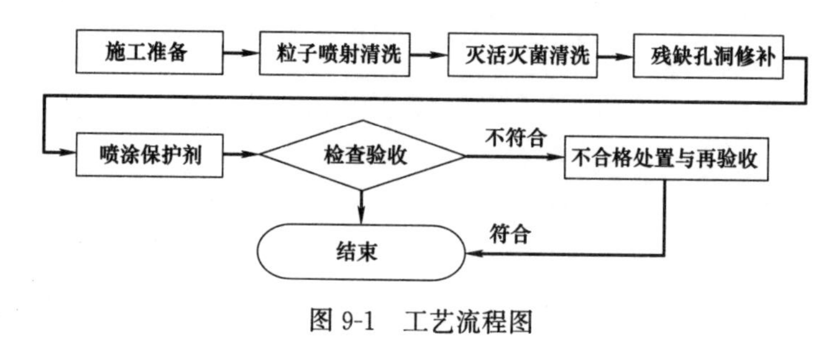

图 9-1 工艺流程图

9.6 操作要点

9.6.1 施工准备

1 技术准备

成立专项技术小组，根据建筑物特点，选择粒子颗粒材质及粒径，并组织向全体管理人员和操作人员进行技术交底，使所有参与人员职责明晰，分工明确。

2 脚手架搭设

脚手架搭设前应编制架体搭设方案及防污染措施，如：架体构造、连墙件、立杆间距设计、架体维护等。搭设完成后，项目部和有关人员应认真进行检查验收。检查要依据专项施工方案确定的各项指标的要求逐一检查验收。

3 墙面预加固

对于不同材质的墙面，应确定其材质表层的强度及破损程度，对于表层已产生裂纹、空鼓现象的，则需采用活性二氧化硅加固剂对其表面进行均匀喷涂，以增强建筑物外墙面整体强度，避免在清洗时外墙面表层不均匀脱落。

9.6.2 粒子喷射清洗

1 首先对不需清洗的装饰面上的其他构件进行保护，根据需清洗面的砖、石、砂浆表层污染情况，选好适宜口径的喷枪喷嘴，调整气芯间距、进出气量等各项技术参数。一般情况下选择出料口径 3～5mm，出气量 1～3m^3/min，垂直喷距 400～800mm。参数一旦确定，不宜轻易更改，以保证清洗面深浅、色泽一致。

2 按照施工方案，利用喷枪由上而下或由左而右匀速进行喷射施工。喷射时喷枪应与墙面保持一定的倾斜角度，喷枪口与喷射面的距离宜为 300～500mm，喷射粒子以形成点、网状均匀冲击基层为宜。

3 对已清洗面进行检查，如有未达到要求处，需对该处进行补喷，补喷中应随时观察喷面色泽变化，及时调整喷射距离及喷枪移动速度。

9.6.3 灭活、灭菌清理

对经过粒子喷射清洗后的砖、石表面均匀喷洒杀菌止霉剂，杀死附着在其表面的各种霉菌，将其所堵塞的砖石表面孔隙打开，为下一步墙面保护提供条件。

9.6.4 残缺孔洞修补

用于待修复的砖石等材质相似的修复砂浆进行补缺修复，修复砂浆应采用原材质或色泽接近的材质配制，以保证修复后建筑物表面色泽均匀一致、线条明晰。

9.6.5 喷涂保护剂

采用硅氧烷乳液制剂作为保护剂对砖、石外立面进行均匀喷涂，以降低砖、石等材料吸水性能，具有不改变颜色和较好的透气性，提高建筑物外立面的抗碱、防霉、抗风化、防污染能力，延长建筑物使用寿命。

9.7 材料与设备

9.7.1 主要材料

喷射粒子，如石英砂、刚玉粉、方解石粉、玻璃微珠、鼓风炉渣粒、塑料粒子等；活性二氧化硅加固剂；杀菌止霉剂；修复砖（石）粉；乳液有机硅憎水剂。

9.7.2 施工设备及用具

压缩机、压力罐、铲刀、喷砂壶、多点锤、喷气枪、钢丝刷、砂纸、料桶。

9.8 质量控制

9.8.1 施工验收标准

1 工程的施工及质量验收要求

除应达到本工法规定要求外，还必须满足等规范要求；

《建筑工程施工质量验收统一标准》GB 50300；

《混凝土结构工程施工质量验收规范》GB 50204；

《古建筑修建工程施工与质量验收规范》JGJ 159。

2 主控项目

1）粒子（直径 0.1～0.5mm）或微粒子（直径 0.05～0.1mm）。

2）喷射清洗采用的气流压力控制在为 8～12Pa。

3）墙面修复应保证修复后的墙面观感与周围原有墙面保持一致。

4）保护剂喷涂应细致均匀，不能漏喷，也不能有过度喷涂形成流淌痕迹。

3 一般项目

1）使用粒子喷射清除砖的棱角时，注意不要损坏。

2）青砖墙面外观质量不宜有一般缺陷。

9.9 安全措施

9.9.1 机械设备使用前应进行检查维修，严禁设备带故障运行。

9.9.2 喷射施工前，应仔细检查作业通道，高处作业应采取防坠落措施。

9.9.3 喷射施工中，应有专人对压力罐进行检查，发现异常情况时立刻停止施工。

9.9.4 操作工人应配备自带供氧设备的防护帽。

9.9.5 夜间施工时要保证有足够的照明。

9.10 环保措施

9.10.1 施工机械设备、工具用具应堆放在规定的地点，尽量减少施工噪声。

9.10.2 粒子喷射清洗时，应确保外架封闭严密，防止粒子飞溅污染，现场剩余的喷射粒子应及时清理。

9.11 效益分析

9.11.1 经济效益

本工法属于砖、石类建筑物表面干法清洗施工技术，可大面积同时施工，且不会产生交叉污染；作业人员少，操作简单，便于控制施工质量，为施工单位带来明显的经济效益。

9.11.2 环保、节能效益

1 施工过程中无噪声、污染小，不会影响周围居民的正常生活和工作。

2 无化学品危害问题，也没有水冲击破坏和潮湿危害问题，不会对周围环境造成影响。

3 本工法采用可重复利用的喷射粒子，最大限度地节省了材料资源。

9.11.3 社会效益

本工法实施后，不会对建筑物造成损坏，也不会改变建筑物原有建筑风格，通过保护修缮技术，最大限度延长了建筑物的使用寿命，恢复了建筑物本身面目，美化了人类居住环境。

9.12 应用实例

本工法先后在宜宾李庄东岳庙、陕西建工集团办公楼、大明宫遗址公园、西部电影集团、西安市人民大厦等工程施工中进行了多次应用，均取得较好的效果。建筑物经清洗翻新后，表面土垢、锈斑、风化层等覆盖物完全脱落，砖、石本色焕然一新，色泽自然，观感效果良好。

图 9-2 青砖清洗前后对比图

10 仿古建筑混凝土结构青砖包砌清水砌体施工工法

陕西建工第三建设集团有限公司
王奇维 肖东儒 王永冬 李 建 张江南

10.1 前言

中国古建筑多采用木结构，结构形式多为木排架结构。其围护结构主要为木排架外围立柱间的土坯或黏土青砖砌体构造。现代仿古建筑主要结构形式为钢筋混凝土框架结构，其外墙采用青砖包砌，既要达到古建外观效果，同时也要满足现行设计规范要求。施工企业与相关设计单位协作，在临潼芷阳广场、芙蓉新天地、中共西北局革命纪念馆等工程，研究解决在满足外观效果的前提下节点的构造形式及砌筑方法，取得了预期的效果，并总结形成本工法。

10.2 工法特点

本工法解决仿古建筑混凝土结构青砖包砌清水砌体施工、锚拉构造及墙身暗做防水、防潮等节点构造；与传统工艺相比在不增加成本的基础上，降低了劳动强度，缩短了施工工期，其更具有操作性，更好地提高建筑的安全性、耐久性。在技术上具有创新性，工艺上具有先进性。

10.3 适用范围

本工法适用于在仿古建筑混凝土框架结构、砖混结构的混凝土构件外侧，用清水砌块包砌方法施工，做成古建筑清水砌体效果的工程。

10.4 工艺原理

在仿古建筑框架结构施工中按计划完成预留预埋（或后植钢筋），并在深化设计的基础上，在砌筑的青砖墙体内增加墙体抗拉筋，以及抗震锚拉件，并完成墙体的砌筑、勾缝以及砖雕等艺术品的安装，使建筑外观达到古建效果。其理论基础包括清水青砖砌体砌筑技术、框架或砖混结构墙体抗震锚拉技术等。

10.5 工艺流程及操作要点

10.5.1 工艺流程

对建筑砌体节点进行深化设计→混凝土结构及预留预埋施工→已埋预埋件表面清理→弹线、排砖撂底、抄平定位→技术复核→构造柱竖向钢筋绑扎→挂水平及竖向控制线→立皮数杆→砌体拉结筋埋置→安装墙压筋、砌体砌筑及勾缝→砌体混凝土构件浇筑→浮雕安装及勾缝→砌体修缝及墙面做旧→质量验收。

10.5.2 施工要点

1 节点深化设计

对现场施工完实体尺寸进行复核，依据复核尺寸对混凝土结构包砌的砌体与框架梁、柱、构造柱、圈梁等部位锚拉构造及门窗洞口、墙面浮雕安装节点等进行深化设计。

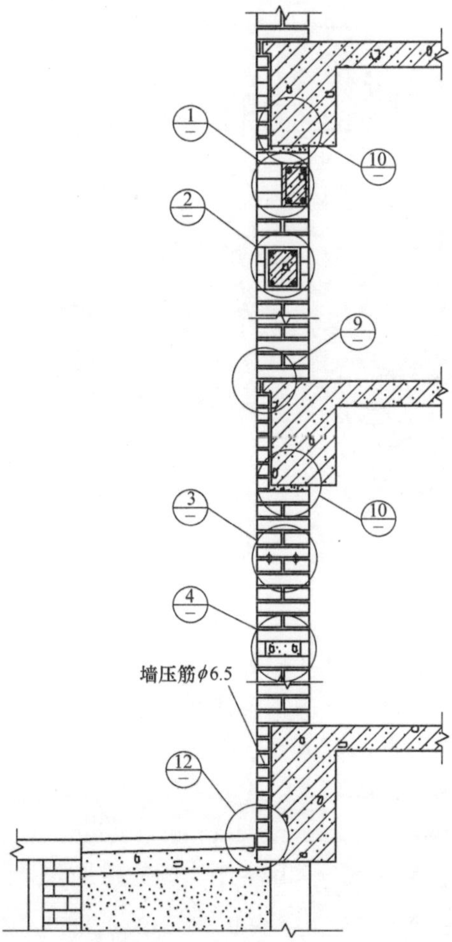

节点深化设计示意图如图 10-1 所示，技术要点如下所示。

图 10-1 墙身大样示意图

(1) 黏土实心青砖填充墙墙压筋的施工技术要点：

水平灰缝厚度 8～12mm，墙压筋 ϕ6.5mm。操作方法，在青砖上标注压筋位置，采用切割机按标注刻出 V 形槽，槽深≥5mm，槽宽≥10mm，砌筑至距压筋标高一皮砖时，用刻好 V 形槽青砖槽口朝上顺筋砌筑一皮，然后铺浆，顺槽压筋，用刻好 V 形槽青砖槽口朝下顺筋砌筑一皮，然后采用普通黏土实心砖继续砌筑。

(2) 黏土实心青砖填充墙框架柱部位施工技术要点（图 10-2）：

将黏土实心青砖用切割机切割成 240×60×53、120×60×53 两种规格砖条，用切割好的砖条以排活线和皮数杆为标准，采用一丁一顺的砌筑方式，将框架柱包裹。距边 250mm，竖向、横向（柱截面尺寸大于 500mm 时）间距 500mm，用 ϕ6.5mm 钢筋做拉结点，钢筋与框架柱植筋，青砖端做成 90°长度为 $3d$ 的弯钩，在青砖刻槽埋入砂浆灰缝中。

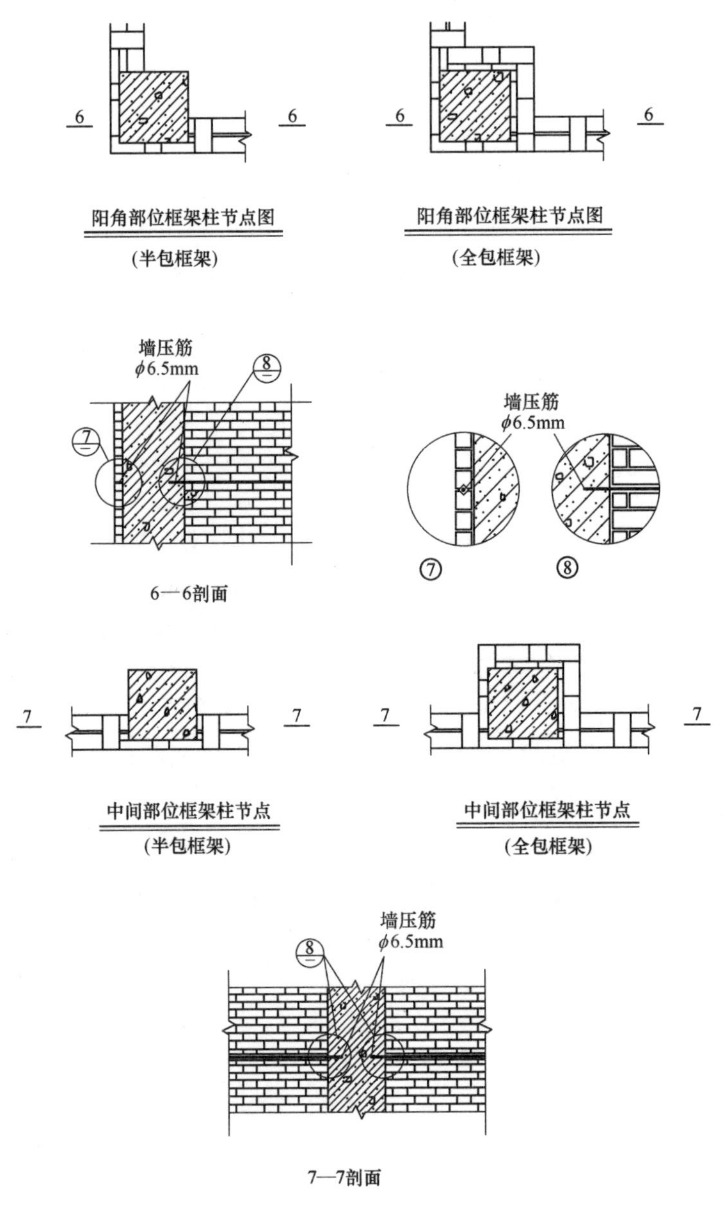

图 10-2 框架柱节点图

(3) 黏土实心青砖填充墙框架梁部位施工技术要点（图 10-3）：

框架梁施工时在其外皮外挑一圈 50mm（宽）×60mm（高）钢筋混凝土带（包括两端框架柱位置），配筋按设计，无设计时 1ϕ6.5 通长，ϕ6.5@200。一层梁设置在梁底或室外标高－0.070m 下（即青砖应比外露标高低一皮），二层及以上框架梁可设置在梁顶方便施工。将黏土实心青砖用切割机切割成 240mm×60mm×53mm、120mm×60mm×53mm 两种规格砖条，用切割好的砖条以排活线和皮数杆为标准，采用一丁一顺的砌筑方式，将框架梁包裹，钢筋混凝土带位置用 240mm×60mm×10mm、120mm×60mm×10mm 两种规格砖片粘贴。距边 250mm，竖向（梁截面高度大于 500mm 时）、水平间距 500mm 用 ϕ6.5mm 钢筋做拉结点，钢筋与框架柱植筋，青砖端做成 90°长度为 $3d$ 的弯钩，在青砖刻槽埋入砂浆灰缝中。

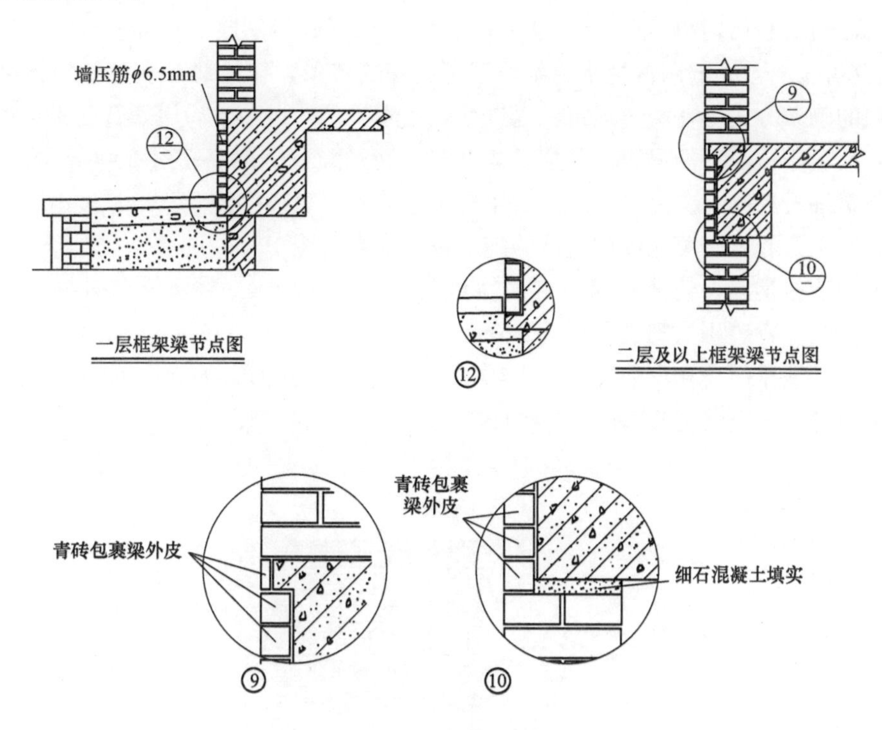

图 10-3　一、二层框架柱节点图

（4）黏土实心青砖填充墙门窗洞口过梁、圈梁施工技术要点（图 10-4）：

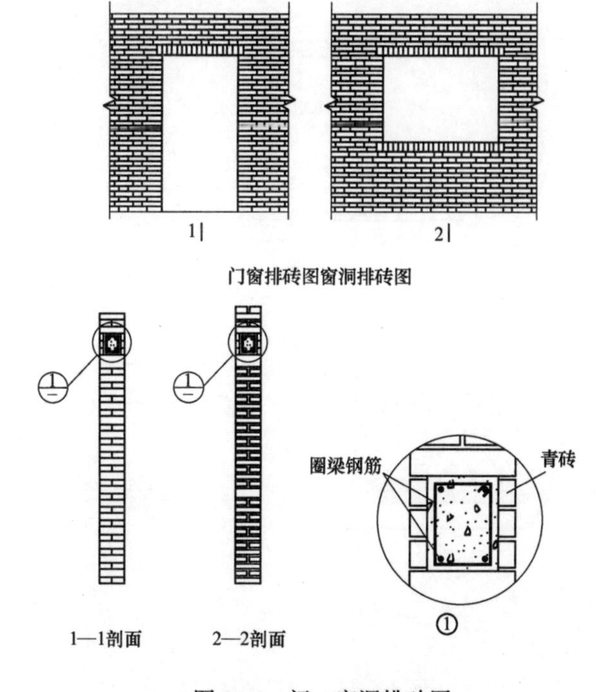

图 10-4　门、窗洞排砖图

砌筑至过梁或圈梁底标高后，安装过梁或圈梁钢筋，过梁或圈梁宽度为墙宽减80mm，高度由设计计算确定，将黏土实心青砖用切割机切割成 240mm×60mm×40mm、120mm×60mm×40mm 两种规格砖条，用切割好的砖条以排活线和皮数杆为标准，采用一丁一顺的砌筑方式再在两边砌筑，至过梁处或圈梁顶，过 24h 后用细石混凝土灌注过梁或圈梁，人工用钢筋穿插振捣，严禁机械振捣，当过梁或圈梁高超过 200mm 时，用模板加固后浇筑细石混凝土。混凝土终凝后用黏土实心青砖继续砌筑。

(5) 黏土实心青砖填充墙构造柱的施工技术要点（图 10-5）：

安装构造柱钢筋，构造柱墙厚方向宽度为墙厚减 80mm，顺墙长方向由设计计算确定，将黏土实心青砖用切割机切割成 240mm×60mm×40mm、120mm×60mm×40mm 两种规格砖条，按排活线和皮数杆一丁一顺在砌筑两边，每砌筑 250mm 高灌注一次细石混凝土，细石混凝土坍落度≤80mm，人工振捣密实，严禁机械振捣。

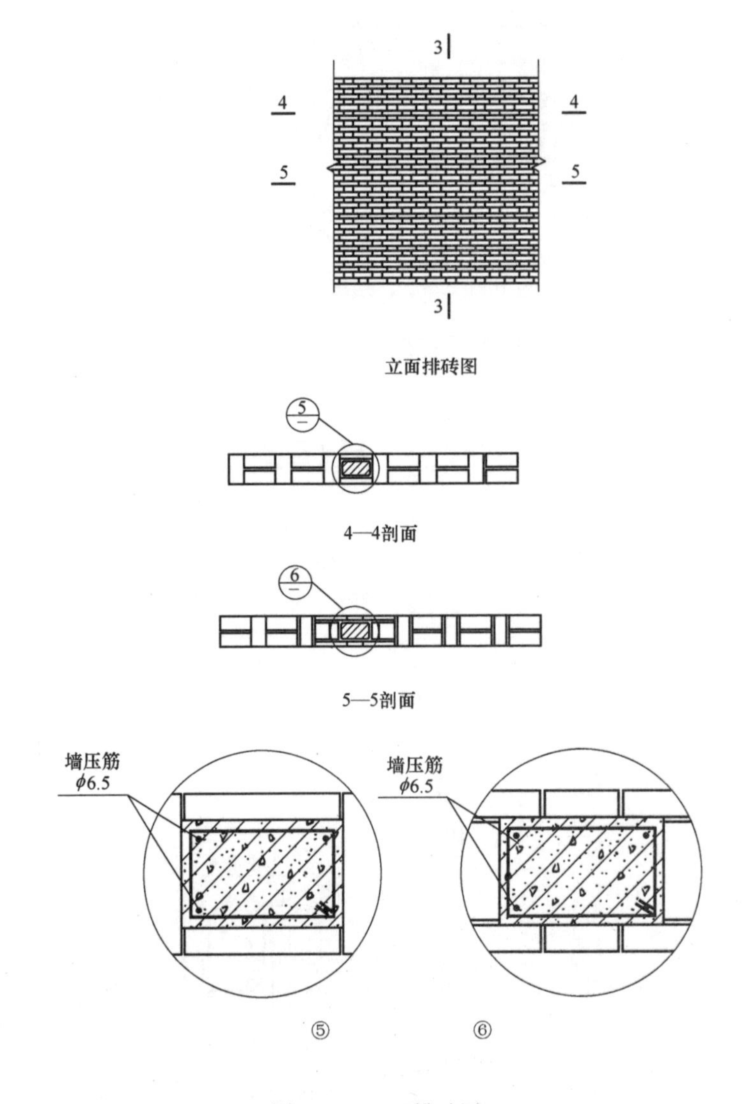

图 10-5　立面排砖图

(6) 马头墙施工技术要点（图 10-6）：

1) 垫花下部墙体砌筑是按仿古建筑清水砖墙砌筑要点砌筑，按图留设构造柱，按抗震要求留设拉结钢筋。

2) 垫花处混凝土件支模时，应根据砖雕厚度及成活后垫花尺寸确定。混凝土件与马头墙墙身和主体接槎处构造柱用 4ϕ6 钢筋拉结。

3) 垫花砖雕拉结件预埋位置根据砖雕的分块尺寸确定，高低位于单面砖雕拼缝中，水平位置位图单面砖雕边向内 50mm±10mm。

4) 盘头施工前应提前排砖、放样，依据放样加工出专用的砖。砌筑时逐层出挑，出挑砖上层压下层不得小于下层砖长 1/2。盘头应在最上层出挑砖层上增加钢筋混凝土压梁，压梁钢筋需锚入墀头墙身和主体接槎处构造柱。

(7) 浮雕施工技术要点：

1) 青砖墙体砌筑至浮雕底标高时，根据浮雕厚度砌筑浮雕后背墙体。

2) 贴挂采用 1∶2 水泥砂浆（内掺建筑胶）或专用瓷砖粘贴砂浆进行粘贴。大面积浮雕安装要水平、垂直方向拉线，且每日安装高度不得大于 1～1.2m。

3) 浮雕贴挂完按青砖墙砌筑要求砌筑上层墙体。

4) 浮雕贴挂完后将拼缝用 1∶1 素水泥勾缝。

(8) 异形窗施工技术要点（图 10-7）：

1) 钢筋混凝土箍圈预制的要点：

① 内箍预制严格按照图纸放样。

② 内箍预制场地应该平整，坚实。

③ 模板支设、加固应该牢靠，模板高出混凝土 10mm 便于收面使棱角顺直，拆模时不损伤棱角。

④ 钢筋下料应提前做好下料单，严格按下料单制作钢筋，钢筋绑扎应规范、牢固。

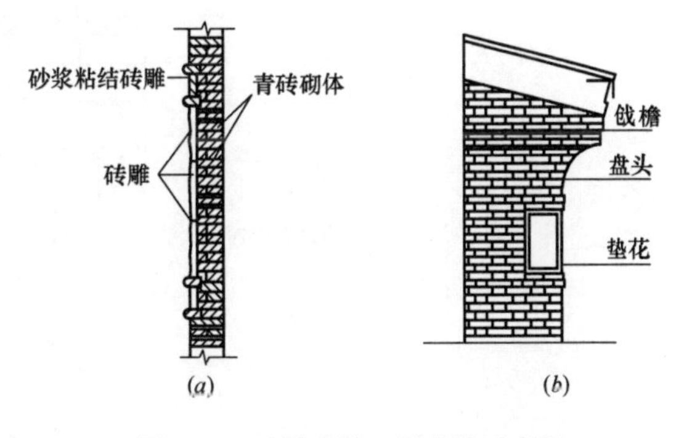

图 10-6 砖雕安装、马头墙示意图

(a) 砖雕安装示意图；(b) 马头墙示意图

⑤ 钢筋放入模板前应对模板刷涂脱模剂，且应刷涂均匀。

⑥ 浇筑混凝土前应对基层进行润湿，确保脱模后色泽均匀。

⑦ 混凝土浇筑时，采用 ϕ20 的钢筋插捣密实，靠近模板位置采用铁板插捣，将多余混凝土刮出，表面收平。

⑧ 待混凝土初凝前进行二次收面，如收面为拉毛，纹路应顺直、深浅一致，收面同时将模板表面混凝土刮干净，确保拆模后线条顺直。

⑨ 拆模不得损伤棱角，对模板进行及时清理，刷涂脱模剂。

⑩ 箍圈放置前应用油漆标好拆模日期，便于安装时掌握强度。

⑪ 预制好的箍圈应做好养护的成品保护。

2）钢筋混凝土箍圈安装要点：

① 箍圈应在保证其混凝土强度达到要求后才能进行安装。

② 砖墙砌筑至窗洞底标高后，按图纸水平位置进行定位，然后将箍圈安装就位。

③ 安装时应在箍圈下坐好砂浆，确保箍圈与墙体粘结牢固，保证墙体的整体性和稳定性。

④ 砌筑剩余墙体，在砌筑时做到三皮一靠、五皮一吊的方法确保箍圈的垂直度以及与大墙面的平整度。

⑤ 砌筑时用砂浆将箍圈周边的缝隙填塞实。

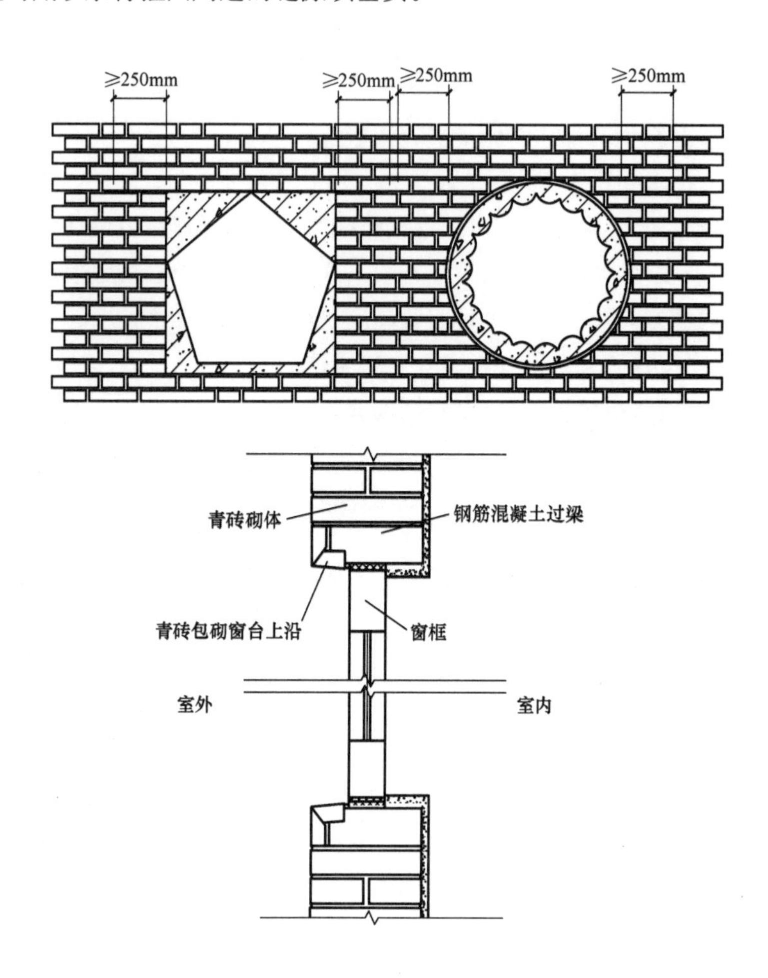

图 10-7　青砖仿古墙形窗收口大样图

2　预留预埋技术要点

对需预埋的结构钢筋预埋时应采用测量仪器进行精准定位，确保预埋位置准确，施工中应将预埋件固定牢固，防止位移，预埋偏差不能大于 3mm。

3　弹线、排砖撂底、抄平定位技术要点

（1）弹线：砌筑前需要将轴线、墙身控制线、门窗洞口线及交圈水平控制线弹出；

（2）排砖撂底：①按一丁一顺整砖计算每段墙的长度，计算长度与设计长度不符时，首先通过调整竖向灰缝计算，仍不符时改用调整顺长砖长来调整，每块砖长减少不得大于

5mm，且宜居中对称调整；②计算山墙墙头阴角是否整砖，非整砖灰缝调整不足时，应调整墙头长度，若墙头长度调整则应按第一步重新调整山墙排砖；

（3）抄平定位：①统一全场标高（即灰缝），所有外墙均为水平通缝；②根据层高按整砖厚度计算皮数，不是整数时，调整底部找平砂浆厚度，仍不满足时调整水平灰缝厚度，每个灰缝最多调整 1mm，通过多皮调整到位；③按已排好的全活墙面及门窗设计尺寸，计算洞口边是否为整砖，微调门窗洞口平面位置及宽度、高度，做到全活，并应做到同规格，调整后仍为同尺寸，门顶、窗顶同标高。

4 砌筑及勾缝技术要点

（1）组砌方式的选择按设计要求选用一顺一丁。

（2）砌筑方法采用“三一”砌砖法，即一铲灰、一块砖、一挤揉的操作方法。

（3）每砌筑五皮高度进行水平标高复核，且每日砌筑高度不得大于 1.2m。

操作要领如下：

1）在砌筑砖体前应对墙基层进行清理，将楼层上的浮浆、灰尘清扫冲洗干净，并浇水使基层湿润。

2）砌顺砖和砌丁砖，在铺灰方向和手使劲的方向是不同的。砌丁砖又有堆砌和挂砌两种，所以砌砖时手腕必须根据方向不同而变换。

3）砌砖应放平，且不能灰浆半边厚、半边薄，造成砖面倾斜。

4）砌筑中应对砖面进行选择，整齐、美观的砖条面应砌在外侧。

5）砌好的砖墙面如有空鼓，不能砸平，必须拆除重砌。

（4）技术要点

构造要点：

1）每层填充墙通过结构外挑卸载。

2）通过在青砖上开“V”形槽及暗埋施工墙压筋。

3）结构预留、预埋或通过后植筋技术与填充墙拉结。

4）采用暗埋法或包砌法封闭结构构造。

施工要点：

采用计算机进行二次设计、整体控制、整体排布、统一皮数，经设计确认后实施，在框架施工时预留预埋，砌筑时首层撂底砖排布，调整灰缝，局部采用支撑工具、模具预留成形，达到古建艺术效果。

（5）砖墙水平灰缝和竖向灰缝宽度为 8mm。水平灰缝砂浆饱满度不低于 90%，竖向灰缝砂浆饱满度不低于 80%。不得出现透明缝和瞎缝，严禁用水冲浆灌缝。

（6）砌筑时应注意清理墙面及落地灰，每次砌筑工作结束时，应做到工完场清。

（7）勾缝：外填充墙墙体砌筑完成后，自上而下统一进行勾缝。勾缝前要注意清理墙面。勾缝形式为平缝，勾缝深度为 6mm。勾缝采用加浆勾缝，用 M15 砂浆，稠度 40～50mm，用筛子筛过的细砂，墙面与灰缝颜色分明，增加美观。水平缝和竖缝应平滑交接。缝的深度应统一，不得出现起伏现象。缝应整齐平滑，不得出现毛槎，边角和转弯处也必须方正，见棱见角。勾缝时严禁污染墙面。清除墙面粘结的砂浆、泥浆和杂物。

10.6 材料与设备

10.6.1 主要材料

黏土实心青砖、普通硅酸盐水泥、中砂。

1 挑砖：施工前应对青砖进行挑选，对于尺寸偏差大、弯曲、裂纹、缺棱掉角、色差大、有结疤的砖一律不得使用。青砖在现场按施工平面布置图进行码垛堆放，装卸时注意保护青砖的棱角不受损伤。在堆放过程中，每一层砖中间要加棉毡，目的是减少堆放时砖与砖之间的碰撞，减少砖自身以及砖棱角的损伤。

2 对各种规格、样式青砖，用专用的切割机进行切砖，避免工人用锛斧砍砖。

3 水泥出厂应有出厂检验报告和合格证，出厂时间不超过三个月，各项性能指标符合要求。

10.6.2 施工机具

包括：切砖机、手持切割机、砂浆搅拌机、筛子、砂浆试模、皮数杆、灰斗、灰铲、瓦刀、勾缝镏子、毛刷、草帘或麻袋、地秤、线绳、墨斗。

10.6.3 测量仪器

有水准仪、靠尺、塞尺、百格网、钢卷尺、方尺、线锤。

10.7 质量控制

10.7.1 质量控制措施

砌墙必须做到“上跟线、下跟棱、对接要平”。上跟线是指砖的上棱紧跟挂线，跟线的标准是砖棱略低于挂线半线的位置，这样挂线遇风吹动可顺水平方向自由颤动，不至于被砖棱挡线。

10.7.2 观感质量要求

1 组砌方式正确，转角和交接处的斜槎应平顺、密实。

2 墙面应保持清洁，灰缝密实、深浅一致，横竖缝交接处应平整顺滑。

3 预留孔洞、预埋件、预留管道的位置应符合设计要求。

4 构造柱、圈梁及过梁混凝土浇筑密实无蜂窝、不漏筋，与砌体结合平整紧密、牢固可靠。

10.7.3 结构质量要求

1 砌筑时应注意上下错缝，内外搭砌。

2 墙表面平整度要求抽检全部外墙，每面墙不少于 2 处，表面平整度控制在 2mm 以内。

3 灰缝应横平竖直，薄厚均匀。水平灰缝厚度在 8～12mm 之间，要严格统一。水平灰缝平直度的允许偏差值控制在 2mm 以内。

4 避免游丁走缝，其允许偏差值控制在 2mm 以内。

10.7.4 成品保护

1 上层砌体砌筑时要注意不要掉灰污染底层砖面，砌筑完毕后用水冲洗干净。

2 砌筑好的砖墙，不得碰撞撬动，否则应重铺砂浆砌筑。

3 墙体拉结筋、抗震构造柱钢筋及各种预埋件等，均应注意保护，不得任意拆改或损坏。

4 浇筑构造柱及过梁混凝土时，不能撬动或碰撞墙体，防止砖体松动。

5 雨期施工收工时，应覆盖砌体，以防雨水冲刷。

10.7.5 质量验收标准

1 工程施工质量验收要求

除应达到本工法规定要求外，还必须满足以下规范要求：

《砌体结构工程施工质量验收规范》GB 50203；

《古建筑修建工程施工与质量验收规范》JGJ 159。

2 一般规定

(1) 使用的黏土实心青砖，应边角整齐，色泽均匀。

(2) 砌筑砖砌体时，砖应提前 1～2d 浇水湿润，严禁采用干砖或处于吸水饱和状态的砖砌筑。

(3) 砖过梁底部的模板，应在灰缝砂浆强度达到设计强度的 100%时，方可拆除。

(4) 竖向灰缝不得出现透明缝、瞎缝和假缝。

(5) 砖砌体施工临时间断处补砌时，必须将接槎处表面清理干净，浇水湿润，并填实砂浆，保持灰缝平直。

3 主控项目

(1) 砖和砂浆的强度等级应符合设计要求。

(2) 砌体灰缝砂浆应密实饱满，砖墙水平灰缝的砂浆饱满度不得低于 80%。

(3) 砖砌体的转角处和交接处应同时砌筑，严禁无可靠措施的内外墙分砌施工。在抗震设防烈度为 8 度及 8 度以上地区，对不能同时砌筑而又必须留置的临时间断处应砌成斜槎，普通砖砌体斜槎水平投影长度不应小于高度的 2/3。斜槎高度不得超过一步脚手架的高度。

4 一般项目

(1) 砖砌体组砌方法应正确，内外搭砌，上、下错缝。

(2) 砖砌体的灰缝应横平竖直，厚薄均匀，水平灰缝厚度及竖向灰缝宽度宜为 10mm，但不应小于 8mm，也不应大于 12mm。

(3) 砖砌体尺寸、位置的允许偏差及检验应符合表 10-1 的规定。

砖砌体尺寸、位置的允许偏差表　　表 10-1

<table>
<tr><th>项次</th><th colspan="3">项　目</th><th>允许偏差(mm)</th><th>检验方法</th><th>抽检数量</th></tr>
<tr><td>1</td><td colspan="3">轴线位置偏移</td><td>8</td><td>用经纬仪和尺检查或用其他测量仪器检查</td><td></td></tr>
<tr><td rowspan="3">2</td><td rowspan="3">墙面垂直度</td><td colspan="2">每层</td><td>3</td><td>用 2m 拖线板检查</td><td>不应少于 5 处</td></tr>
<tr><td rowspan="2">全高</td><td>≤10m</td><td>8</td><td rowspan="2">用经纬仪、吊线和尺检查，或用其他测量仪器检查</td><td rowspan="2">外墙全部阳角</td></tr>
<tr><td>>10m</td><td>15</td></tr>
<tr><td>3</td><td colspan="2">表面平整度</td><td>清水墙</td><td>2</td><td>用 2m 靠尺和楔形塞尺检查</td><td>不应少于 5 处</td></tr>
<tr><td>4</td><td colspan="2">水平灰缝平直度</td><td>清水墙</td><td>2</td><td>拉 5m 线和尺检查</td><td>不应少于 5 处</td></tr>
<tr><td>5</td><td colspan="3">门窗洞口高、宽(后塞口)</td><td>±10</td><td>用尺检查</td><td>不应少于 5 处</td></tr>
<tr><td>6</td><td colspan="3">清水墙游丁走缝</td><td>20</td><td>以每层第一皮砖为准，用吊线和尺检查</td><td>不应少于 5 处</td></tr>
</table>

10.8　安全措施

10.8.1　所有人员进入施工现场必须戴好安全帽，高空作业必须系安全带。

10.8.2　对所有人员进行岗前安全教育。

10.8.3　科学合理布置现场，照明条件应满足夜间作业要求。

10.8.4　主体边沿施工应注意脚滑，防止坠落。登高作业一定要检查架子的牢固性，架上操作应注意脚下滑，防止跌落。支撑架应稳固，防止倒塌砸人。

10.8.5　使用电动工具时，电线不能硬拉乱扯，非电工不得随意接线，杜绝触电事故的发生。

10.9　环保措施

10.9.1　遵守当地有关环卫、市容管理的有关规定，现场出口应设洗车台，机动车辆出场时对其轮胎进行冲洗，防止汽车轮胎带土，污染市容。

10.9.2　砌体施工时，应做到工完场清。

10.9.3　砌筑后，及时清理的垃圾应堆放在施工平面规划位置，并进行封闭，防止粉尘扩散、污染环境。

10.9.4　机械切割黏土实心青砖时应向砌筑面适量浇水，并采取防风措施，切割锯粉应及时清理。

10.9.5　夜间施工向有关部门申请批准，并张贴安民告示。

10.10　效益分析

10.10.1　经济效益

采用这种方法使建筑的耐久性提高，砖雕、浮雕易损件的更换对主体结构扰动小。在青砖或石材浮雕上沿考虑构造锚拉卸载。用本工法可加快施工进度、缩短养护周期，人工费可降低。

以临潼芷阳广场老宅为例，黏土实心青砖包砌墙约 1460m²，相比传统外墙贴片节约仿古瓷砖或青砖贴片约 1460m²，粘贴砂浆约 30m³，人工费 8 万余元，节约 47%的工期；相比传统外墙外挂青砖条节约青砖 4700 余块，砌筑砂浆约 50m³，人工费 6 万余元，节约 33%的工期。具体见表 10-2。

经济对比表 **表 10-2**

项　目	新型做法(100m²)	贴片(100m²)	砌装饰墙(100m²)
材料费	17184 元	18089 元	19389 元
人工费	12480 元	14240 元	15540 元
其他费用	160 元	186 元	260 元
工期	36.72 工日	69.3 工日	55.08 工日

10.10.2 社会效益

本工法的形成，使得仿古建筑黏土实心青砖外墙施工技术，准确传承了古代建筑黏土实心青砖砌筑方法，古建黏土实心青砖砌筑技术得到延伸和发展。用现代技术做到仿古，外观效果基本一致，古建筑文化得以继承和发展，塑造了新时代的臻品工程。

10.11 应用实例

临潼芷阳广场工程位于西安市临潼区斜口街道办芷阳村。本工程于 2011 年 5 月 10 日破土动工，2012 年 6 月 26 日正式交工，至今已使用将近 6 年，古建黏土实心青砖砌体分项工程“古韵、典雅、朴素、大方”。

曲江芙蓉新天地 9 号楼工程位于大唐芙蓉园南，为青砖仿古民居建筑。其外墙砖雕图案刻画的《二十四孝图》《百子图》《八仙过海》《瑶池祝寿》等中国传统故事和她自身所透出的中国古建筑的美很好地将中国传统文化呈现给广大游人。

11　传统建筑青砖干摆墙施工工法

陕西古建园林建设有限公司

贾华勇　杨见勇　周　明　白　洋　吕多林

11.1　前言

“干摆墙”是传统砖砌体砌筑精度要求较高的一种墙体，用经过加工的砖料通过“磨砖对缝”，不用灰浆，一层一层干摆砌筑、灌浆来完成，这种做法常用于较讲究的墙体下碱或其他较重要的部位，而用于山墙、后檐墙、院墙等体量较大的墙体时，上身部分一般不采用干摆砌法；在极重要的建筑中，也可用于上身和下碱。在过去的很多古建书籍和材料中，对这种作法已有明确的规定。本工法一是在材料选用上与传统做法有所区别；二是通过本工法的使用使失传的传统技术得到传承和弘扬。

11.2　工法特点

在本工程中所采用的干摆墙面主要用于墙身的下碱部分，墙体由规格一致，表面平正，棱角完整、方正的砖料砌筑而成，呈现看似有缝实之无缝的别样观感，与整体墙面映衬呼应，更能体现古建细腻与大气的建筑艺术。

11.3　适用范围

适用于建筑等级较高及小停泥下碱干摆墙面和带有内衬墙的古建筑装饰外墙。

11.4　工艺原理

干摆以精准的砖料和精细的手工操作按照一层一灌、一层一修和五层一蹾的摆砌工艺形成砖砌体。砖料加工质量是保证干摆墙面质量的前提，干摆过程的精心操作是干摆墙面质量的保障，其工艺的核心全部体现在摆砌工艺和“精”“细”二字之中。

11.5　工艺流程及操作要点

11.5.1　施工工艺流程

施工工艺流程如图 11-1 所示。

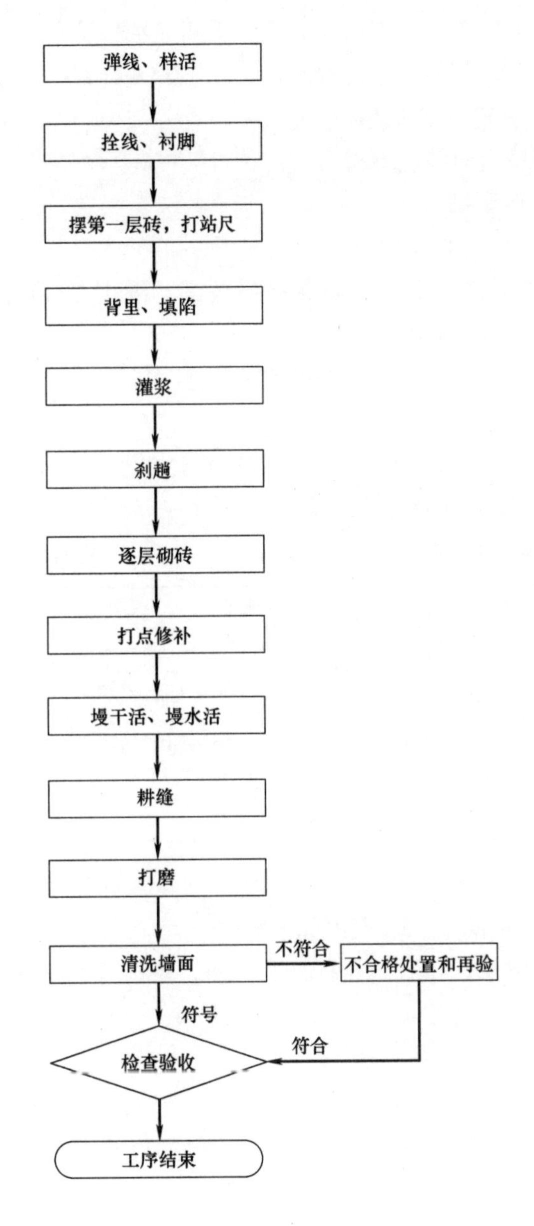

图 11-1　施工工艺流程图

11.5.2　操作要点

1　砖料加工的技术准备

(1) 熟悉图纸，了解墙身节点细部尺寸及设计要求。

(2) 确定工程所需的砖缝排列形式(顺砖或三顺一丁)。

(3) 掌握细部节点处理做法和加工技术难点。

(4) 结合设计和工程实体，使用电脑进行深化排版，细化加工详图和节点大样图，以确定干摆砖看面尺寸，转角部位和柱子旁“八字”砖加工尺寸。

2　材料的选用及加工

因干摆墙对砖的棱角要求较严格，为减少半成品在搬运中棱角的损坏，在条件许可的情况下，尽可能采用现场加工。

(1) 砖料的选用。

① 砖选用以黏土为主要原料的小停泥砖，经成型、干燥、焙烧和窨窑工艺而制成的青（灰）色。尺寸一般有 280×140×70mm、295×145×70mm 两种。

② 砖的品种、规格、质量必须符合设计要求，应有出厂合格证和检测报告并应进行复试和冻融试验。

③ 砖的表面和内部不能存在较大的裂缝，否则，可能造成砖在加工过程中断裂。可通过观察和敲击发出的声音辨别。

④ 砖内不应含有浆石籽粒、石灰(甚至石灰爆裂)，含沙量不宜太大，孔洞、砂眼不宜太多。

⑤ 禁止使用过火砖和欠火砖。

(2) 砖料加工及要求。

① 砖在各面加工中的名称如图 11-2 所示。

② 磨砖加工后的扣减尺寸一般为 5～30mm。小停泥包灰 3～5mm，转头肋宽度不小于 5mm，丁头砖可参照以上加工尺寸和要求加工。

③ 加工应采用专用机械切割，配备相应的砖面修理工具，禁止刀劈斧砍。加工主要机具一般应有：磨砖机（台面应具有固定各角度挡板的设计）。

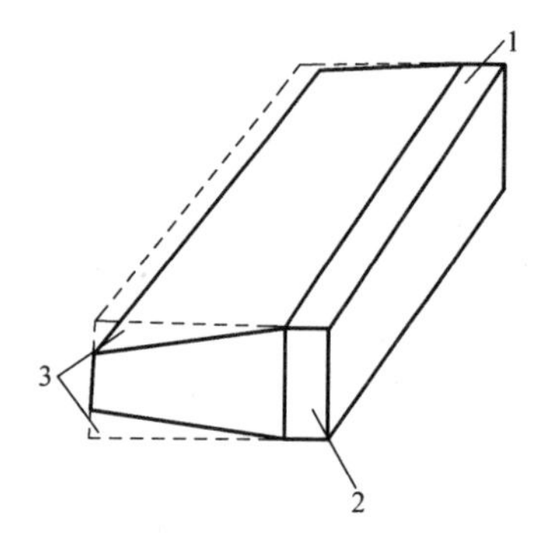

图 11-2　五扒皮砖示意图
1—转头肋；2—转头肋；3—包灰

④ 加工后的砖料表面应完整，无明显缺棱掉角。

⑤ 砖表面应磨平磨光无翘曲，尺寸规格与样板砖一致，棱角平直、坚挺，截头角度准确。

⑥ 成品表面砖色不得有“花羊皮”。

3　浆料调制

灰浆原材料要求如下：

（1）石灰膏：生石灰经球磨机磨细，细度 1200 目，后加水焖至 15d 以上而成。

（2）青灰：为小停泥砖粉或成品青灰过 2mm 筛孔而成。

（3）水泥：宜用 PO32.5 普通硅酸盐水泥。

（4）砂：含泥量不超过 5%的中砂，经 5mm 孔筛加工而成。

各种浆料参考比例　　**表 11-1**

灰浆名称	配合比例及制作要点	说明
打点浆	石灰膏加水泥加青灰比例 3∶2∶5	用于干摆时包灰面两角打点稠度 5～7mm
桃花浆	石灰膏加水泥加青灰比例 3∶3∶4	当设计无明确规定时，用于衬里和干摆墙缝隙灌缝稠度 10～12mm
砖药浆	砖粉加白灰加水泥 比例 7∶2∶1 或砖粉加胶制浆	用于干摆看面缺陷修补，务必与干摆砖同色， 强度应与砖相同或相近
砌筑砂浆	水泥加灰膏加砂子比例按设计要求由试验级配	用于衬里砖砌筑

4　干摆墙面施工工艺

（1）干摆砖应提前 1d 浸泡湿润，使用时提前 2～3h 取出晾干表面。

（2）基础清理，砌第一层砖时应先检查基层，检查基层标高和台明，阶条石表面是否凹凸不平，如有偏差，应打磨或用“打点浆”进行修补。

（3）弹线，做样板

基层清扫干净后，用墨线弹出墙厚度、长度、八字的位置、形状等，根据细化设计的电脑排版砖缝的排列形式，进行试摆做出“样板”，以此对电脑排版砖料的尺寸进行验证调整，最终确定砖料的真实规格和角度。

（4）“样板”完成之后，应立皮数杆。皮数杆上应标示每皮砖的厚度位置，然后在墙的两端牢靠固定。

（5）拴线。拴线分水平线和竖线两种，横竖交叉拴线，水平拴线为两道横线，下为“卧线”，上为“罩线”。横线两头与皮数杆重合对齐，竖线每隔三块（以顺砖为例）拴一根，下端固定在墙下小停泥砖与台明阶条石缝中，上下左右均应垂直，拴线应细并且具有拉力，拴线要绷紧，用以严格控制小停泥砖横竖位置。

（6）干摆应有专人提前选砖，选砖应比较“样板砖”进行检查，把合格的堆放好备用，不合格的进行刨铲打磨修理。

（7）干摆从墙面端部第一块砖开始，应在包灰面薄面一侧的两个角用“打点浆”打出小灰饼，然后摆砖。摆好后应用水平尺检查“转头肋”是否水平，墙角“转头肋”是否垂直。第一层干摆应使用膀子面砖并且将平面置于下方。

（8）墙角第一块砖干摆确认无误后，再依次干摆，每摆一块，均应检查上下皮砖的平整垂直度，同时检查相邻两砖的水平平整度以及“转头肋”，竖向砖缝。

（9）每干摆下一皮砖之前，应先通体检查横向“罩线”与砖棱偏差情况，并用铝合金靠尺结合水平尺检查平整度。发现问题时，应用刨刃细心修平或磨平，务必达到“严丝合缝”的标准。

（10）摆砖时如发现砖料缺陷，应重新打磨加工，露出的四个角若不在同一立面上，允许一个角凸出墙外，但绝不得凹入墙内，否则不易修理。

（11）最上一层干摆如需退台（墙肩），应使“膀子面”无包灰的一侧向上。

（12）干摆施工时应遵循一层一灌，一层一修，五层一蹾，即“1、1、5”法。其中：

一层一灌，即每干摆一层都要灌一次“桃花浆”；

一层一修，即每干摆一层都要经过检查修理，达到合格；

五层一蹾，即摆砌五层以后，应适当搁置一段时间（一般要经过 0.5d）再进行摆砌。

（13）打点和修补

干摆墙砌筑完后要进行修理，修理包括墙面粗磨，打点漫水，细磨和冲水。

① 粗磨，即用 60 号以下磨头将砖与砖接缝处高出的部分磨平，边磨边用靠尺检查，粗磨后的墙面必须达到规定的允许偏差。

② 打点。即用“砖药浆”将砖的残缺部分和砂眼填平。

③ 漫水细磨，即先用 120 号以上磨头沾水将打点部位磨平，然后再沾水把整个墙面揉磨一遍保证墙面色泽和质感的一致。

④ 冲水。用清水和软毛刷子将整个墙面清扫、冲洗干净，显出“真砖实缝”。冲水应安排在整个墙体全部完成之后、拆架之前进行，以避免墙面污染。

11.6　材料与设备

11.6.1　主要材料

小停泥青砖、石灰膏、水泥、砂、青灰。

11.6.2　施工设备机具

磨砖机、半截灰桶、小线、靠尺、水平尺、磨头（糙砖、砂轮、油石等）、瓦刀、矩尺、托灰板、小水桶、水管子、线坠、棕毛刷、手推车、灰机等。

11.7　质量控制

11.7.1　施工验收标准

1　工程的施工及质量验收，除应达到本工法规定要求外，还必须满足以下规范要求：

《建筑工程施工质量验收统一标准》GB 50300；

《砌体结构工程施工质量验收规范》GB 50203；

《古建筑修建工程施工与质量验收规范》JGJ 159。

2 主控项目

(1) 砖的品种、规格、质量必须符合设计要求和古建常规做法。

(2) 灰浆的品种必须符合设计要求或古建常规做法，砌体灰浆必须饱满。

(3) 砖的排列组砌方式、墙面的艺术形式必须符合设计要求或古建常规做法。

3 一般项目

(1) 墙面应清洁美观，墙角方正整齐顺直，砖缝应严密，无明显缝隙。

(2) 干摆墙与内衬墙间隙应保持干净，不得有杂物存在。

(3) 砌体内外搭接合理，拉结砖应交错设置，背里严实，无“两张皮”现象。

(4) 本工法干摆墙砌筑的允许偏差应符合表 11-2 所示。

干摆墙砌筑的允许偏差 **表 11-2**

<table>
<tr><th>序号</th><th colspan="4">项　目</th><th>允许偏差(mm)</th><th>检验方法</th></tr>
<tr><td>1</td><td colspan="4">轴线位移</td><td>±2</td><td>与图示尺寸比较,用经纬仪、拉线和尺量检查</td></tr>
<tr><td>2</td><td colspan="4">顶面标高</td><td>±3</td><td>用水准仪、拉线和尺量检查。设计无标高要求的,检查四个角或两端水平标高的偏差</td></tr>
<tr><td rowspan="4">3</td><td rowspan="4">垂直度</td><td colspan="3">要求“收分”的外墙</td><td>±5</td><td rowspan="4">用经纬仪、吊线和尺量方法检查</td></tr>
<tr><td rowspan="3">要求垂直的墙面</td><td colspan="2">5cm 以下或每层高</td><td>1</td></tr>
<tr><td rowspan="2">全高</td><td>10m 以下</td><td>4</td></tr>
<tr><td>10m 以上</td><td>6</td></tr>
<tr><td>4</td><td colspan="4">墙面平整度</td><td>1</td><td>用 2m 靠尺横、竖、斜搭均可,楔形塞尺检查</td></tr>
<tr><td>5</td><td colspan="4">洞口宽度(后塞口)</td><td>3</td><td>尺量检查,与设计尺寸比较</td></tr>
</table>

11.7.2 质量技术措施和管理方法

1 严格按照 ISO 9001 标准要求，建立完善的现场质量管理体系，并进行有效的运行。

2 加强与设计单位联系和配合，深刻领会设计意图。

3 根据本工法和审定的施工方案，现场制作样板墙，对照设计要求确认样板墙，对相关的管理人员和所有的操作人员进行全面细致的技术交底。

4 对于本工法涉及的测量仪器和检测工具，应按规定进行法定计量鉴定。

5 对制作好的样品墙要注意成品保护，防止碰撞发生导致损伤。

6 由专职的质检员随时进行跟班检查。同时，操作班组之间认真做好自检和工序交接检。

11.7.3 质量记录

1 各类型砖的质量证明及复试报告。

2 灰浆各种原材料的质量证明及水泥、砂的复试报告。

3 施工测量记录（平面放线、标高抄测等）。

4 干摆墙分项工程技术交底。

5 隐蔽工程检查记录（结构验筋等）。

6 预检记录（墙体验线、模板等）。

7 干摆墙分项工程检验批质量验收记录。

8 干摆墙分项工程质量验收记录。

9 墙体主体分部工程质量验收记录。

10 分项/分部工程施工报验表。

11.8 安全措施

11.8.1 现场安全管理必须执行以下规范：

《建筑施工安全检查标准》JGJ 59；

《施工现场临时用电安全技术规范》JGJ 46。

11.8.2 安全管理措施

1 机械设备使用前应进行检查维修，严禁设备带故障运行。

2 工作进行前仔细检查作业面的安全状况，采取相应的安全措施。

3 墙面清洗工作期间应设置专人检查看管压力罐，发现异常情况立刻停止施工进行设备检修维护工作。

4 施工现场安全管理、文明施工、脚手架、“三宝四口”防护、施工用电等有关要求遵照《建筑施工安全检查标准》JGJ 59 中的规定。防止人员伤亡事故发生。

5 安全施工必须由项目经理领导和安排，专业工长对作业人员进行安全教育、下发安全技术交底，专职安全员负责每日的现场检查，确保施工安全措施到位。

6 编制相应施工方案，严格按规定审批执行。

7 施工临时用电采用三相五线制，TN-S 接零保护系统，执行三级配电、两级保护，做到“一机、一闸、一漏、一箱”。

8 电气设备及线路必须进行安全检查，闸刀箱上锁，电器设备安装漏电保护器。

9 作业人员必须配备完善的防护用具，如：安全帽、安全带、护目镜、手套、防尘口罩等。高空作业挂好安全带。

10 施工操作面使用的工具不得乱放，随时放入工具盒或工具袋内，防止滑出伤人。

11 雨天、霜天、雪天、大风等天气不宜进行作业。

11.8.3 安全管理预案

必须针对工程实际编写以下预案并演练熟练：

《预防火灾紧急预案》；

《预防漏电伤害紧急预案》；

《预防支撑脚手架坍塌紧急预案》等。

11.9 环保措施

11.9.1 现场环境保护管理必须执行以下规范:

《建设工程施工现场环境与卫生标准》JGJ 146。

11.9.2 环境保护措施

1 加工专用设备应安放在封闭的临时加工车间内，减少噪声和灰尘污染，污水经沉淀处理方可排放。

2 打磨墙面作业时对外架进行封闭操作，防止打磨作业造成的粉尘飞溅污染。

3 建筑垃圾处理措施有：建筑垃圾采用容器运输分类，分区密闭堆放。

11.9.3 现场文明施工管理

1 按照文明工地验收标准，制定文明施工措施并有效执行。

2 文明施工的主要措施内容包括：

(1) 完善施工及安全防护设施，完善各类标志及标识。

(2) 合理调整现场布局，定时清洁、清理现场。

(3) 持续改进施工人员现场服务设施。

(4) 定期开展员工文明施工行为教育和文化娱乐活动。

11.10 效益分析

本工法施工工艺流程与砌体工程相似但又有不同，过程复杂，且贵在精细上。砖料加工使用机械切割区别于传统的手工砍削，既可保证砖的统一尺寸和角度准确，又能提高工作效率。

11.11 应用实例

本工法在楼观台财神故里、西安长安文化山庄1～3号院等工程中多次应用，建筑物外墙青砖砖缝规格一致，棱角完整方正，呈现看似有缝实之无缝的别样观感，均取得了良好的效果。

12 传统建筑青砖丝缝墙施工工法

陕西古建园林建设有限公司
贾华勇 杨见勇 周 明 牛晓宇 王海鹏

12.1 前言

“丝缝墙”又叫“细缝”“撕缝”。“丝缝墙”的作法在传统古建书籍和教材中都有明确的规定和描述。本工法与传统作法相似，区别在于材料选用及个别部位的工艺处理。采用小停泥丝缝墙进行砌筑，以其不经任何装饰所显现的缜密与大气、庄重与灵动的艺术效果，更能体现劳动者的智慧和精湛的技艺，心理与视觉上的感触是任何现代装饰所不能比拟的。本工法在小停泥丝缝墙传统砌筑工艺的基础上加以改进，使小停泥丝缝墙极具观赏性。

12.2 工法特点

本工法突出内外均为直角“凹形”丝缝墙面的艺术效果，与之相关的操作工艺也在原有工艺基础上改进创新，使小停泥丝缝墙呈现出独特的艺术效果。

12.3 适用范围

该施工工法适用于新建项目带衬里小停泥高级装饰丝缝外墙。

12.4 工艺原理

本工法依赖现有的常备施工工具和施工方法，采用常用常见的丝缝墙砌筑材料。以精心策划为先导，以精细操作为基础，以精刻细划为方法，以疏而不漏的严格检查为手段，实现小停泥丝缝墙面独特的质量观感和高品位的艺术享受。

12.5 工艺流程及操作要点

12.5.1 施工工艺流程

如图 12-1 所示。

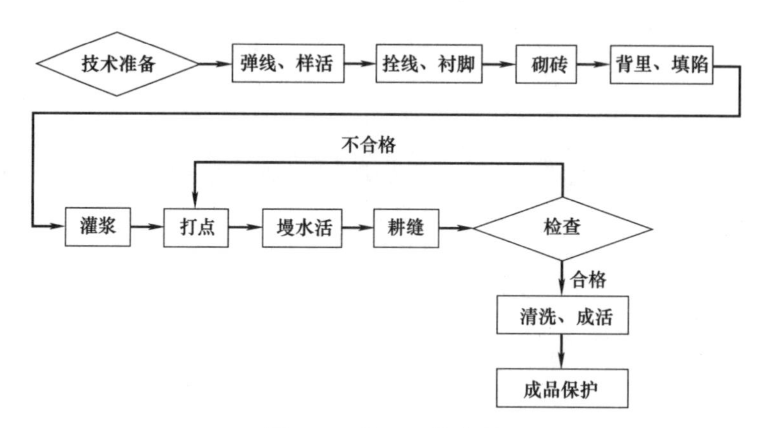

图 12-1　施工工艺流程

12.5.2　操作要点

1　确定小停泥砖料加工尺寸和组砌形式

(1) 现行小停泥糙砖规格一般为 280mm×140mm×70mm、295mm×145mm×70mm 两种。糙砖加工扣减尺寸一般为 5～30mm，依实际需要而确定。

(2) 确定砖料加工尺寸，确定尺寸时应事先做好以下工作：

1) 依据建筑物环境位置、规模大小、用途等因素确定小停泥砖规格偏大或偏小的基本尺寸。

2) 确定小停泥砖组砌形式，一般有"满跑"和"三顺一丁"两种。

3) 确定灰缝厚度。丝缝宽度一般以 3～4mm 为宜，缝深以 2.5mm 为宜。

4) 深化墙面设计。按每块砖的尺寸和灰缝进行电脑排版，每面墙排版的轮廓尺寸必须与现场实际相符合，结合试摆最终确定小停泥砖的加工尺寸。

(3) 深化墙面设计时应考虑的问题如下：

1) 墙体的尺寸与小停泥砖的模数相约合，应上下错缝搭接砌筑，一般搭接长度为 130mm，每两皮为一循环。

2) 对于墙体长度不满足停模数的墙体排砖后用七分头进行调整，端头处小停泥砖长不得小于 60mm。

3) 确定墙垛外放尺寸。

4) 确定伸缩（沉降）缝具体位置。

5) 确定窗台、窗顶、过梁的具体做法。

6) 确定停泥砖与内衬墙的拉结方式。

7) 确定衬里与小停泥之间的间隙（一般为 20～30mm）。

8) 确定线盒，预留孔洞的具体位置和细部处理做法。

2　砖料加工

(1) 砖料加工必须使用机械切割成形。机械台面应固定挡板确保尺寸准确和统一，禁止刀劈斧砍临时加工方法。

(2) 小停泥应加工五个面，与看面相对应的砖肋或砖头可不加工。

3 砖料质量验收标准

（1）主控项目：

1）砖的品种、规格、质量必须符合设计要求或古建常规做法。

2）砖的看面必须磨光、磨平，不得有“花羊皮”和斧花。

（2）一般项目：

1）砍磨加工后的砖表面应完整，无明显缺棱掉角。

2）砍磨加工后的砖规格尺寸与“样板”一致，尺寸准确。

3）砖棱平直、坚挺，截头角度准确。

检查数量：抽查总数的10%，直趟砖不应小于10块。上小摞检查不少于2摞，小砖每摞10块。

砖料允许偏差和检验方法见表12-1。

砖料允许偏差和检验方法 表12-1

序号	项目		允许偏差(mm)	检验方法
1	砖面平整度		0.5	在平面上用平尺进行任意方向搭尺检查和尺量检查
2	砖的看面长、宽度		0.5	用尺量，与样板砖相比
3	砖的累加厚度		+2，不允许负值	上小摞，与样板砖的累加厚度相比，用尺量
4	砖棱平直		0.5	两块砖相摞，楔形塞尺检查
5	截头方正	墙身砖	0.5	方尺贴一面，尺量一面缝隙
6	砖头转、八字砖角度		+0.5，不允许负值	方尺或八字尺搭靠，用尺量端头误差

12.6 灰浆调制

12.6.1 灰浆原材料

石膏灰：生石灰熟化加水过细筛后发胀而成，应焖至15d后使用。

青灰：为小停泥砖粉过细筛加工而成，或购买成品青灰。

水泥：PO32.5普通硅酸盐水泥。

12.6.2 灰浆种类

1 丝缝灰浆：丝缝灰浆为小停泥砌筑时砖棱挂灰和爪子灰。一般由白灰、水泥、青灰组成，比例为3∶2∶5。

2 点补灰浆：点补灰浆用于小停泥墙面缺陷修补打点，其颜色与小停泥色相同为最佳，一般由砖粉、水泥、石灰膏组成。使用前应先进行多种比例调试，干硬后选其中一种。

3 灌缝砂浆：用于衬里墙与小停泥之间的间隙灌封和拉结筋在小停泥凹槽处填塞。灌封砂浆为1∶2水泥砂浆，砂浆稠度应在70～90mm之间。

4 砌筑砂浆：用于衬里砖墙砌筑，其强度依据设计要求，材料用量由试验级配决定。

12.7 小停泥丝缝墙施工操作工艺

12.7.1 检查墙基（台明、土衬石等）标高、平整度。超过允许偏差应通过打凿、打磨或修补处理到位。

12.7.2 青砖墙和内衬墙体放线。应考虑前后檐墙头尺寸与顶部檐口的吻合，确定门头、沉降（伸缩缝）、立柱处和八字转角等部位，同时确定门窗洞口的基本平面位置。

12.7.3 确定0.5m（或1m）标高线，墨线一般弹在结构混凝土上，凡是停泥砖墙相连贯的单体或以围墙相接返的多个单体（不论室内地面高低），其标高线应转圈通弹并准确交圈。

12.7.4 植筋：内衬墙为结构混凝土时，一般用 $\phi6$ 钢筋制作成“L”形，按照间距400呈梅花状植筋，外露钢筋尺寸应比停泥的外墙皮缩进60mm，并进行拉拔试验。

12.7.5 立皮数杆：皮数杆的高度从第一皮砖之下的灰缝标起。皮数杆上应明确标注每皮砖厚度、每层灰缝厚度、窗台、窗顶和过梁位置、镶嵌在墙内的各类石材位置、其他预留洞口和檐口起线位置及层数等。其中皮数杆上0.5m（或1m）标高线应标注明确，立皮数杆时，杆上的标高线和结构上的标高线应对准且应牢靠固定。

12.7.6 底层排砖：根据细化后的排版图，结合现场实际和停泥砖实际尺寸进行试摆，调整预留洞口最终位置，按实际确定八字的位置、形状等。确保组砌形式正确，然后拉通线完成第一皮砖砌筑。

12.7.7 第一皮停泥砖墙砌筑完成后，应立即按停泥砖每隔三块挂一根竖线。竖线上端应挂至墙顶，下端与停泥砖竖缝重合，务必使内外左右垂直，依此线控制停泥砖墙面竖缝。如图12-2所示。

(a)

(b)

图12-2 砖墙砌筑

12.7.8 内衬墙为砖砌体时要求内衬墙拉结筋按竖向每5皮、水平方向每隔2.5～3块跑砖呈梅花形预埋，用 $\phi6$ 制作成“凸”形钢筋，外露部分缩进停泥砖外皮60mm。同时内衬与停泥墙之间预留20～30mm间隙。停泥砖砌筑时，每三皮用1∶2水泥砂浆灌封（图12-3），用瓦刀捣实，在“凸”形拉筋处，停泥砖锯成凹形缺口，同样以1∶2水泥砂浆填满捣实，使内外两层墙形成整体。此灌浆方法同样适用于内衬墙为混凝土的墙体，故在二次细化墙体设计时墙体宽度应提前考虑。

图 12-3 水泥砂浆灌浆

12.7.9 停泥砖墙砌筑灰浆一般采用 3∶2∶5（白灰∶水泥∶青灰），露明砖棱挂灰，中心做瓜子灰饼。每皮应挂水平线，边砌边用靠尺和水平尺检查平直度和垂直度，严格按皮数杆控制每皮砖标高。

12.7.10 砌筑灰浆中的水泥掺量是为了提高灰浆强度，保证停泥砖墙不致发生与内衬墙之间的不均匀沉降，故应在灰浆初凝后立即勾缝，勾缝深度应深于成品的缝深。

12.7.11 当一面墙整体完成后，应对缺陷砖面（孔洞、砂眼、缺棱掉角）用灰浆全数进行打点修补。灰浆应用停泥砖粉末加水泥（或胶水）拌制，务必与停泥砖同色。

12.7.12 当打点修补的灰浆强度达到后，应对墙面进行整体打磨（图 12-4）。打磨时用 60 号以下砂纸，用靠尺边检查边打磨。经过打磨的墙面平整度、门窗侧边角、转角及棱线等，务必达到规定的允许偏差，表面无打磨痕迹，此道工序最为关键。

图 12-4 打点修补

12.7.13 第一次打磨后，应再用同色灰浆对墙面未消除的缺陷全数打点，并将灰缝全数抹平压实。

12.7.14 待灰浆达到强度后进行最终打磨，打磨砂皮使用 120 号以上，次序必须由上而下循环进行。打磨后墙面达到平整光洁，墙体各部位棱角方正，棱线笔直一条线。

12.7.15 打磨完毕组织专人（施工中禁忌来回换人），两人为一组（也可三人一组视情况而定），其中一人靠尺，一人用折断后叠加并粘结在一起的钢锯条刻划缝路。根据缝宽窄确定钢锯条叠加厚度。刻划时用力不可太大，划缝不可太快太猛，应该着力均匀，多划几遍，成活后的灰缝内外成直角状，达到宽度一致，深浅均匀，棱角整齐。

12.7.16 墙面冲洗，墁完水活后，用清水和软毛刷将墙面清扫、冲洗干净，使墙面显露出“真砖实缝”。

12.7.17 成品保护

1 墙面应有必要的保护措施，防止磕碰。容易受到磕碰损坏的砖墙转角处宜用木板或其他硬质材料保护。

2 墙面邻近处不宜堆放建筑材料或建筑垃圾。

3 凡墙体与木构件相邻处，油漆彩画地仗施工前应采取相应的保护措施，防止油漆彩画材料对墙面造成污染。

4 拆除脚手架时应避免造成对墙面檐口等处的破坏。

5 在上层脚手架上砌砖时，应注意对下层墙面的保护，避免造成对下层墙面的磕碰和污染。

6 抹灰施工时、地面施工及屋面施工前宜对相邻的墙面采取必要的保护措施，以避免污染墙面。

7 单位工程竣工验收前应对墙面进行修理、打点和清扫。

12.7.18 小停泥砖墙砌筑应注意的问题和处理方法：

1 古建筑山墙上部呈三角形，砌筑中易发生里外进出倾斜的情况，故应采取在梁板下边弹线方法或采用在屋面两檐及屋脊三点外挑挂线的方法进行控制。

2 混凝土内衬墙上植筋位置与青砖皮数不符时禁止弯折，后砌墙时应在青砖上开锯凹槽处理即可。

3 处于露天的青砖墙，根部不宜接触地面，防止雨雪水浸溅冻融起皮掉层，应以伏地石撂地为宜。

4 小停泥砖应去掉包装草绳提前1d浸泡润湿，避免草绳色污染和浇水不均匀导致砖块吸水过快，挤灰困难，以致影响砌筑质量。

5 小停泥砖墙门窗位置留置问题，窗台及窗顶标高和窗宽应按砖厚模数和长度模数控制为合理。

6 门窗制作尺寸依预留洞口尺寸为准，洞口经打磨之后增大的尺寸作为缝隙即可。

7 门窗安装后的边框与墙存在的缝隙应打密实胶，打胶时两侧必须粘贴胶带，保证打胶的外观质量。

8 伸缩缝（沉降缝）宽度与丝缝墙缝路宽度相同为合适，外观处理采用与墙面缝路相同的处理方法较为美观。

12.8 小停泥丝缝墙施工机具

12.8.1 主要机具

磨砖机、砂浆机、小推车。

12.8.2 一般机具

半截灰桶、小线、靠尺、水平尺、磨头（糙砖、砂轮、油石等）、瓦刀、矩尺、托灰板、小水桶、水管子、线坠、棕毛刷、手推车、灰机等。

12.9 质量控制

12.9.1 施工验收标准

1 工程的施工及质量验收，除应达到本工法规定要求外，还必须满足以下规范要求：

《建筑工程施工质量验收统一标准》GB 50300；

《砌体结构工程施工质量验收规范》GB 50203；

《古建筑修建工程施工与质量验收规范》JGJ 159。

2 主控项目

(1) 砖的品种、规格、质量必须符合设计要求或古建常规做法。

(2) 灰浆的品种必须符合设计要求或古建常规做法，砌体灰浆必须饱满。

(3) 砖的排列组砌方式、墙面的艺术形式必须符合设计要求或古建常规做法。

3 一般项目

(1) 墙面应清洁美观，棱角整齐，丝缝墙面的灰缝（卧缝、立缝）大小应一致，深度均匀，丝缝墙面不得刷浆。

(2) 丝缝墙的摆砌“背撒”，不得出现“落落撒”和“露头撒”。

(3) 砌体内外搭接合理，拉结砖应交错设置，背里严实，无“两张皮”现象。

(4) 丝缝墙砌筑的允许偏差应符合表 12-2 的规定。

丝缝墙砌筑允许偏差　　表 12-2

<table>
<tr><th></th><th colspan="2">项目</th><th>允许偏差(mm)</th></tr>
<tr><td rowspan="9">表面允许偏差</td><td colspan="2">顶面标高</td><td>5</td></tr>
<tr><td rowspan="2">垂直度</td><td>单层</td><td>2</td></tr>
<tr><td>二层</td><td>3</td></tr>
<tr><td rowspan="2">灰缝平直度</td><td>5m 以内</td><td>1</td></tr>
<tr><td>10m 以内</td><td>2</td></tr>
<tr><td colspan="2">丝缝墙灰缝厚</td><td>0.5</td></tr>
<tr><td rowspan="2">丝缝墙面游丁走缝</td><td>单层</td><td>2</td></tr>
<tr><td>二层</td><td>4</td></tr>
</table>

12.9.2 质量技术措施和管理方法

1 严格按照 ISO 9001 标准要求，建立完善的现场质量管理体系，并进行有效的运行。

2 加强与设计单位联系和配合，深刻领会设计意图。

3 根据本工法和审定的施工方案，现场制作样品墙，对照样品墙和施工图纸等，对相关的管理人员和所有的操作人员进行全面细致的技术交底。

4 对于本工法涉及的测量仪器和检测工具，应按规定进行法定计量鉴定。

5 对制作好的样品墙要注意成品保护，防止碰撞、损坏。

6 由专职的质检员随时进行跟班检查。同时，操作班组之间认真做好自检和工序交接检。

12.9.3 质量记录

1 各类型砖的质量证明及复试报告。

2 灰浆各种原材料的质量证明及水泥、砂的复试报告。

3 施工测量记录（平面放线、标高抄测等）。

4 丝缝墙分项工程技术交底。

5 隐蔽工程检查记录（结构验筋等）。

6 预检记录（墙体验线、模板等）。

7 施工记录（文物建筑墙体修缮情况记录）。

8 丝缝墙分项工程检验批质量验收记录。

9 丝缝墙分项工程质量验收记录。

10 墙体主体分部工程质量验收记录。

11 分项/分部工程施工报验表。

12.10 安全措施

12.10.1 现场安全管理必须执行以下规范

《建筑施工安全检查标准》JGJ 59；

《施工现场临时用电安全技术规范》JGJ 46。

12.10.2 安全管理措施

1 机械设备使用前应进行检查维修，严禁设备带故障运行。

2 工作进行前仔细检查作业面的安全状况，采取相应的防坠措施。

3 墙面清洗工作期间应设置专人检查看管压力罐，发现异常情况立刻停止施工进行设备检修维护工作。

4 施工现场安全管理、文明施工、脚手架、“三宝四口”防护、施工用电等有关要求遵照《建筑施工安全检查标准》JGJ 59 中的规定。防止人员伤亡事故发生。

5 安全施工必须由项目经理领导和安排，专业工长对作业人员进行安全教育、下发安全技术交底，专职安全员负责每日的现场检查，确保施工安全措施到位。

6 编制相应施工方案，严格按规定审批执行。

7 施工临时用电采用三相五线制，TN-S 接零保护系统，执行三级配电、两级保护，做到“一机、一闸、一漏、一箱”。

8 电气设备及线路必须进行安全检查，闸刀箱上锁，电器设备安装漏电保护器。

9 作业人员必须配备完善的防护用具，如：安全帽、安全带、护目镜、手套等。高空作业应挂好安全带。

10 施工操作面使用的工具不得乱放，随时放入工具盒或工具袋内，防止滑出伤人。

11 雨天、霜天、雪天、大风等天气不宜进行作业。

12.10.3 安全管理预案

必须针对工程实际编写以下预案：
《预防火灾紧急预案》；
《预防漏电伤害紧急预案》。

12.11 环保措施

12.11.1 现场环境保护管理必须执行以下规范

《建设工程施工现场环境与卫生标准》JGJ 146。

12.11.2 环境保护措施

1 施工用设备用具清洗清洁工作在指定地面进行，污水经沉淀处理方可排放。

2 清洗墙面作业时对外架进行封闭操作。

3 建筑垃圾处理措施有：建筑垃圾采用容器运输分类，分区密闭堆放，并由有资质的清运公司处理。

12.11.3 现场文明施工管理

1 按照文明工地验收标准，制定文明施工措施并有效执行。

2 文明施工的主要措施内容包括：

(1) 完善施工及安全防护设施，完善各类标志及标识。

(2) 合理调整现场布局，定时清洁、清理现场。

(3) 持续改进施工人员现场服务设施。

(4) 定期开展员工文明施工行为教育和文化娱乐活动。

12.11.4 效益分析

本工法所用材料为传统建筑材料，市场价格便宜，易于采购。操作工艺在传统工艺基础上做了改进，在缝路刻划工序上有所创新。本工法中的创新工艺可弥补前道工序的质量缺陷，使观感臻于完美。不影响工作效率，不破坏周围环境，无污染，无噪声，不影响周边居民的生活和学习。

12.12 应用实例

本工法在陕西省沣峪口村中国长安文化山庄和河南西峡县旅游服务综合体建设工程中重点应用，青砖丝缝墙的应用不但提升了整个建筑的等级地位，也符合传统四合院的形制，结合地域文化，突出了四合院的历史、文化、格局、风水、构造等特点。施工中按照传统的营造工艺和技术，精雕细凿，打造了一个完美的现代精品。

13 水泥砂浆基层滑秸泥墙面抹灰施工工法

陕西古建园林建设有限公司
俱军鹏　贾华勇　吕庆安　周　明　贺黎哲

13.1 前言

滑秸泥墙面抹灰是我国较为常见的一种传统民居墙面抹灰工艺，部分官式建筑墙面也采用此工艺，其特点是就地取材，隔热性能好，干燥状态下强度高，操作简单，但是这种抹灰面受雨雪侵蚀或受潮湿后，强度易降低或脱落。随着社会经济的快速发展和人民生活水平的提高，这一工艺已经被现代化的新材料新工艺取代。在新农村建设中，特别是一些古镇、古村落及特色小镇，需要还原历史风貌、弘扬传统建筑文化，这些传统工艺与现代工艺相结合，便有了广阔的发展空间。

13.2 工法特点

本工艺是基于采用现代水泥砂浆基层墙面上的滑秸泥抹灰。原始的传统工艺上滑秸泥抹灰通常是因为家境贫穷，一般采用夯土土坯砖代替烧结砖作为砌筑墙体，然后使用滑秸泥抹灰做外墙。这样的墙体内外材料性质基本一致，在下雨时吸水性能较好，储水量较大，在天晴后水分自然蒸发，土体恢复强度。但其缺点在于耐久性差，需要常年维护，外立面滑秸泥抹灰耐水性不高，遇到雨雪或连阴雨时极易由于土墙含水率过高导致整体失去强度造成垮塌。因而在现代工艺上为了保证耐久性和抗震能力，采用了烧结砖作为砌筑材料，然后使用水泥砂浆刮糙增强其整体性和表面粘结能力，但是由于水泥砂浆基层的耐久性更高但吸水性较差，潮湿环境下极易由于水分饱和造成局部甚至整体失去强度和粘附力而下滑或脱落，面层耐久性差。本工法通过对传统滑秸泥抹灰工艺进行改进，使之耐水性获得极大提升，对雨水侵蚀形成较高的抵抗性能，全面提升建筑外立面的耐久性。同时，解决了滑秸泥抹灰面层由于泥灰自然干缩造成的表面开裂对外立面观感质量下降的不利影响。

13.3 适用范围

本工法适用于传统民居修复工程采用水泥砂浆基层的内外墙面层抹灰。

13.4 工艺原理

本工法以优质黄土为基料，用水闷制成黄泥，加入 50～80mm 长度经过石灰水浸泡过的麦秸秆，也可加入麦壳或稻壳，经人工拌合再次闷制 5～7d，最终形成胶质化的滑秸泥。在抹灰上墙前，按照 1∶1 体积比加入白水泥及胶质材料再次进行搅拌。该工艺中对于麦秸秆的长度控制的目的在于防止较长的麦秸秆在搅拌时发生盘结，抹灰后形成表面突出，同时也避免麦秸秆过短失去面层拉结性能。使用石灰水浸泡是为了消除麦秸秆的硬脆性，因为当前使用的麦秸秆均为机械收割脱壳而成的，与传统工艺上采用的人工收割、碾场脱壳的麦秸秆相比，其杆体过硬，抹灰后翘曲现象较为严重，对施工造成了一些不利影响。加入白水泥可以在很大程度上增强滑秸泥面层与水泥砂浆基层的粘结性能，同时对于雨水的冲刷可以形成较高的抵御性能，对建筑外立面装饰效果的耐久性能提升具有非常重要的作用。

13.5 工艺流程及操作要点

13.5.1 施工工艺流程

施工工艺流程见图 13-1。

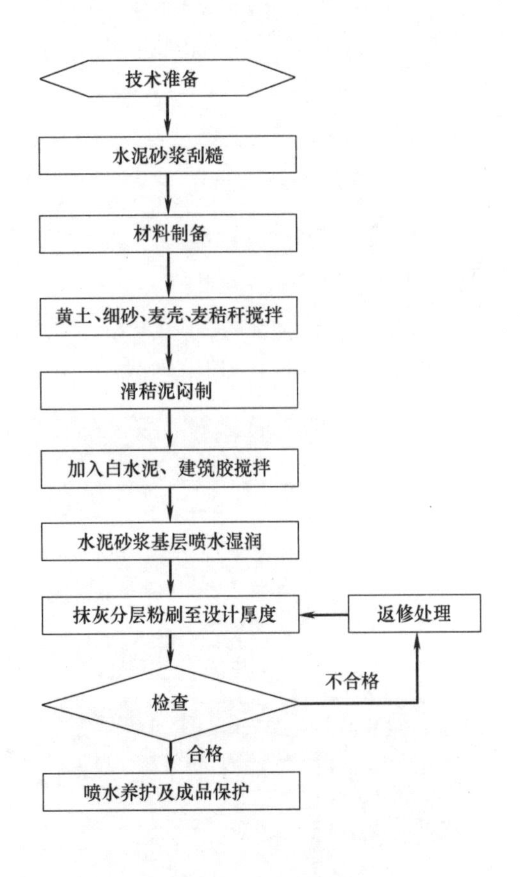

图 13-1 施工工艺流程图

13.5.2 操作要点

1 技术准备

成立技术攻关小组，落实样板先行制度，对施工所用的黄土、白灰及细砂的配合比进行试验研究，选定表面观感质量与传统做法最为接近的配合比，随后对建筑用胶的使用比例进行试验，确定防水性能与表观质量最优化的使用比例，并制作不同比例配方的样板进行比对，选取其中观感质量、颜色与设计要求的建筑效果最为接近的作为随后施工的配合比方案。样板制作成功后总结工艺经验，形成作业指导书和施工方案，对具体的管理人员和施工操作人员进行技术交底，明确分工和职责，保证方案的落实。

2 水泥砂浆刮糙

施工所用水泥、砂、水等材料应符合

规范要求，水泥砂浆刮糙前应打灰饼确定抹灰厚度，对砖墙表面适当喷水湿润，1∶4 水泥砂浆，强度不宜过高，施工完成表面应拉粗毛以利于下一步施工。

3 材料制备

（1）黄土应采用施工所在地就地挖取的黄土作为胶泥制备来源，当地黄土质量较差时可外购，所采用的黄土含砂量不得大于 15%，含砂最大粒径不超过 1mm，且不得夹杂任何杂物，不得采用耕植土，宜采用较深地层黄土，黄土的色泽应均匀一致，宜采用同一地区地层黄土。使用前对黄土过筛，去除外来杂质和较大的黄土颗粒（图 13-2），避免闷制时水分不能完全浸透造成施工不便，闷制时间不少于 2d。

（2）细砂一般采用河砂，过筛后使用（图 13-3），筛选粒径应结合当地取材环境、建筑设计要求并以不影响施工情况进行选择。

图 13-2 黄土过筛

图 13-3 细砂过筛

（3）施工用麦壳应采用当年产小麦壳，宜采用干燥麦壳，受潮发霉的麦壳不得使用，使用前预浸泡 2～3h。

（4）麦秸秆长度控制在 50～80mm，过长的麦秸秆搅拌较为困难，易缠绕结节导致搅拌不均，过短的麦秸秆拉结作用过低对表面开裂的改善作用不明显（图 13-4）。

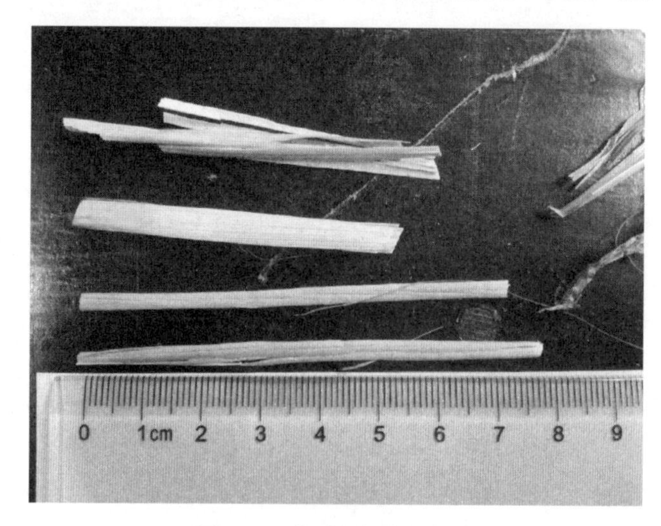

图 13-4 麦秸秆长度取样控

4　黄土、细砂、麦壳或麦秸秆搅拌

搅拌投料顺序为黄土、水、细砂、麦壳或麦秸秆，其中黄土、水、细砂、麦壳、麦秸秆投料比例为24∶12∶8∶1∶1，施工用水量根据黄土、细砂的含水量现场确定，搅拌时间不少于4min，并应确定搅拌完成后的滑秸泥均匀一致，呈胶泥状。

5　滑秸泥闷制

滑秸泥的闷制时间不应少于2d，根据施工时的气温条件及土壤特性，建议闷制时间为3d，保证闷制后的滑秸泥性状达到胶质化，该状态下的滑秸泥黏性较高，抹灰上墙后表面裂缝较轻，对于观感质量的控制非常重要（图13-5）。

图13-5　滑秸泥半成品

6　加入白水泥、建筑胶搅拌

（1）按照滑秸泥、白水泥与建筑胶水5∶2质量比加入适当胶水（聚乙烯醇配制而成）进行充分搅拌，根据滑秸泥含水量进行适当加水。该步骤中对于白水泥、胶水的用量在样板制作过程中进行多次配合试验调整确定，使其干燥硬化后不仅强度达到要求，同时对外墙面抹灰后的颜色观感也要达到要求。

（2）掺量过多的白水泥会导致颜色太浅，失去黄土本色，而掺量过少的白水泥，灰泥硬化后强度不够，容易受潮造成破坏。建筑胶用量过多会导致墙面过度整体化，造成表面泛光，过少则会导致耐水性差、表面泥浆脱落，造成观感质量下降。

（3）按照该比例施工完成的墙面经雨水冲刷后会露出部分麦秸秆、麦壳，而不至于严重脱落，使其表面观感效果符合“修旧如旧”的修复原则，以符合设计的建筑年代特征。

7　水泥砂浆基层喷水湿润

抹灰前对水泥砂浆基层喷水湿润，以表面完全见水且无明水为准，气温较高时可适当增加用水量，施工中注意补充喷水，避免基层过分干燥或过分潮湿，使滑秸泥与基层粘结不牢导致鼓起脱落。

8　分层抹灰至设计厚度

图13-6　分层作业

（1）根据设计厚度分层抹灰（图13-6），第一层抹灰厚度以10mm为宜，第二层以5～7mm为宜，抹灰总厚度不宜超过 30mm。

（2）面层抹灰完成后应根据气温情况进行晾晒保护，当气温较高时，对表面应用塑料薄膜进行遮盖，以避免水蒸发过快产生裂纹。

（3）每次进行上层抹灰作业前对较干燥的表层喷水保湿，以保证各层粘结性（图 13-7）。

图 13-7　抹灰前喷水

9　质量检查

（1）对以上各步骤均应进行质量初步控制，抹灰上墙后对墙面的平整度，表面观感质量，麦壳、麦秸秆分布应当基本均匀，不应出现风团、划痕状聚集。

（2）同一分层同一区域的滑秸泥应采用同一批次原料一次制备完成，避免不同批次原料差异或拌合过程中变量差异导致最终完成的表面颜色或观感不一致问题发生。

（3）发现有质量缺陷进行剔补时应采用同一盘原料进行刮补，不得自行人工拌合刮补，必要时对整片区域重新抹灰，以保证观感效果。

（4）各搅拌步骤搅拌时间不少于 4min，必须搅拌均匀，以免抹灰后遇雨水出现刮痕。

10　喷水养护及成品保护

（1）抹灰完成后应对表面层进行喷水养护，拉近表面层和内层的含水量，使滑秸泥墙面整体湿度均匀下降，气温过高时采取遮盖措施，避免由于内外部湿度不均造成表面龟裂。适量喷水可以洗掉附着不牢的表面泥浆，露出部分麦秸秆和麦壳，有利于形成历史感的观感效果。

（2）同时因为黄土的作用导致墙面抹灰层强度上升较为缓慢，应当采取足够的措施避免碰撞、刮蹭等对墙面表层造成破坏，一旦发生破坏其修补就要对整面进行返修，否则易形成局部疮疤，影响观感质量。

13.6　材料与设备

13.6.1　主要材料

黄土、砂、麦秸秆、白水泥、聚乙烯醇、钢管、扣件、墨线等。

13.6.2 施工设备机具

铁锹、钉耙、铁镐、水平尺、吊线锤、靠尺、铡刀等。

13.7 质量控制

13.7.1 施工验收标准

1 工程的施工及质量验收，除应达到本工法规定要求外，还必须满足以下规范要求：

《建筑工程施工质量验收统一标准》GB 50300；

《建筑装饰装修工程质量验收规范》GB 50210；

《古建筑修建工程施工与质量验收规范》JGJ 159；

《建筑施工扣件式钢管脚手架安全技术规范》JGJ 130。

2 主控项目

(1) 麦秸秆长度控制在50～80mm。

(2) 各步骤中的闷制时间必须达到，工艺间隔不可忽视。

(3) 拌合配合比严格控制。

3 一般项目

抹灰完成后应及时进行成品保护，避免造成人为损坏。

13.7.2 质量技术措施和管理方法

1 严格按照ISO 9001标准要求，建立完善的现场质量管理体系，并进行有效的运行。

2 加强与设计单位联系和配合，深刻领会设计意图。

3 根据本工法和审定的施工方案，现场制作样品墙，对照样品墙和施工图纸等，对相关的管理人员和所有的操作人员进行全面细致的技术交底。

4 对于本工法涉及的测量仪器和检测工具，应按规定进行法定计量鉴定。

5 对制作好的样品墙要注意成品保护，防止碰撞发生导致损坏。

6 由专职的质检员随时进行跟班检查。同时，操作班组之间认真做好自检和工序交接检。

13.8 安全措施

13.8.1 现场安全管理必须执行以下规范

《建筑施工安全检查标准》JGJ 59；

《建筑施工扣件式钢管脚手架安全技术规范》JGJ 130；

《施工现场临时用电安全技术规范》JGJ 46。

13.8.2 安全管理措施

1 机械设备使用前应进行检查维修，严禁设备带故障运行。

2 工作进行前仔细检查作业面的安全状况，采取相应的防坠措施。

3 施工现场安全管理、文明施工、脚手架、“三宝四口”防护、施工用电等有关要求遵照《建筑施工安全检查标准》JGJ 59 中的规定。防止人员伤亡事故发生。

4 安全施工应由项目经理领导和安排，专业工长对作业人员进行安全教育、下发安全技术交底，专职安全员负责每日的现场检查，确保施工安全措施到位。

5 编制相应施工方案，严格按规定审批执行。

6 施工临时用电采用三相五线制，TN-S 接零保护系统，执行三级配电、两级保护，做到“一机、一闸、一漏、一箱”。

7 脚手架搭设应符合要求，按规定设护身栏杆，挂好安全网，要满铺架板并固定好，做好防雷接地处理，并进行验收控制。在使用过程中进行每日巡查，保证使用安全。

8 电气设备及线路应进行安全检查，闸刀箱上锁，电器设备安装漏电保护器。

9 作业人员应配备完善的防护用具，如：安全帽、安全带等。高空作业挂好安全带。

10 施工操作面使用的工具不得乱放，随时放入工具盒或工具袋内，防止滑出伤人。

11 雨天、霜天、雪天、大风等天气不宜进行作业。

13.8.3 安全管理预案

应针对工程实际编写以下预案：

《预防火灾紧急预案》《预防漏电伤害紧急预案》《预防支撑脚手架坍塌紧急预案》等。

13.9 环保措施

13.9.1 现场环境保护管理必须执行以下规范：

《建设工程施工现场环境与卫生标准》JGJ 146。

13.9.2 环境保护措施

1 施工用设备用具清洗清洁工作在指定地面进行，污水经沉淀处理方可排放。

2 黄土筛选及堆放区采取有效的遮盖措施，避免大风扬尘造成空气污染。

3 建筑垃圾处理措施有：建筑垃圾采用容器运输分类，分区密闭堆放，并由有资质的清运公司处理。

13.9.3 现场文明施工管理

1 按照文明工地验收标准，制定文明施工措施并有效执行。

2 文明施工的主要措施内容包括：

（1）完善施工及安全防护设施，完善各类标志及标识。

(2) 合理调整现场布局，定时清洁、清理现场。
(3) 持续改进施工人员现场服务设施。
(4) 定期开展员工文明施工行为教育和文化娱乐活动。

13.10 效益分析

本工法施工流程简单易操作，黄土可就地取材，其余材料均可在附近采购获得，减少大量运输及材料成本，生产过程中无垃圾废弃物产出，无噪声，无污染，不影响周围居民的生活。

13.11 工程实例

本工法应用于渭南市富平县淡村镇中和村习仲勋故居修复项目、汉中诸葛古镇项目、周原国际考古研究基地项目。

屋 面

14 仿古建筑唐式瓦屋面施工工法

陕西建工第七建设集团有限公司
吕俊杰 王瑞良 秋俊辉 张 鹏 雷亚军

14.1 前言

仿古建筑屋面独具外观特色，曲线柔和，绚丽多姿，雄伟壮观，对体现整个建筑的特征和特性有着画龙点睛的作用。施工企业结合多年的经验总结提出《仿古建筑唐式瓦屋面施工工法》，通过应用该工法为钢筋混凝土仿古建筑屋面施工提供了一套科学的思路和方法。

14.2 工法特点

14.2.1 苫背采用焦渣背，具有强度高、容重轻、易操作、易干透等优点，有效地避免了泥背容易生长植被，形成瓦口阻水和防水层破坏引起渗漏的质量通病。
14.2.2 宽瓦浆采用混合砂浆，既要粘得牢，干得快，易操作，又用手揭得下，易于后期维修。
14.2.3 底瓦的大头朝上，端头设有挂灰带，既可防止局部瓦片破损漏雨，又增大了与基层粘结面积，再加上“背瓦翅”粘结灰的阻力，有效阻止了瓦件下滑。
14.2.4 瓦件采用“压四露六或压五露五”的搭接法，既节约材料，又保证了防水质量和结构安全，加快了施工进度。
14.2.5 通过对本工法的实施，在施工中便于操作和质量控制，有效地指导了屋面瓦作业。

14.3 适用范围

本工法适用于钢筋混凝土仿古建筑唐式瓦屋面的施工。对于其他仿古建筑瓦屋面的施工有一定的参考价值。

14.4 工艺原理

仿古建筑屋面是由不同的坡向曲面形成的，通过分中号垄、赶排瓦口、瓦垄拴线、冲垄、开线等方法，使不同瓦件铺放的纵横、上下、先后位置明确，方便了操作，易于控制，达到粘贴牢固，排列整齐，曲面线条流畅、柔和，美妙可观的屋面。

14.5 工艺流程及操作要点

14.5.1 工艺流程

如图 14-1 所示。

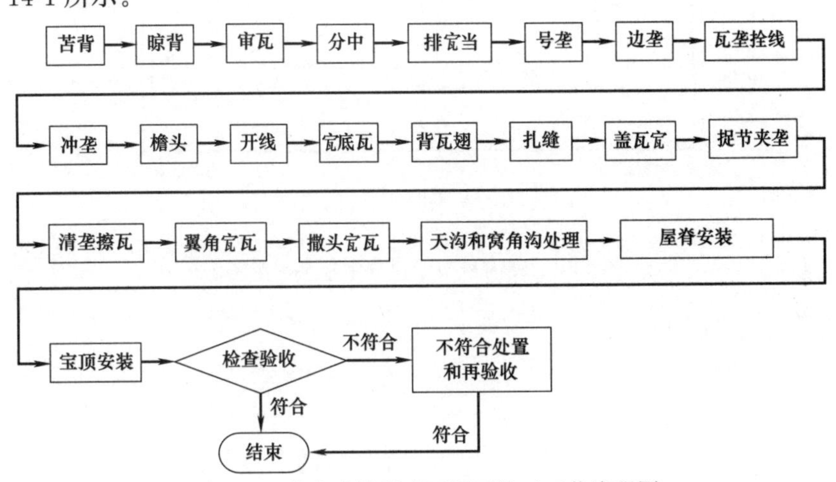

图 14-1 仿古建筑唐式瓦屋面施工工艺流程图

14.5.2 操作要点

1 苫背：在坡屋顶防水、保温后铺筑保护找坡的施工过程叫“苫背”。对于防水、保温施工按相应的标准施工即可。

苫背采用焦渣背，具有强度高、容重轻、易操作、易干透等优点，有效地避免了泥背容易生长植被，形成瓦口阻水和防水层破坏等现象。焦渣背配合比为水泥：白灰：炉渣＝1：2：7，应控制炉渣粒径，不得大于 10mm，白灰应熟透，并进行闷灰不少于 48h，随用随加水泥进行二次搅拌均匀。苫背应确保屋面坡面的囊势一致。

2 晾背：“晾背”是指等灰背晾干，如果灰背不干就宧瓦，则水分太多不易蒸发掉，会引起檐口淌白等质量通病。晾背初期要保湿养护 5～7d，防止水分蒸发太快出现裂缝，待全部干透后（视天气情况要月余以上），才能开始宧瓦。

3 审瓦：在宧瓦之前应对瓦件逐件逐块检查，这道工序叫“审瓦”，尤其是筒、板瓦更应严格检查分类。瓦件的挑选以敲之其声清脆，不破不裂，没有残破者为上品；敲之“啪啦”之声即为次品。外观应无明显曲扭、变形、无粘疤、掉釉等缺陷。

4 分中：

(1) 硬山、悬山屋面见图 14-2。在前后檐头找出整个房屋的横向中点，也就是中心两正椽空档中心，并做出标记，这个中点就是屋顶中间一趟底瓦的中点（注意底瓦不是筒瓦），称为“底瓦坐中”。然后从两山博缝外皮位置返两个瓦口宽度，并做出标记。瓦口宽度的确定：底瓦应按正当沟长加灰缝定瓦口尺寸；筒瓦按走水当略大于 1/2 底瓦宽定。确定了这两个瓦口的位置，也就固定了两垄边垄底瓦的位置。

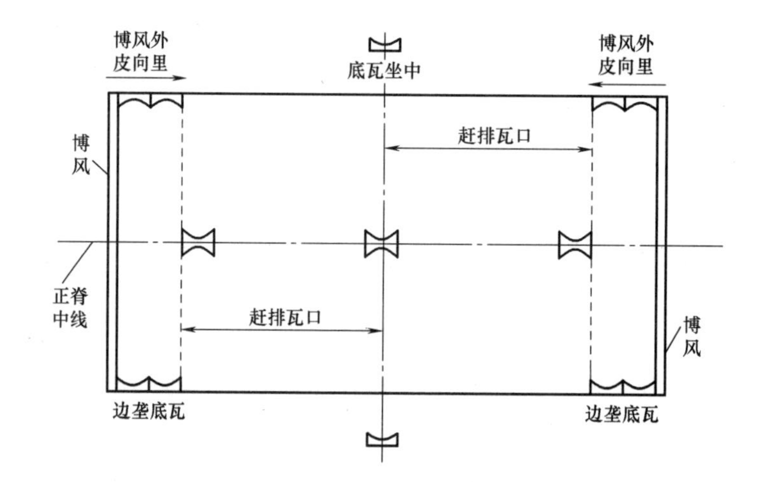

图 14-2　硬山悬山屋顶分中号垄示意图

（2）庑殿屋面见图 14-3。

1）前后坡分中号垄方法

① 找出正脊长度方向的横向中心点。

② 从正脊尽端往里返两个瓦口并找出第二个瓦口的中心点。

③ 将这三个中点平移到前、后坡檐头并按中心点在每坡画出五个瓦口位置线。

④ 在确定了的瓦口之间赶排瓦当，并画出瓦口位置线。

⑤ 将各垄筒瓦中点号在正脊灰背上。

2）撒头分中号垄方法

① 找出正脊中线，并在撒头灰背上画出标记，这条中线就是撒头中间一趟底瓦的中心线。

② 以此中线为中心，放三个瓦口，找出另外两个瓦口的中点，然后将这三个中点号在灰背上。

③ 将这三个中点平移到连檐上，按中点画出三个瓦口。

④ 庑殿撒头先设一垄底瓦和两垄筒瓦，在分中的同时，应将瓦当排好并在脊上号出标记，前后坡和两撒头的 12 道中线成为庑殿屋面各项工作的基准。

3）翼角部分作法：翼角不分中，在前后和撒头画出的瓦口与连檐合角处之间赶排瓦当。应注意前后坡与撒头相交处的两个瓦口应比其他瓦口短 2/10～3/10，否则勾头可能压不住割角滴水瓦的瓦翅。

（3）歇山屋面见图 14-4。

1）歇山前后坡分中号垄方法

① 在屋面正脊部位找出屋顶正中心，此点即为坐中底瓦的中点。

② 两端从博缝外皮往里返活，找出两个瓦口的位置和第二块瓦口的中点，这个中点就是边垄底瓦中。

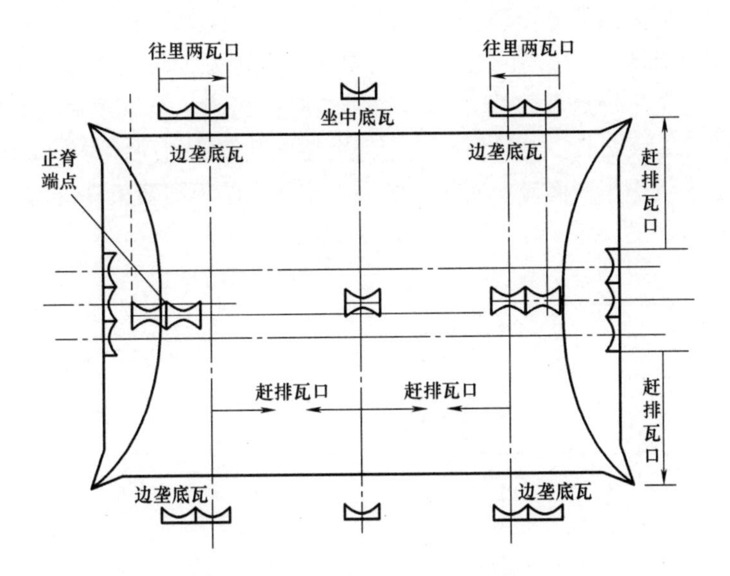

图 14-3 庑殿屋顶分中号垄示意图

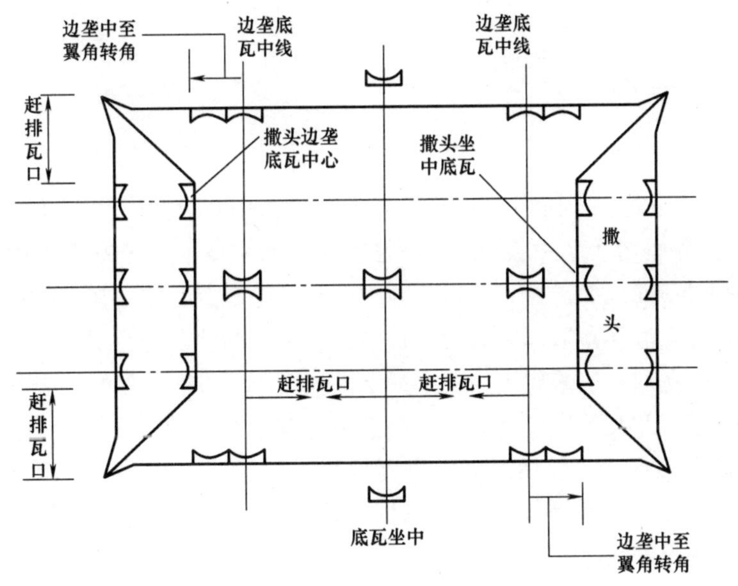

图 14-4 歇山屋顶分中号垄示意图

③ 将上述三个中点号在脊部灰背上。

④ 将这三个中点平移至檐头连檐上并画出五个瓦口。

⑤ 在钉好的瓦口间赶排瓦当。

2）撒头分中号垄方法

① 按照前后坡檐头边垄中点至翼角转角处的距离，各撒头量出撒头部位边垄中。

② 撒头正中即为撒头坐中底瓦中。

③ 按照这三个中，画出三个瓦口。

④ 在这三个瓦口之间赶排瓦当。

⑤ 将各垄筒瓦中平移到上端，并在灰背上号出标记。

翼角部分同庑殿翼角部分作法。

(4) 攒尖屋面见图 14-5、图 14-6：攒尖屋面，无论是四坡、六坡还是八坡等，每坡均只分一道中，这个中即底瓦之中，然后往两端赶排瓦当，至翼角端头时的最后一个瓦口，其长度应为 2/3 瓦口长。赶排时，切记每个坡面瓦垄数相同。对于圆形攒尖屋面应以正对室外台阶面中线作为屋面坐中底瓦的中心，然后沿圆周向两边赶排瓦口即可。

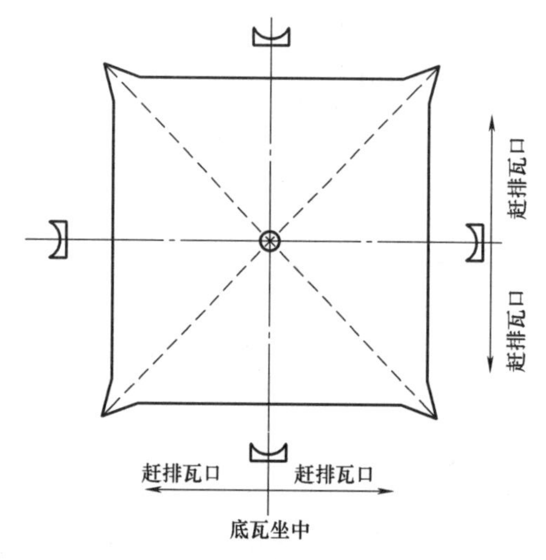

图 14-5　四坡攒尖屋顶分中号垄示意图

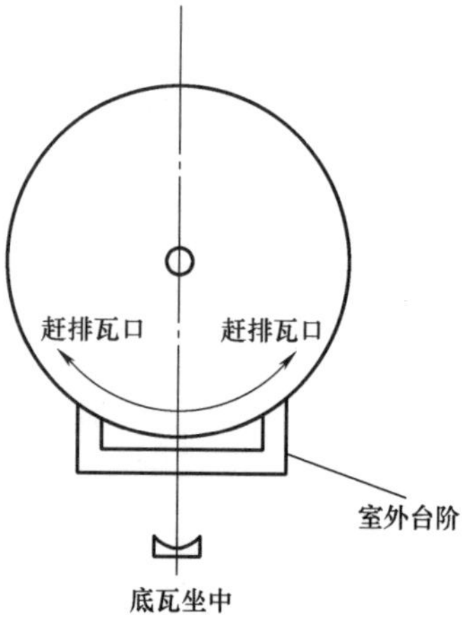

图 14-6　圆形攒尖屋顶分中号垄示意图

5　排瓦当：在已确定的中间一趟底瓦和两端瓦口之间赶排瓦口，并将瓦口画在连檐上。

6　号垄：将各垄筒瓦（注意是筒瓦不是底瓦）的中点平移至屋脊灰背上，并做出标记。在排瓦当和号垄时，要注意“龙口”线为底瓦的中心点，然后在中心点之间根据瓦样瓦口赶排瓦口尺寸，底瓦垄数以单数为准，但瓦口可以调整，先经试排后，如果最后一垄不是一垄或大于一垄时，应采用平均缩小或增大蛐蜒当的方法；但蛐蜒当不得调整得过大或过小，如过大了，筒瓦的压槎就太少，易造成渗漏，如调得过小了，易造成底瓦过水。垄太小，影响排水不畅。一般情况应根据瓦样尺寸，严格控制在二至四指宽，约为 4～8mm 为宜。其能保证筒瓦的囊垄砂浆与蛐蜒当砂浆有足够的接触粘结面，又能保证筒瓦翅的压槎宽度，确保睁眼缝。

7　边垄：在每坡两端边垄位置栓线、铺灰，各宽两趟底瓦，一趟筒瓦。悬山、歇山同时宽好排山勾滴，两端的边垄宽应平行，囊势（瓦垄的曲线）要一致，边垄囊要随层顶囊。好边垄后应调垂脊，调完垂脊后再瓦。

8　瓦垄拴线：以两端边垄筒瓦垄上的“熊背”为标准，在正脊、中腰、檐口等位置拴三道横线，作为整个屋顶瓦基的高度标准。脊上的叫“齐头线”或“上齐头线”，中腰的叫“楞线”或“腰线”，檐口的叫“檐口线”，或“下齐头线”。如果屋坡很长不好掌握还可多拉几条楞线进行控制。

9　冲垄：冲垄是在大面积瓦宽之前先宽几垄瓦，“边垄”也可以看成是在屋面的两侧冲垄。边垄“冲”好以后，按照边垄的曲线（囊势）在屋面的中间将三趟底瓦和两趟筒瓦好。如果宽瓦的人员较多，可以再分段冲垄，这些瓦垄都必须以拴好的“齐头线”、“楞线”和“檐口线”为标准。

10 檐头：拴线铺灰，将檐头滴水瓦和勾头宽好，滴水瓦出檐最多不应超过本身长度的一半，一般在60～100mm之间，挑出过多会使后尾压不稳，挑出太少，雨水污染连檐面及椽头油漆面，宜超出椽头20mm为最佳。在两端边端边垄滴水瓦下棱位置拴一条横线，每垄滴水瓦出檐和高低都要以此为准。勾头出檐为瓦头“烧饼盖”的厚度，勾头要紧靠滴水，勾头的高低以檐线为准。

滴水瓦蛐蜒当，勾头之下，应放一块遮心瓦（可以用瓦条代替）。遮心瓦的作用是以免仰视能看见勾头里的筒瓦灰。然后用钉子从勾头的圆洞上嵌入底灰内，以防止瓦垄的下滑。钉子上扣钉帽，内用聚合物砂浆塞密实。

11 开线：先在齐头线、楞线和檐线上各拴一根短铅丝（叫作“吊鱼”），“吊鱼”的长度根据线到边垄底瓦翅的距离定，然后“开线”：按照排好的瓦当和脊上号好垄的标记把线的一端固定在脊上。其高低以脊部齐头线为标准。另一端拴一块瓦，吊在房檐下叫“瓦刀线”（一般用帘绳或“三股绳”）。瓦刀线的高低应以“吊鱼”的底棱为准，如瓦刀线的囊与边垄的囊不一致时，可在瓦刀线的适当位置绑上几个钉子来进行调整。底瓦的瓦刀线应拴在瓦的左侧（瓦筒瓦时应拴在右侧）。

12 底瓦：拴好瓦刀线后即可铺筑瓦灰浆安放底瓦，铺灰厚度一般为30mm左右，依据线高进行增减。瓦工作应在两个坡面上对称同时进行，防止偏向受压。底瓦应窄头朝下，压住滴水瓦，然后以下往上依次叠放。现在瓦件的生产完全是机械化自动生产线，瓦件的密实性很好，强度很高，耐冲击，并且瓦件的规格、品种形状均已改良，如底瓦后尾已加挂灰带，压槎越多，对板瓦底面与砂浆的实际粘结面越少，更易造成瓦垄下滑的隐患，可根据实际情况，采用“压四露六或压五露五”，减少了底瓦的耗用量，减轻了屋顶的荷载，又加大了底瓦对砂浆的实际接触面，能粘得更牢固，可解决瓦面下滑的隐患。而檐头部分的瓦可适当少搭点，脊根部位的瓦可多搭点，既能解决瓦垄坍鼻梁的通病，又能防止檐头底瓦倒泛水的隐患。

底瓦灰应饱满，瓦要摆正，不得偏歪。底瓦垄的高低和顺直应以“瓦刀线”为准。每块底瓦的“瓦翅”宽头的上棱都要贴近瓦刀线，宽瓦时还应注意“喝风”（即指因摆得不正而造成合缝不严），避免“不合蔓”（即指因瓦的弧度不一致所造成合缝不严），明显不合蔓的瓦应及时选换。

13 背瓦翅：摆好底瓦以后要将底瓦两侧的灰浆顺瓦翅用瓦刀抹齐，不足之处要用灰浆补齐，“背瓦翅”一定要将灰“背”足，拍实。

14 扎缝：“背”完瓦翅后，要在底瓦垄之间的缝隙处（称作“蛐蜒当”）用聚合物砂浆塞严塞密，这一过程叫作“扎缝”，扎缝灰应能盖住两边底瓦垄的瓦翅。

15 筒瓦：按楞线到边垄筒瓦瓦翅的距离调好“吊鱼”的长短，然后以吊鱼为高低标准“开线”。瓦刀线两端以排好的筒瓦为准。筒瓦的瓦刀线应拴在瓦垄的右侧，筒瓦灰应比底瓦灰稍硬，筒瓦不要紧挨底瓦，它们之间的“睁眼”大小不小于筒瓦高的1/3。筒瓦要抹“熊头灰”（或“节子灰”），熊头灰应根据琉璃瓦掺色，熊头灰一定要抹足挤严。每块瓦的高低各顺直要“大瓦跟线，小瓦跟中”。即一般瓦要按瓦刀线，个别规格稍小的瓦以瓦垄为准，不能出现一侧齐、一侧不齐的现象。

16 捉节夹垄：将瓦垄清扫干净后用素灰（掺颜色）在筒瓦相接的地方勾抹，这项工作叫“捉节”，然后用夹垄灰（掺色）将睁眼抹平，叫“夹垄”。夹垄应分糙细两次夹，操作时要用瓦刀把灰塞严拍实，上口与瓦翅棱抹平，瓦翅一定要“背”严，不得开裂、翘边，不得高出瓦翅，否则很容易开裂造成渗水。

17 清垄擦瓦：在瓦过程中，随手将瓦垄内清扫干净，瓦面应擦净擦亮。

18 翼角瓦：翼角瓦应从翼角端开始，叫作“攒角”。在角梁头铺两块割角滴水宽瓦，两块滴水瓦上放一块遮心瓦，然后铺灰勾头瓦。

“攒角”完了以后，开始翼角宼瓦。先以勾头上口正中，至前后坡边垄交点上口，拴一道线，是两坡翼角瓦相交点的连线，也是翼角瓦用的瓦刀线的高低标准。由于翼角向上方翘起，所以翼角底、筒瓦都不能水平放置，越靠近角梁就越不平。除边垄应与前后坡及撒头边垄同高度，其余应随屋架逐垄高起。

19 撒头瓦：同前后坡瓦方法，但应注意瓦垄应瓦过博脊位置。

20 天沟和窝角沟的处理：两座瓦房相接形成“勾连搭”时，交接处称为天沟（俗称“枣核沟”）。在刨厦处存在这样的屋面。天沟处的勾头瓦改为“镜面勾头”，滴水应改为“正房檐”，“正房檐”之间的底部（俗称“燕窝”）要用灰浆堵严。

窝角沟指转角房的阴角部位，此处滴水瓦应改作“斜房檐”，勾头瓦应改作“羊蹄勾头”。窝角沟部位的底瓦应改作“勾筒”（又叫“水沟”）。

21 屋脊安装：屋脊安装采用压肩法，按水平线先粘贴当沟片，一定要砂浆饱满，粘贴牢固，把瓦垄端头部压严压实，然后粘贴脊片瓦，采用 1：1 加胶水泥砂浆粘贴，严禁用瓦砂浆粘贴。脊盖瓦坐浆要饱满，顶头缝砂浆要挤严。

按照定位线，安装鸱尾及宝顶等大型箱体。鸱尾及宝顶内用型钢作构造柱，焊在脊背的预埋铁件上即可。先根据柱位，把箱体的底面开孔，再把箱体上提后放下的方法逐层安装，并应在空腔内浇灌 1/3 高的轻质混凝土固定箱位，决不能灌满，以防高温撑裂箱体。

22 宝顶安装：宝顶应用于攒尖屋顶。若宝顶为金属制品，中间设钢筋混凝土雷公柱，宝顶分层制作安装，并与雷公柱之间连接固定结实，内填轻骨料，要注意防水封缝和防雷连接；若为陶质制品，中间设 ϕ20 钢筋（或∟50×5 角钢）兼避雷针，宝顶分层用铜丝与竖筋拴牢，然后用细石混凝土进行填充，最顶一层不得填实，应留有 50～80mm 空隙，并设漏水孔，以防浸湿冻胀裂破。

14.5.3 劳动力组织

苫背劳动组织按技工：普工＝1：2 组合，确保囊势、坡度、厚度、平整度有配合，有监督、检查、修正。瓦劳动组织按技工：普工＝1：3 组合，包含了运送砂浆、传递瓦件等。捉节夹垄、清垄擦瓦应按技工：普工＝1：1，二人一小组进行作业。

14.6 材料与设备

14.6.1 材料

瓦件为唐式风格，底瓦为宽窄头，宽头底部设有挂灰瓦带。

宼瓦的砂浆采用混合砂浆，配合比为水泥：白灰：砂子＝1：1：4，满足了既要粘得牢，干得快，易操作，又要用手揭得下，易于后期维修。

14.6.2 机具设备

1 施工机械：施工现场水平、垂直运输，物料拌合，视具体条件配置。

2 工具用具：电动砂轮、切割机、手电钻、电动圆盘锯、瓦刀、灰桶、线坠、膜斗、铁抹子、水桶、喷壶、锹、扁錾子、钉锤、橡皮榔头等。

3 检测设备：方尺、铝合金水平尺、楔形塞尺、小线锤、样尺、靠尺、2m钢卷尺。

14.7 质量控制

14.7.1 施工验收标准

1 施工过程必须满足以下规范要求：

《建筑工程施工质量验收统一标准》GB 50300；

《混凝土结构工程施工质量验收规范》GB 50204；

《坡屋面工程技术规范》GB 50693；

《屋面工程质量验收规范》GB 50207；

《屋面工程技术规范》GB 50345；

《古建筑修建工程施工与质量验收规范》JGJ 159

2 主控项目：

(1) 屋面不得出现漏水现象。

检验方法：雨后或淋水检验。

(2) 瓦的规格、品种、质量等必须符合设计要求。

检验方法：观察检查和检查出厂合格证或质量检验报告。

(3) 苫背垫层的材料品种、质量、配比及分层作法等必须符合设计要求或古建常规作法，苫背垫层必须坚实，不得有明显开裂。

检验方法：检查出厂合格证、质量检验报告、计量措施和现场抽样复验报告。

(4) 宼瓦砂浆的材料品种、质量、配比等必须符合要求。

检验方法：检查出厂合格证、质量检验报告、计量措施和现场抽样复验报告。

(5) 屋面不得有破碎瓦、瓦底不得有裂缝隐残；底瓦的搭接密度必须符合要求，瓦垄必须笼罩。

检验方法：现场观察检查。

(6) 屋脊的位置、造型、尺度及分层作法必须符合设计要求或古建常规作法，瓦垄必须伸进屋脊内。

检验方法：现场观察检查和尺量复查。

(7) 屋脊之间或屋脊与山花板、围脊板等交接部位必须严实，严禁出现裂缝、存水现象。

检验方法：观察检查。

(8) 瓦件必须铺置牢固。地震设防地区或坡度大于50%的屋面，应采取固定加强措施。

检验方法：观察和手扳检查。

3 一般项目

(1) 瓦垄应符合以下规定：分中号垄准确，瓦垄直顺，屋面曲线适宜。

检验方法：观察拉线，尺量检查。

(2) 滴水瓦应符合以下规定：安装牢固，接缝平整、无缝隙，退雀台（连檐上退进的部分）适宜、均匀。

检验方法：拉线，尺量检查。

(3) 宽瓦应符合以下规定：底瓦平摆宽，不偏歪宽底瓦间缝隙不应过大；檐头底瓦无坡度过缓现象，瓦灰浆饱满严密。

检验方法：观察检查、淋水检验。

(4) 捉节夹垄应符合以下规定：瓦翅子应背严实，捉节饱满，夹垄坚实，下脚干净，无孔洞、裂缝、翘边、起泡等现象。

检验方法：观察检验。

(5) 屋面外观应符合以下规定：瓦面和屋脊洁净美观，釉面擦净擦亮。

检验方法：观察检查。

(6) 屋脊应符合以下规定：屋脊牢固平整，整体连接好，填馅饱满，附件安装位置正确，摆放正、稳。

检验方法：观察，尺量检查。

操作偏差控制及检验方法 表 14-1

序号	项目	允许偏差(mm)		检验方法
1	苫背	±5，−10		用尺量检查，抽查3点，取平均值
2	底瓦灰浆	±10		
3	睁眼高度40mm	±10，−5		
4	当沟灰缝8mn	+7，−4		
5	瓦垄直顺度	8		拉2m线用尺量检查
6	走水当均匀度	16		用尺量检查相邻三垄瓦及每垄上下部
7	瓦面平整度	25		用2m靠尺横搭瓦跳垄程度，檐头、中腰、上腰各抽查一点
8	正脊、围脊、博脊平直度	3m以内	15	3m以内拉通线，3m外拉5m线，用尺量检查
		3m以外	20	
9	垂脊、戗脊、角脊直顺度	2m以内	10	
		2m以外	15	
10	滴水瓦出檐直顺度	5		拉3m线，用尺量检查

14.7.2 确保工程质量采取的技术措施及管理方法

1 建立有效的质量管理体系，管理责任落实到人。

2 依据审定通过的施工组织设计和本工法，结合施工图纸，对操作人员进行技术交底。

3 技术员及专职质检员跟班检查，并且要求进行“三检”。

14.8 安全设施与成品保护

14.8.1 施工过程必须遵守以下规范：

《建筑施工安全检查标准》JGJ 59；

《建筑施工扣件式钢管脚手架安全技术规范》JGJ 130；

《施工现场临时用电安全技术规范》JGJ 46；

《建筑施工高处作业安全技术规范》JGJ 80。

14.8.2 安全措施

1 施工现场安全管理、文明施工、脚手架、“三宝四口”防护、施工用电、施工机械和施工机具等有关要求遵照《建筑施工安全检查标准》JGJ 59 中的规定。防止人员伤亡事故发生。

2 操作人员进入作业岗位前应进行三级安全教育。作业人员在作业前进行安全技术交底，增强作业人员安全防护意识。

3 屋面施工要有切实可行的架体围护。在施工的屋面檐口至少有不低于 1.2m 的围护外架，并应设 600mm 的护栏，用密目网围护封严，防止高空坠落事故发生。

4 在宽瓦工中，应设专用的梯子板，每块长 3～6m，宽 350～400mm，厚 50mm 以上。木板每隔 350～400mm 横向钉一根板条，借以人员上下防滑。使用时把它放平在屋顶的坡面上，下端顶住大连檐即可。

5 在屋顶部施工时，梯子板上端可用麻绳连在一起，前后檐对称搭放。在屋脊铺瓦时，除前后檐对称搭放，还得在板与已宽好的瓦面之间垫草袋子（内部要装六成以上稻草），以防止梯子板压破已铺好的瓦块。

6 对于攒山屋顶，应以宝顶为中心，向各个坡屋面对称搭设脚手架，架顶紧锁宝顶雷公柱，向各坡对称搭爬杆和持杆，爬杆间距 600mm，持杆间距 800mm，为了使上下省力、安全，以宝顶雷公柱为中心，顺持杆脚手架设拉绳，人上下可抓住拉绳，操作时安全带可以挂在拉绳上，拉绳每隔 600mm 设一个绳结。

7 屋面施工的残余物（砂浆、破瓦片等）要用编织袋装好，运输至地面，严禁向下抛扔，以防止伤人、损物。

8 屋面操作人员要有针对性安全交底及安全教育，不能穿硬底鞋，并且要有充足的劳动保护用品，在雾天、霜天、雪天、大风等天气不得作业。

9 专职安全员跟班检查，发现安全隐患及时处理。

14.8.3 安全管理预案：必须针对工程实际编写《预防高空坠落紧急预案》《预防坠物打击紧急预案》《预防漏电伤害紧急预案》等。

14.9 环保措施

14.9.1 现场环境保护管理必须执行以下规范：《建设工程施工现场环境与卫生标准》

JGJ 146。

14.9.2 环境保护指标：白天施工噪声不大于70dB，夜间施工噪声不大于55dB，施工现场目测无扬尘，废水排放达市政要求标准，建筑垃圾分类管理。

14.9.3 环境保护监测：对施工现场的噪声、扬尘等进行监测，均需达到国家环境保护标准要求。

14.9.4 环境保护措施

1 对于切割瓦片的场地进行密封处理，并给操作人员发放耳罩、口罩等劳保用品，防止噪声外泄以及伤害工人身体。

2 操作人员在屋面作业时，严禁乱扔、乱抛撒材料、各种包装物、废弃物，防止对大气、土壤污染。

3 设置沉淀池使废水达标后排入市政系统。

4 破损材料、各种包装物、废弃物应集中运到指定的垃圾堆放区，并及时清运，避免对环境造成污染。

14.10 效益分析

采用本工法，西安大唐西市整个屋面瓦作业比预计工期提前了18天，节约人工费、机械设备和围护周转料租赁费等共计34.12万元。另外，本工法为钢筋混凝土仿古建筑唐式瓦屋面提供科学思路、方法，规范了操作，便于施工，对于古建筑屋面修缮和唐风建筑的修建有一定的指导价值。

14.11 应用实例

如表14-2所示。

本工法应用实例 **表14-2**

工程名称	地点	开、竣工日期	建筑面积	应用数量	应用效果
西安大唐西市大鑫坊	西安	2007年5月～2009年7月	43211m^2	8015 m^2	良好
西安大唐西市慧宾坊	西安	2007年5月～2009年7月	34011m^2	7218m^2	良好
西安大唐西市盛世坊	西安	2007年5月～2009年7月	42778m^2	7500m^2	良好

15　混凝土屋面高分子仿真茅草施工工法

陕西古建园林建设有限公司
周　明　俱军鹏　王水利　陈明智　周永红

15.1　前言

茅草屋面房屋，是以天然茅草类为屋面材料的房屋，我国自有记载起，天然茅草房屋就得以广泛的应用。随着现代建筑工艺的不断发展，茅草屋面的材质及铺装工艺也在不断革新，采用高分子仿真茅草替代天然茅草进行屋面装饰施工，在达到观感效果的同时，避免了采用天然茅草屋面容易失火、虫蚀、易腐及易被风吹雨淋破坏等缺陷。

高分子仿真茅草采用现代高分子材料加工而成，作为一种新型材料，装饰效果蓬松飘逸，效果逼真，其材质重量轻，防火、防虫、防腐效果突出，且使用年限长，易于安装，已成为目前天然茅草最好的替代材料，让茅草屋面独特风韵在我国园林古建中展现出巨大的魅力。

施工企业根据多年来的古建施工经验，认真总结、制定了“混凝土屋面高分子仿真茅草”施工工法，在陕西扶风周原考古研究中心工程中得以应用，取得了良好的效果。

15.2　工法特点

本工法采用了经过特殊阻燃工艺制成的仿天然茅草的瓦类制品，安装操作简易，施工速度快、效率高，瓦件固定牢靠、稳定性好，安装后无需频繁维修和更换，耐久性强，仿真效果好，能更好地达到茅草屋面的结构要求和外观效果。

15.3　适用范围

本工法适用于混凝土屋面仿真茅草的安装施工。

15.4　工艺原理

本工法以保证建筑屋面效果为前提，采用仿真茅草替代传统茅草对屋面进行铺设，并在混凝土屋面上增加SBS卷材防水层，特别对檐口处做防水补强处理，采用圆钉临时固定与水泥砂浆长效固定相配合，双层二次铺灰设计将瓦根固定牢靠避免瓦片位移造成观感质量下降等缺陷。并通过精心测定的瓦片间距设计，对瓦片的安装位置提前规划，施工中配合人工修正瓦叶翘度及檐口修剪，使仿真茅草可以达到以假乱真的观感效果。

15.5 工艺流程及操作要点

15.5.1 混凝土屋面高分子仿真茅草施工工艺流程见图 15-1。

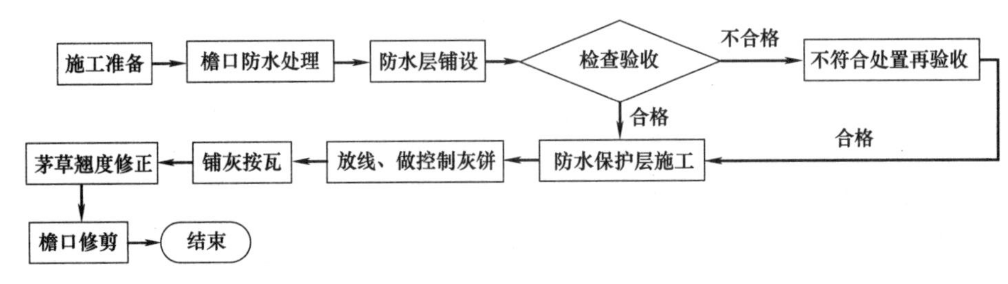

图 15-1 施工工艺流程图

15.5.2 操作要点

1 施工准备

（1）检查进场材料是否有合格证等检验材料，对于仿真茅草还应进行耐火性测试。

（2）检查所使用的各类测量器具是否经过检测并在有效期内。

（3）编制相应的专项施工方案，并完成施工技术交底及安全交底工作。

（4）屋面混凝土基层处理完成，满足下一步工序施工条件。

（5）作业面清理完成，安全防护设施搭设完成。

2 檐口防水处理

（1）防水层施工时，应在檐口留出不小于 300mm 的距离，采用厚度 3mm，宽度 300mm 的铝板，根据檐口的弧形，制作成檐口伸出板，向外挑出 100mm，内压 200mm，用射钉枪将 50mm 长的钢钉射入，固定在檐口混凝土屋面上，铝板接槎处采用 1.5mm 厚的镀锌铁皮特制夹具固定。

（2）在铝板上粘贴厚 4mm、宽 0.5m 的 SBS 防水卷材，防水卷材伸出铝板 20mm，后端与屋面粘贴牢固，然后用聚氨酯防水涂料涂刷卷材与原防水层的接槎处，使其粘贴牢固，封闭严密；此处应特别注意防水卷材在铝板上的粘贴，采用满粘法，且应粘贴牢固，封口严密。

3 整体防水层铺设

（1）防水层采用 SBS 卷材防水，所采用防水卷材规格按照设计要求采用，同时卷材应采用防滑型面层，防止上层保护层及瓦片滑落。

（2）整体防水卷材屋面下端与檐口补强防水层搭接不少于 300mm。

（3）防水卷材施工应满足现行国家规范《屋面工程技术规范》GB 50345 中的相关规定。

（4）由于屋面多为斜屋面，因此不宜采用防滑性较差的涂膜防水施工。

（5）施工完成后按规定要求进行淋水试验，防止局部渗漏，后期维修不便。

4 防水保护层施工

防水层验收合格后，按照设计要求进行防水保护层的施工，当采用细石混凝土保护层浇筑时，放料应从上端开始，使其自然下流，应控制放料厚度及速度。抹面时应从下向上进行，拍实抹平，表面不要求光滑，但应平整，以利于仿真茅草安装时砂浆粘贴牢固。

5 放线、做控制灰饼

逐层放出茅草瓦水平控制线，并沿着屋面上坡方向做出高度控制灰饼。放控制线时应确保茅草瓦第一排距檐口 50～60mm，为了体现其逼真感，前面五排的间距为 50～60mm，以后各排间距为 200mm。

6 铺灰按瓦

先在结构面上铺设 20mm 厚水泥砂浆下层灰（图 15-3）。

图 15-2 做控制灰饼

图 15-3 铺下层灰

在下层灰上放置仿真茅草，在瓦根上的两个预留空内各穿入一根 3 分圆钉，将圆钉压入铺好的下层灰内，压入深度控制在 10mm 左右，然后在瓦根上再铺设 20mm 厚水泥砂浆上层灰，水泥砂浆应向上方顺坡势抹平，不得出现硬楞，以免阻挡雨水流淌，顺坡势抹平的灰浆宽度不应小于 100mm。如图 15-4、图 15-5 所示。

图 15-4 穿钉、按瓦

图 15-5 铺上层灰

瓦根上面的水泥砂浆抹平压光后，将瓦条整体向后上方翻起，将瓦根前面的水泥砂浆压实抹光，使瓦条自然下垂顺直，如有不顺直的可用竹竿轻轻拍打使其顺直。

7 茅草翘度修正

仿真茅草安装时，应及时对已安装的整体效果进行修正，对不顺直或翘度有异的，应采用竹竿拍打或在瓦条的根部前方或后方添加水泥砂浆，调整其翘度，使其层次分明纹路一致（图 15-6）。

8　檐口修剪

对檐口悬空下垂的瓦条，应进行适当的修剪，修剪长度控制在檐口伸出的铝板以外300mm，使其整齐一致、错落有序（图15-7）。

图15-6　翘度修正

图15-7　施工完成效果

15.6　材料与设备

15.6.1　材料

1　仿真茅草

仿真茅草属于一种新型装饰材料，现今市场上已出现多家生产厂商，其材质、生产工艺、质量互有优劣，因此，在选择仿真茅草时，应多家参考，择优选用，仿真茅草进场后，应开箱检查其是否具备出厂合格证及相应的材质报告和产品检验报告。

2　其他材料：钢钉、铝板、水泥、中砂等。

15.6.2　施工用具

手锯、方尺、墨斗、线绳、钢卷尺、手推车、铁锨、灰铲、木抹、方木、铁钉、卡具等。

15.7　质量控制

15.7.1　施工验收标准

1　工程的施工及质量验收要求

除应达到本工法规定要求外，还必须满足等规范要求：

《建筑工程施工质量验收统一标准》GB 50300；

《古建筑修建工程施工与质量验收规范》JGJ 159。

2 主控项目

1）仿真茅草应成排逐层铺设安装，且应错缝，错缝宽度为瓦根板宽度的1/2。

2）分层成排安装仿真茅草，在进行下道工序时，切勿扰动已按照好的仿真茅草，以免造成瓦根、圆钉微动后出现脱落。

3 一般项目

1）茅草瓦整体安装完成后，在瓦面洒少量水进行养护。

15.8 安全措施

15.8.1 应对作业人员进行岗位培训，熟悉有关安全技术操作规程和标准。

15.8.2 仿真茅草安装人员，必须穿软底防滑鞋，正确佩戴安全帽。

15.8.3 屋面上所有施工人员必须佩戴安全带。

15.8.4 屋面施工的所有人员，必须身体健康，有高血压、冠心病、恐高症等不宜登高的人员严禁在屋面施工。

15.8.5 物料运输人员，应随时检查、调整与安全带连接的绳子，防止脱钩或绳子脱扣。

15.9 环保措施

15.9.1 施工现场形成的落地灰应及时清理，禁止胡乱抛撒。

15.9.2 施工垃圾要有专门的堆放地点和装运容器。

15.9.3 茅草瓦安装不宜夜间施工，如确需施工时，必须保证充分的照明。

15.10 效益分析

15.10.1 经济效益

本工法采用现代高分子材料替代天然茅草，应用新的施工工艺，安装之后不需在作防火和防虫处理，没有维修和更换工作量，相比较传统天然茅草屋面，不仅施工工期得以较大的压缩，使用寿命得以延长，不易损坏、维护成本低，在经济效益和工期上显示出较大的优势。

15.10.2 社会效益

本工法充分发挥了现代建筑新型材料、新工艺的优势，极大提高了屋面的耐久性，从根本上解决了天然茅草需防火、防虫、防腐等问题，既加快了工程进度，降低了工程成本，保证了工程质量，更为茅草屋面施工技术发展开创出一条新路。

15.11 应用实例

本工法在扶风周原考古基地项目中研究成果展览室圆顶屋面重点应用，降低了工程成本、加快了施工进度、提高了工程质量，取得了良好的效果。

16 仿古建筑屋面檐口防水处理施工工法

陕西古建园林建设有限公司
康永乐　沈　强　何　凯　王　波　王海鹏

16.1 前言

随着社会的发展，为满足日益提高的文化生活需要，仿古建筑开始大面积的建设。在新型建筑材料不断涌现和发展的今天，钢筋混凝土结构工程的防水处理也成为现阶段工程施工过程的重中之重。然而，近年来仿古建筑施工中檐口漏水现象一直得不到很好的解决（瓦件、屋脊等安装采用干硬性水泥砂浆粘结。这种材料的优点是硬化后的砂浆具有所需的强度和粘结力及耐久性；缺点为干硬性水泥砂浆吸水性强，对水易产生“虹吸”现象，水聚集饱和后沿防水面层从檐口处流下，出现檐口漏水现象）。仿古建筑檐口漏水直接影响仿古建筑工程质量的耐久性及外观效果。为防止屋面檐口漏水，确保工程质量，保证油漆彩绘不被雨水冲刷、浸泡而褪色、脱落，仿古建筑屋面檐口的防水处理变得尤为重要。

施工企业总结多年的施工经验，针对仿古建筑檐口漏水问题，进行深入研究和实践，创新形成了一整套完善的施工技术，总结形成了本工法。

16.2 工法特点

本工法针对仿古建筑屋面檐口漏水的质量通病，对屋面檐口处建筑构造进行全面分解，将一层防水的施工方法，改为两种防水卷材相接。通过对屋面檐口结构的合理分析，施工次序的合理安排，在工程质量方面有很大的改善。

16.3 适用范围

本工法适用于仿古建筑屋面檐口防水的施工。

16.4 工艺原理

本工法以达到屋面檐口处不漏水为原则，针对仿古建筑屋面檐口漏水的问题。主要通过 SBS 防水卷材铺贴在檐口底瓦上，使面层上流下的水沿卷材上表面（即底瓦上部）流下，以达到不污染彩绘的目的。

16.5 施工准备

16.5.1 技术准备

1 此工艺由项目总工主持制定，古建QC小组、技术部、质量员、古建施工员、安全员和班组长参加进行内部探讨、会审和技术交底，并依据质量计划明确该项目施工的关键过程和质量控制点，编制策划仿古屋面檐口防水工程施工方案，并由古建施工员和安全员分别对工人进行书面技术培训交底及安全交底。

2 施工技术文件应齐全有效，如施工组织设计及相关技术标准规范、标准图等。

3 对施工过程中关键点及细部节点做好技术交底和现场指导。

16.5.2 物资准备

1 提前进行材料准备，提前做好材料进场准备工作。

2 各种材料应有出厂合格证、出厂检验报告和相关的使用说明，材料进场后，应按批进行抽样复试，合格后方可使用。

16.5.3 施工设备准备

1 施工机械：水准仪、提升机、小型物料运输设备（爬山虎）、砂浆搅拌机

2 施工工具：汽油喷灯（3.5升）、滑轮、刷子、压子、剪子、卷尺、扫帚、灰铲、灰斗、线等工具。

16.6 操作工艺

16.6.1 施工流程

如图16-1所示。

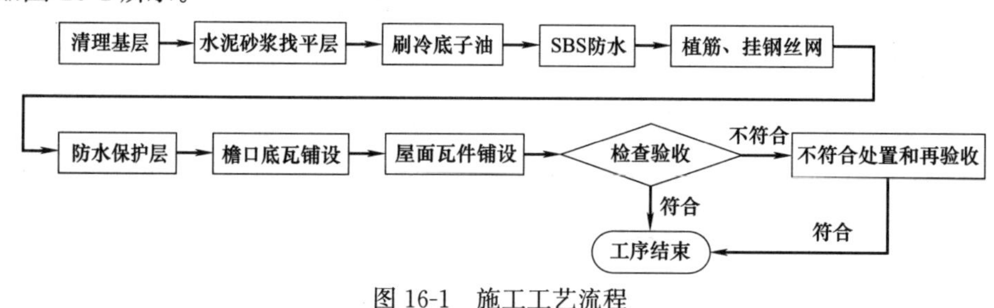

图16-1 施工工艺流程

16.6.2 操作要求

1 清理基层

混凝土基层表面必须清理干净，特别是檐口、落水口、排气道内的杂物应清理干净，

并且保持干燥。

2 水泥砂浆找平层

混凝土基层表面清理后，抹一道1∶3水泥砂浆，随抹随用木抹子搓平。找平层必须牢固并具有较高的强度，不得松动起砂，找平层表面要平整光滑，均匀一致，其平整度不应超过5mm。找平层表面不得有尖角、凹坑及破损，如不符合要求应按规定进行修补。

3 刷冷底子油

冷底子油作为基层处理剂，用滚筒涂刷均匀不得出现漏刷现象。根据气温条件自然干燥6h左右，以不粘脚为度。

4 SBS改性沥青防水卷材铺贴

在距檐口300mm处横向铺贴一道SBS改性沥青防水卷材，在以屋脊为中，顺两坡纵向铺贴。卷材搭接长度在长边、短边处均不小于80mm。

SBS防水卷材位置确定后，点燃汽油喷灯，距卷材着地末端300～500mm左右（视环境温度）斜向加热卷材和涂刷冷底子油的基层交接处，火烤温度在220°左右为宜，当卷材的沥青刚刚融化时即缓缓滚动成卷的SBS防水卷材，边熔焊边滚铺边压实。要求加热均匀，铺贴紧密、平整，不能将空气或异物卷进去。卷材搭接处及侧边部在冷却前或用喷灯均匀细致加热后，用铁抹将边部及接缝封好，防止撬边，接槎搭边部位用力滚压，使其密实粘结，确保已铺好的卷材应无褶皱、无空鼓。防水卷材下沿处留200mm不热熔不粘贴。

5 植筋、挂钢丝网

植筋点位选择在防水卷材搭接处（选择高点植筋），用冲击钻钻孔，钢筋选用Φ8钢筋（钢筋高度不高于保护层面），间距1000×500mm。钻孔后一定要将孔内杂物清理干净，用鼓风机吹出孔内浮尘。将植筋胶注满孔内，把经除锈处理过的钢筋放入孔内，慢慢单向旋入，不可中途逆向反转，直至钢筋深入孔底。在植筋胶完全固化前不能震动钢筋，24小时后方可将钢丝网满铺屋面，再将钢丝网固定牢固即可。

6 防水保护层

屋面防水保护层为50mm厚C20细石混凝土，防水保护层混凝土应连续进行浇筑，在SBS防水卷材未进行加热处理处用方木挡住，收边。

7 檐口底瓦铺设

用经纬仪定出屋面中线点位置，即底瓦坐中，分别向两侧铺设底瓦。底瓦排好后，用砂浆将底瓦上部随坡抹平，将SBS防水卷材铺设在底瓦上，并将其压入上层SBS防水卷材之下，将SBS导水卷材下部与底瓦顺坡贴平，使SBS卷材面层上流下的水顺SBS导水卷材表面（即底瓦上部）流出。如图16-2所示。

图16-2 檐口砂浆找平

8 屋面瓦件铺设

挂线大面积铺设屋面瓦。檐口剖面如图16-3所示。

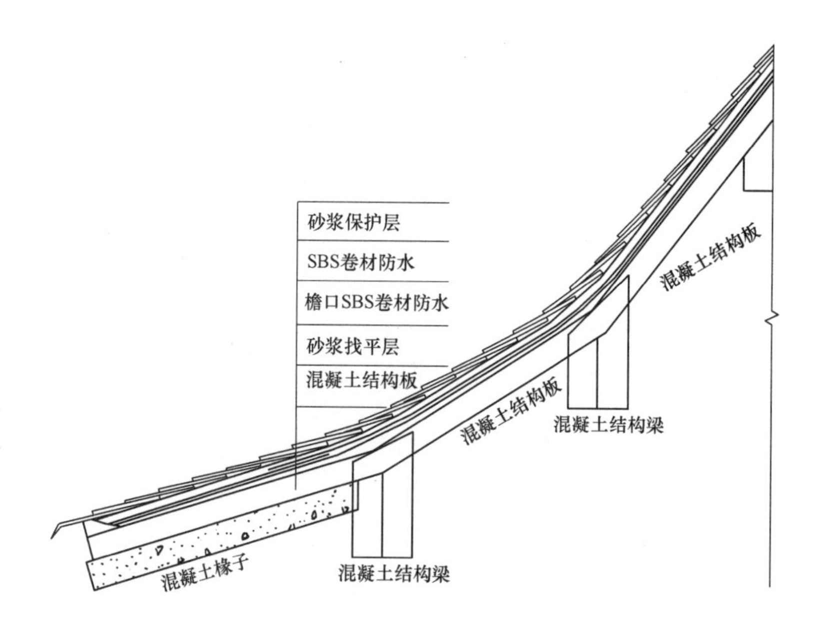

图 16-3　檐口剖面图

16.7　质量控制

16.7.1　施工验收标准

1　工程的施工及质量验收要求

除应达到本工法规定要求外，还必须满足等规范要求：

《建筑工程施工质量验收统一标准》GB 50300；

《古建筑修建工程施工与质量验收规范》JGJ 159。

2　主控项目

1）屋面找平层必须牢固并具有较高的强度，不得松动起砂，找平层表面要平整光滑，均匀一致，其平整度不应超过 5mm。找平层表面不得有尖角、凹坑及破损，如不符合要求应按规定进行修补。

2）SBS 改性沥青防水卷材厚度不得小于 4mm，铺贴卷材搭接时，上下层及相邻两幅卷材的搭接缝应错开，且搭接宽度不小于 80mm。铺贴紧密、平整，不能将空气或异物卷进去。卷材搭接处及侧边部在冷却前或用喷灯均匀细致加热后，用铁抹将边部及接缝封好，防止撬边，接槎搭边部位用力滚压，使其密实粘结。确保已铺好的卷材无褶皱、无空鼓。

3　一般项目

铺瓦应平整，搭接紧密，并满足相应的搭接宽度及长度，行列横平竖直；檐口出檐尺寸一致，檐头平直整齐。瓦件不得有缺角、砂眼、裂纹和翘曲等缺陷。防水施工前基层清理应做到没有浮灰及油污，并剔除基层上余灰等有棱角的地方，避免防水卷材破损。

16.8 安全措施

16.8.1 具体要求

1 所有的机械设备必须专人使用，安全防护措施到位。

2 各种电动工具要有漏电保护器，上到架子上的安装人员必须要穿绝缘防滑鞋。

3 作业面实施全封闭，无关的人员不得进入该区域。

4 不得随意抛洒、高空坠物。

5 高温环境施工应注意防暑降温，冬雨期施工应防滑防冻，及时扫雪排水。

6 所有施工人员进入施工现场必须佩戴安全帽。

7 屋面施工时维护架体必须高出操作层 1.2m 以上，且应有密目网围护。操作层应满铺脚手板，脚手板下应挂满安全网。

8 防水工程施工过程中，汽油喷灯使用前必须经过安全检查，无安全问题方可使用。汽油喷灯必须随用随开，操作人员离开时必须关闭汽油喷灯。

9 机械工人必须持证上岗，危险部位禁止人员停留、行走。

16.9 环境措施

16.9.1 砂石堆放应池围，并覆盖。易起尘的围挡周边应经常洒水，保证现场扬尘排放达标。

16.9.2 施工污水应在沉淀池沉淀达标后再排放。

16.9.3 施工提升设备应派专人负责，随时注意施工安全。

16.9.4 屋面上的瓦件应堆放整齐，避免高空坠落。

16.10 产品保护

16.10.1 抹好找平层的屋面上禁止小推车运输，防止破坏找平层。未达到一定强度时不得上人踩踏。

16.10.2 施工完毕的防水卷材应采取措施进行保护，及时做防水保护层，以免损坏防水卷材，导致屋面漏水。

16.10.3 瓦件运输时应轻拿轻放，不得抛扔、碰撞。进入现场后应堆放整齐。

16.10.4 砂浆勾缝应在勾缝后立即清洁瓦面。

16.10.5 采用砂浆卧瓦，砂浆强度未达到要求，不得在上面随意走动或踩踏。

16.11 经济效益分析

16.11.1 工艺优良性

1 环境保护及文明程度作用显著，大大降低了污水、建筑垃圾、噪声的排放。

2 施工质量方面，从防水施工到屋面挂瓦，所有环节质量均处于受控状态，最终工程质量效果好，满足设计及规范的质量要求。

3 施工成本方面，大大减少了屋面防水的返工量，从劳动力到材料，都有效地降低了成本。

该施工工艺在施工过程中及施工完毕后的效果良好，具有很强的实用性及推广性。

16.11.2 实例

本工法先后应用在西安广仁寺大雄宝殿、陕西建工集团总公司综合楼、楼观台财神文化区等工程，均收到了良好的效益。工程质量得到了保证，油漆、彩绘的污染程度降低到了最小，一次性施工效果好，返工量大大减少。

17 传统建筑钢木结构隔扇门施工工法

陕西古建园林建设有限公司
贾华勇 姬脉贤 周 明 康永乐 陈斌博

17.1 前言

在多年的传统建筑施工中，木隔扇门扭曲变形成为普遍现象。我们在施工实践中积极探索，刻苦改善，用钢木结构隔扇门代替木隔扇门。这种工艺，不仅消除了扭曲变形的问题，而且操作方便，经济实惠，坚固耐用，具有广阔的发展前景。

17.2 工法特点

本工法针对传统建筑木隔扇门扭曲变形质量等问题的构造，进行了全面分析，将木隔扇门变为钢木结构，施工方法具有以下特点：

17.2.1 结构的合理分析

首先将木隔扇门外框用方钢焊接制作，具有门扇方正、平整，无翘扭、弯曲、开裂，重量轻等优点。

17.2.2 施工的合理安排

施工作业具有难度小、强度低、工序少、速度快等优点。

17.2.3 将隔扇门古老的内开，改为“落地式（无下槛）外开隔扇门”，达到了消防专业规范要求。

17.2.4 工程质量和材料成本的提高

技术准备要求高，质量控制简单易行，使用效果好，耐久性强，延长了使用寿命，降低了维修频次。其次与传统的木隔扇门施工工艺比较：本工法具有工厂化生产，尺寸准确，样式统一，工期短、节约了大量的施工工艺和劳动力，节约木材，大大提高了生产的质量和进度，降低了成本，提高了效益。本工法的实施对仿古建筑的装饰效果有着很好的可行性和先进性。

17.3 适用范围

本工法适用于传统建筑隔扇门的施工。

17.4 工艺原理

本工法以达到传统建筑隔扇门不扭曲变形为原则，针对仿古建隔扇门扭曲变形的问题我们采用空心方钢代替木框的方法；隔扇门从加工制作到安装使用，具有以下特点：

（1）加工制作节约劳动力，减少了许多加工工序。

（2）安装工序简单、方便、合理。

（3）具有开启灵活、经久耐用、不变形、不开裂等优点。

17.5 施工工艺流程及操作要点

17.5.1 施工工艺流程

施工工艺流程如图 17-1 所示。

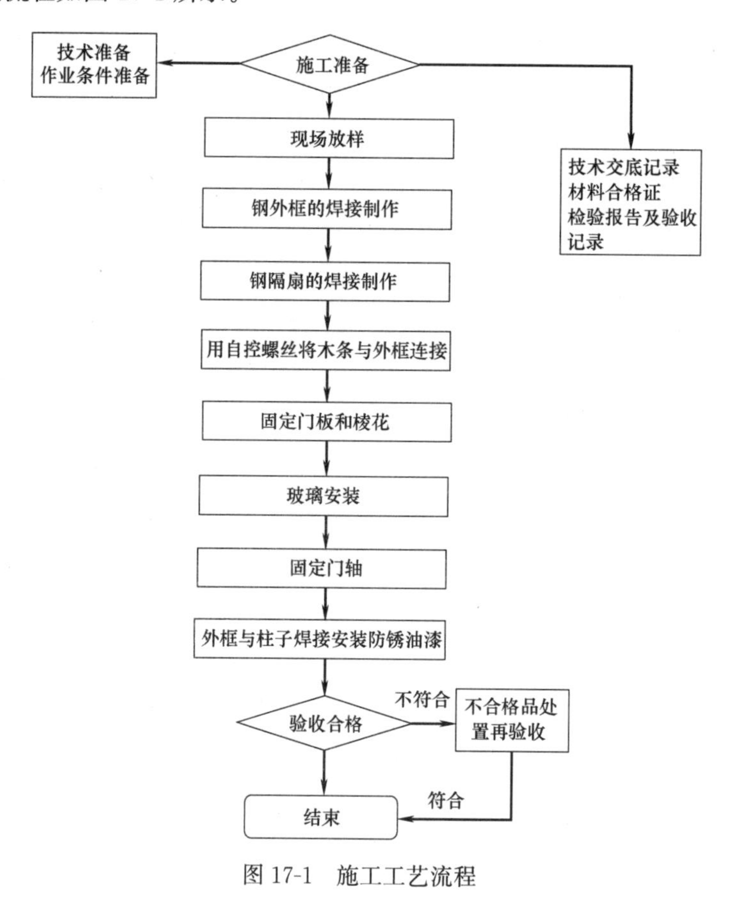

图 17-1 施工工艺流程

17.5.2 操作要点

1 施工技术准备：

此工艺专业技术人员制定，公司总工审核；项目经理主持，古建QC小组、技术部、质量员、古建施工员、安全员和班组长参加进行内部探讨、会审和技术交底，并依据质量计划明确该项目施工的关键过程和质量控制点，编制策划对传统建筑隔扇门不扭曲变形问题的施工方案，并由古建施工员和安全员分别对工人进行书面技术培训交底及安全交底。

施工技术文件应齐全有效，如施工组织设计及相关技术标准规范，由古建施工员画图，上报监理、建设单位并由设计单位认可等方案。

对施工过程中关键点及细部节点做好技术交底和现场指导。

2 施工过程：

(1) 外框、隔扇制作：

制作外框的方钢应选用符合质量要求的产品，选样认可后，方可进行隔扇门的加工制作。

1) 门框规格初步定为220mm宽，120mm厚，方钢壁厚5mm。

2) 制作放样场地，实际放大样。

3) 用工字钢制作焊架，焊架必须水平方正。在工字钢上四角等部位焊好40mm×40mm的角钢，以控制尺寸保证外框不变形。

4) 外框45°割角，焊缝预留≤3mm，确保割角缝焊接牢固。

5) 焊接时四角首先点焊，完成后尺量检查合格后方可进行焊接，焊接完后，打磨焊接缝（图17-2）。

6) 门框：规格初步定为90mm宽，90 mm厚，方钢壁厚5mm。

(2) 龟背锦木花格的制作安装，如图17-3所示。

图17-2 钢门框焊接图

图17-3 木花格制作图

1) 放样确定机制830mm宽×2400mm高龟背锦木花格。

2) 制作完成后镶入钢门扇内，然后再镶入5mm厚的玻璃。

3) 最后用30mm×20mm木压条配自攻螺丝与门扇连接，并安装牢固。

(3) 群板的制作安装：

将群板镶入门扇内，用20mm×15mm方木条固定，并用4mm×50mm自攻螺丝与门扇连接，间距不大于150mm。

(4) 绦环板的制作安装：

将群板镶入门扇内，用20mm×15mm方木条固定，并用自攻螺丝与门扇连接，间距不大于150mm。

（5）装饰木条：

钢隔扇外立面安装半圆70mm宽×20mm厚的装饰木条，用4×50mm自攻螺丝连接，间距不大于150mm（图17-4）。

图17-4 钢隔扇装饰木条施工图

（6）门轴的制作安装：

门轴用圆钢管，壁厚5mm，与门扇焊接，上下安装轴承（轴承焊接在荷叶墩上）。外开门将门扇用加重合页焊接安装。

（7）外框与柱子的连接安装：

将外框焊接在柱子预埋好的铁件上，焊点必须符合规范要求。连接点上下间距不大于200mm，中间不大于500mm。

3 作业条件：

（1）门外框、隔扇加工完毕经检查验收质量合格后按编号安装。外框安装位置，标高符合设计要求。以50mm线控制标高，以柱轴线吊挂通线控制门中线。

（2）焊工：必须持证上岗，焊工到现场后必须先试焊，以鉴定其技术是否合格。

（3）架子工：具备有效上岗操作证，方可施工。

4 安装工艺：

安装前按设计要求及制作编号，构件运至安装部位，对号入座，按吊挂好的通线开始安装。安装顺序，按整面安装。经复核位置准确，水平度、垂直度无误后，并固定牢固、施焊，先四边点焊，再检查有无移位，有移位要调整好，然后再两边对称焊，防止焊点热变冷变形。四面围焊，焊缝高度符合规范要求。

5 劳动力组织及机械组织，根据工期与工程情况而定。

17.6 材料与机械设备

17.6.1 物资准备：

提前进行材料提量，提前做好材料进场准备工作。

各种材料应有出厂合格证、出厂检验报告和相关的使用说明，材料进场后，应按批进行抽样复试，合格后方可使用。

17.6.2 机具设备：

如表 17-1 及表 17-2 所示。

施工材料应用表 **表 17-1**

序号	名称	规格	单位	备注
1	方钢	80×80×5mm	m	门扇制作
2	焊条	ϕ3.2×350mm	kg	电焊机焊接
3	自攻螺丝	ϕ10×60mm	套	钢木连接
4	自攻螺丝	ϕ4×60mm	套	钢木连接
5	白松	300mm 宽×100mm 厚	m^3	门框、花格制作
6	木条	20mm×15mm	m	固定裙板、花格

施工工具设备应用表 **表 17-2**

序号	名称	规格	单位	备注
1	电锯	MJ104 型	台	型材切割
2	手平刨		台	外框制作
3	台钻	J3C38/80	台	框、扇打孔钻眼
4	角磨机		台	方钢打磨
5	打磨机		台	打磨抛光
6	电焊机	BXI-400	台	门扇制作焊接
7	切割机	J3GB-400	台	型材切割
8	手电钻		台	框、扇打孔
9	水准仪	DS32	台	施工测平
10	钢卷尺	5m	把	小框尺量
11	手锤	4P	个	加工用具
12	焊把线	23mm^2	M	焊机使用
13	角尺		个	直角测量
14	墨斗		个	弹性使用
15	线锤		个	吊线使用
16	电锯	MJ104 型	台	型材切割
17	手平刨		台	外框制作

17.7 质量控制

17.7.1 施工验收标准：

《建筑工程施工质量验收统一标准》GB 50300；

《建筑装饰装修工程质量验收规范》GB 50210；
《古建筑修建工程施工与质量验收规范》JGJ 159。

17.7.2 主控项目

1 加工构件外观质量尺寸偏差及结构性能应符合设计要求。
2 加工构件吊运及水平运输不得损伤损坏构件。
3 安装前按设计要求检查构件规格、几何尺寸、平整方正。
4 安装前检查架子的使用性和稳定性。

17.7.3 一般项目

安装允许偏差及检验方法，如表 17-3 所示。

构件安装允许偏差表　　表 17-3

项目		允许偏差(mm)	检验方法
门外框	中心线对轴线位移	2	拉线尺量
	底标高	+0 −2	水准仪及拉线
	垂直度	2	挂线及线垂
	水平度	2	水平仪
	焊点	±0	尺量
	焊缝长度	+0 −2	尺量
隔扇	拼缝宽度	±1.5	尺量
	相邻扇高差	±1.5	拉线尺量
	平整度	1	拉通线尺量
	垂直度	1.5	尺量
	方正	1	尺量

17.7.4 主要的管理方法与要求：

1 制定施工方案，对所有操作人员进行安全交底，让操作人员第一时间掌握操作工艺。
2 对不易控制的地方进行跟踪指导，保证从制作到安装不出纰漏。
3 每个工序完成后操作班组要自检、互检，相互指出和及时改进不足。
4 专职质检人员要对每个工序进行专检，保证制作质量，达到设计要求及预定质量目标。

17.8 安全措施

17.8.1 安全管理的内容及要求：

1 由专职安全员负责检查安全施工。
2 所有施工人员进入施工现场应佩戴安全帽，高空作业挂好安全带。

3 操作架要按规定设护身栏杆，满铺脚手板。脚手架搭设好，对架子应严格检查，保证使用安全牢固。

4 所有的机械设备必须专人使用，各种电动工具要有漏电保护措施。

5 高温环境施工应注意防暑降温，冬雨期施工应做好防滑防冻措施。

6 油漆工程施工过程中，油漆、稀料（汽油）使用前应经过安全检查，无安全问题方可使用。应有专人负责管理、操作、存放，以防火灾及有毒物的发生。

7 需要预警的安全管理预案，根据现场情况编制《预防油漆材料中毒紧急预案》和《预防高架坠落紧急预案》。

17.9 环保措施

17.9.1 应制定施工现场达到省级文明工地及环境和噪声污染达到国家要求标准的硬性指标。

17.9.2 环保措施：

1 施工现场装车、卸车及设施料搬运声音不能过大。

2 现场进出车辆应进行轮胎清洗。

17.9.3 文明施工中应注意的事项：

1 科学合理布置现场，照明条件应满足夜间作业要求。

2 遇有雷电等恶劣天气应立即停止作业，并及时切断电源。

3 临时用电应符合现行国家标准规定，专人管理。

17.10 效益分析

本工法从根本上简化了从木制作到安装的过程控制。保证了构件质量，达到了传统建筑的外装饰效果，相比较，现工艺在经济效益和工期上显示出极大的优势。是一项值得推广可行的施工工艺。

钢木门成品见图 17-5 所示。

图 17-5 钢木门成品图

17.11 应用实例

本工法 2011 年在西安楼观台赵公明财神庙大殿、关帝庙、护国殿推广。使用效果很好，未发现任何质量问题，建设单位、设计单位、监理单位、质检部门对工艺质量以及本工法的成功应用非常满意。

本工法 2012 年在西安楼观老子说经台商业街 3 号院东西展厅成功应用，实现了钢木结构隔扇门无扭曲变形等现象，延长了使用寿命，降低了维修频次，具有很强的实用性及推广性。

18 仿古建筑混凝土博缝板施工工法

陕西建工第三建设集团有限公司
聂 鑫 王奇维 许建峰 赵 涛

18.1 前言

中国古建筑的屋顶形式多样，无论它是源于古人对杉树枝形，还是对其他自然界物质的模仿，皆具有优美舒缓的屋面曲线。这种艺术性的曲线先陡急后缓曲，形成弧面，不仅受力比直坡面均匀，而且易于屋顶合理的疏导雨雪。

博缝板作为歇山或悬山屋顶的重要组成部分，对于歇山及悬山的整体效果有着举足轻重的作用。防止风、雨、雪侵蚀伸出的梢檩，沿屋架端部在各梢檩端头钉上人字形木板，既遮挡梢檩端头，又有保护和装饰作用。随着钢筋、混凝土新材料的应用，现在仿古建筑施工中博缝板多用钢筋混凝土结构替代木结构，使现代仿古建筑在抗震能力、防火防蛀能力、使用年限等方面都有很大的改善。混凝土博缝板形状全部为曲线，室外高空作业，具有一定的施工难度，需要进行严格的施工控制。

施工企业总结多年古建筑施工经验，针对博缝板施工特点，创新形成了一套完善的施工技术，总结形成了本工法。通过在工程中的实际应用，取得了良好的观感效果，得到了专家们一致肯定，具有很强的推广应用价值。

18.2 工法特点

本工法在传统博缝板施工经验基础上，优化了施工流程，更加科学施放博缝板曲线大样，改进了模具制作及安装，提高博缝板观感质量的同时，也缩短了施工工期，避免了二次维修。

18.3 适用范围

适用于仿古建筑混凝土博缝板的现浇施工。规定了仿古建筑混凝土博缝板的施工要求、方法和质量标准。

18.4 工艺原理

18.4.1 采用科学方法精确博缝板放样，为保证结构整体性及曲线流畅，采用地面预拼安装模板，检查合格后，采用机械配合高空整体安装，安装加固完毕后进行二次复核校正，最后进行混凝土浇筑。采用“极限曲折线修正法”进行精确放样，模板地面整体预拼，机械配合整体高空安装，降低了室外高空作业的难度，提高了模具制作精度。

18.4.2 名词解释

1 博缝板（又称：搏风板、封山板）

中国古代歇山顶或悬山顶建筑屋顶两端伸出山墙以外，为了防止风、雨、雪侵蚀伸出的梢檩，沿屋架端部在各梢檩端头钉上人字形木板，并称其为“博缝板”。既遮挡梢檩端头，又有保护和装饰作用（图 18-1）。

2 悬鱼（垂鱼）

安装在博缝板人字口下部，用于防止悬挑的檩条端头受潮。安装在博缝板人字口下部中央的可称为悬鱼（或垂鱼），以“鱼”、“余”谐音，寓意“年年有余”，并取可压火防灾之含义。

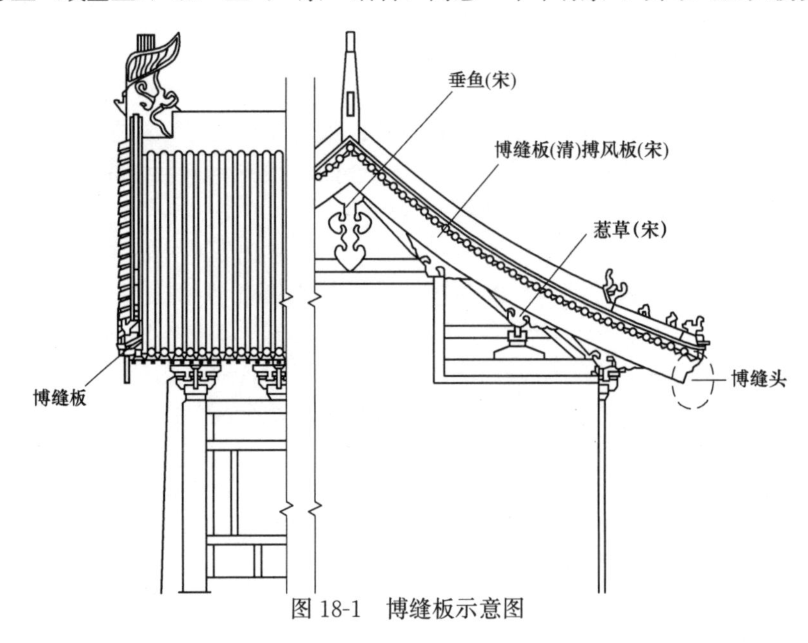

图 18-1 博缝板示意图

18.5 工艺流程及操作要点

18.5.1 工艺流程

配模计算、钢筋下料→现场放大样→底模、内侧模板制作及安装（含刷脱模剂）→检查底模、内模安装质量→绑扎钢筋及预埋件→安装外侧模板→检查外模及支撑加固→浇筑混凝土→脱模养护→安装悬鱼。

18.5.2 操作要点

1 现场放样（比例 1：1）

主要采取“极限曲折线修正法”进行放样，逐渐将放出的曲折线修正为博缝板设计曲线。主要放样步骤如下：

极限曲折线修正法：是指根据博缝板的设计轴线与博缝板曲线的交点，我们可以插进无数个点，当点的个数接近于无穷大时，此点会自动连接成一条自然的曲线，此方法就是通过计算机制图等辅助工具计算轴线点的定位坐标，再通过“放样”方法等实现由设计到混凝土成型、理论和实际相结合的一种施工方法。

(1) 根据图纸设计要求先确定轴线处屋面板底各曲线与博缝板各曲线（上下边线，中间轴线）坡标高交点，用弹性好的 PVC 管推压，观察曲线顺滑，依次连接各交点。

方法一：以此弧线交点做此弧线的法线，在法线上下部分各取 1/2 博缝板宽，量取各点，并计算出各点与最高点的相对坐标参数，再用弹性好的 PVC 管推压校正弧线，并以此作为模板制作和施工的参数（图 18-2）。

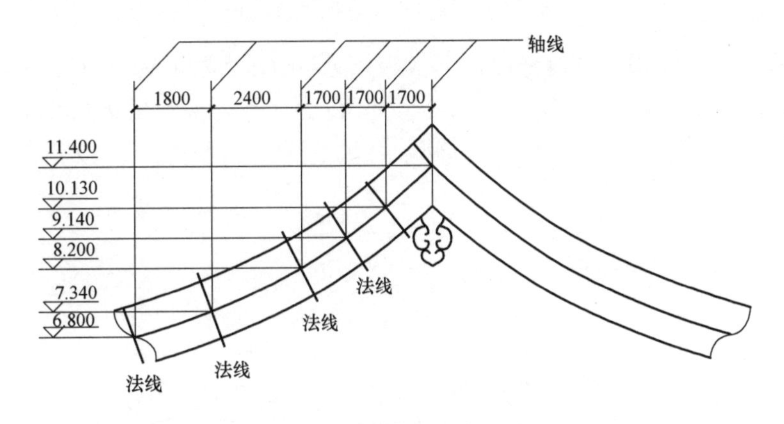

图 18-2　博缝板放样图方法一

依次取 A $(0, y)$；B_1 (x_1, y_1)；C_1 (x_2, y_2)；D_1 (x_3, y_3)；E_1 (x_4, y_4)；B_2 $(-x_1, y_1)$；C_2 $(-x_2, y_2)$；D_2 $(-x_3, y_3)$；E_2 $(-x_4, y_4)$ 的纵横坐标，再进行支模检验（图 18-3）。

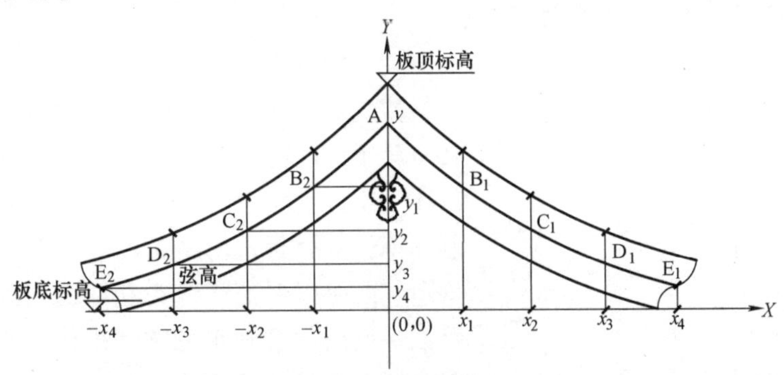

图 18-3　方法一检验复核示意图

方法二：弹出博缝板处结构梁；根据博缝板高度，弹出各段连线垂直平分线，找出博缝板面中点相对应博缝板底中点交点，同样计算出各点与最高点的相对坐标参数，重复用 PVC 管推压校正弧线。精确量出轴线处博缝板面、底至结构梁底中心点垂直距离，作为模板制作和施工参数（图 18-4）。

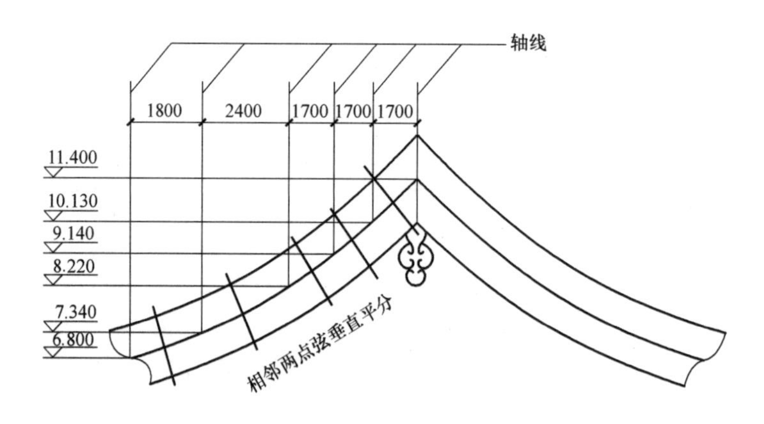

图 18-4　博缝板放样图方法二

依次取 A（0，y）；B_1（x_1，y_1）；C_1（x_2，y_2）；D_1（x_3，y_3）；E_1（x_4，y_4）；B_2（$-x_1$，y_1）；C_2（$-x_2$，y_2）；D_2（$-x_3$，y_3）；E_2（$-x_4$，y_4）的纵横坐标，再进行支模检验（图 18-5）。

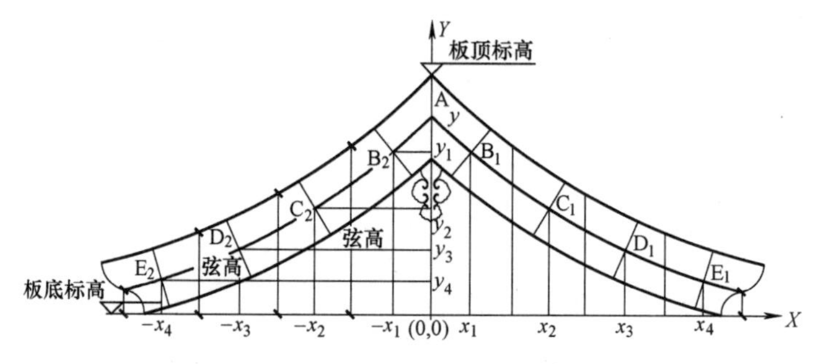

图 18-5　方法二检验复核示意图

（2）根据博缝板大样节点尺寸，制作博缝板样板两套，一套用于指导施工，另一套用于质检员检查复核，并在良好条件下存放。

（3）博缝头、悬鱼放样

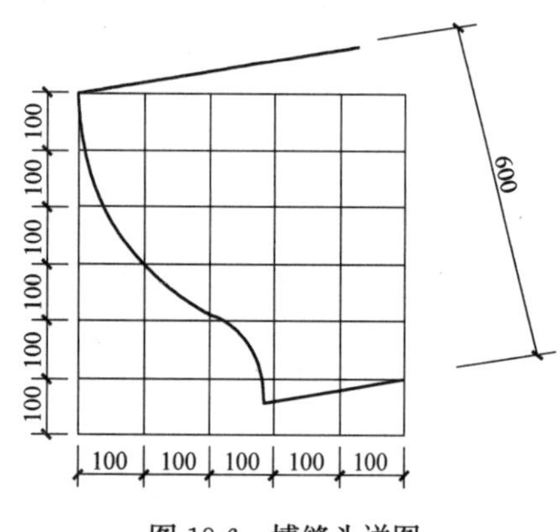

图 18-6　博缝头详图

博缝头曲线由正向和反向两段圆弧组成（图 18-6）。因为板头较小，采用手工绘制和 AUTOCAD 绘制，对比图纸设计效果，选择效果较好者制作博缝头样板。博缝头图纸一般设计为斜垂直构造，既可以保证博缝头和博缝板样式统一，也可以保证雨水沿滴水瓦顺利排出。在实际施工中部分博缝头采用垂直构造不尽合理，有可能会使雨水通过滴水瓦流至博缝板后得以排出。

悬鱼造型美观，曲线顺滑，很大程度对博缝板单调样式是一种补充、完善。悬鱼详图采用分隔网形式确定各段曲线交点，运用 AUTOCAD 和手工绘制两种方法同时进行，对比其效果作为惹草预制依据（图 18-7）。

类似仿古建筑线条之间错落有致，才能显出仿古建筑精辟之处的道理一样，悬鱼安装一般应低于博缝板面 20mm 左右，部分仿古建筑悬鱼安装有和博缝板面平齐的做法，外观效果较错开博缝板面做法要差（图 18-8）。

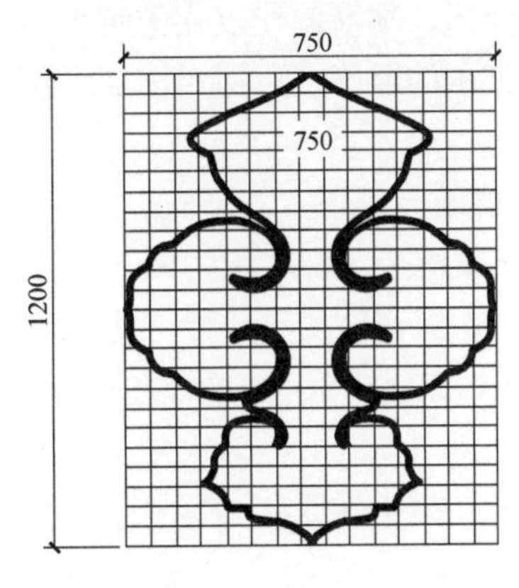

图 18-7 悬鱼详图

图 18-8 悬鱼安装效果

2 模板工程

（1）搭设架体，采用三排架（不含外架），并与建筑物的满堂架连接，立杆间距 800mm，第一道水平杆离地 300mm，其余水平杆上下间距 1000mm 设置。用水准仪将 50 线引至立杆上，依据施放大样尺寸，确定出博缝板最高点、最低点以及中间各轴线处标高。

（2）模板安装

传统模板安装一般都是在施工工作面对于各种部位构件尺寸做相应调整拼接安装，但是博缝板曲线施工质量较高，要求其整体性及顺滑性，高空施工时对博缝板弧线进行高空切割制作误差较大。可依据博缝板大样图及图纸标高要求在地面模板整体制作拼接安装好博缝板（留置一侧面，便于钢筋绑扎），最后采用机械配合高空安装完毕。

依据博缝板大样图及制作的博缝板样板，采用圆弧锯进行切割镜面板，保证弧线顺畅，严禁使用普通手锯切割。对于切割好的板材，在地面进行整体预拼（留置侧模便于钢筋绑扎）。同时定型控制时的螺杆位置一并确定，并采用样板进行检查，经验收合格后采用机械配合进行高空整体安装。安装时采用控制最高点和最低点的方法，使之单面模板进行初次安装，再严格按照以前计算的相对坐标参数进行检查修正。

整体安装加固到位后，再进行二次对称复核，对称复核采用中线测量法，在博缝板最高点吊一线锤，量取博缝板最低点与最高点相对纵坐标的距离，再向两边测量最低点量取距离，如果距离相等并等于相对横坐标的距离，则验收合格，可进行下道工序施工，否则需重新进行计算修正。

（3）模板拆除

1）拆模条件：结构同条件养护的混凝土试块达到规范所规定的拆模强度，方可拆模。

2）拆模时严禁野蛮施工，防止损坏博缝板棱角，应采用榔头、小钎子配合拆除。

3 钢筋工程

（1）屋面模板支设完毕后，依次绑扎屋面梁钢筋、博缝板钢筋、现浇板筋，质量符合钢筋分项工程要求。

（2）钢筋的尺寸及摆放位置要严格控制。纵向和横向的钢筋应用铅丝绑扎，相互固定，以确定它们的正确位置。这些钢筋弯起的位置、长度以及弯起方向也应严格控制。

（3）钢筋应有出厂合格证，经过复试合格后方可使用，钢筋制作过程中防止污染。钢筋安装位置要正确，把垫块或垫圈固定好确保钢筋保护层的厚度，可适当增加定位筋控制博缝板钢筋居中。

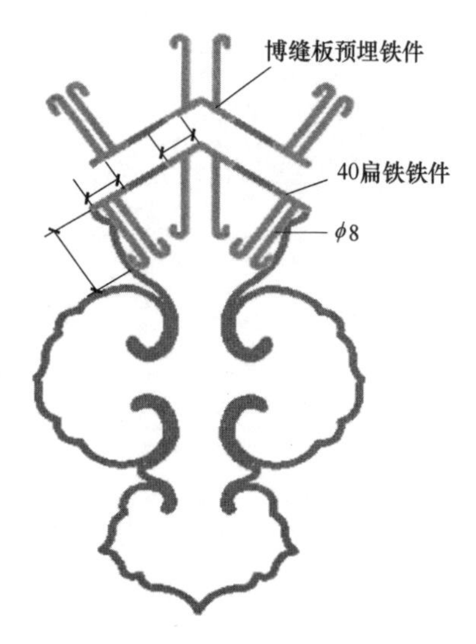

图 18-9　悬鱼安装详图

4　混凝土浇筑与养护

（1）混凝土博缝板现浇施工一般与屋面板混凝土现浇一次进行，保证结构整体性。博缝板厚度一般为 50～70mm，为保证成型效果，应采用陶粒混凝土进行浇筑。

（2）为保证混凝土质量，应采用 35 型插入式小型振动棒进行振捣。

（3）浇筑应先浇筑悬山或歇山两端博缝板混凝土，浇筑顺序应由两端向中间，由下至上浇筑整个屋面。

（4）对新浇混凝土应及时进行洒水养护，特别是在高温环境施工中更应注意，避免博缝板出现裂缝。

（5）冬期施工时，混凝土浇筑完后应用塑料薄膜及棉毡及时覆盖。

5　悬鱼安装

博缝板模板拆除后方可进行悬鱼施工。安装时应确保悬鱼质量，防止破损。安装前应先剔除博缝板预埋件处混凝土，预埋件焊接施工时，应保证焊接牢固，焊缝均匀致密，安装位置准确（图 18-9）。

18.5.3　季节性施工要求

1　雨期施工

雨期期间，应做好防雨、防潮等措施。

2　冬期施工

提前编制好冬期施工方案，方案应符合《建筑工程冬期施工规程》JGJ/T 104 要求。

18.6　材料与设备

18.6.1　主要材料

1　模具、模板材料：12mm 覆膜胶合板、槽钢、圆钉、方钢管铁丝、方木、脱模剂等。

2 材料：钢筋、水泥、砂、陶粒、水等。

18.6.2 施工设备

1 施工机械：混凝土搅拌机、木工机械、钢筋加工机械、塔式起重机、电焊机。

2 施工工具：圆弧锯、钉锤、振捣器、手推车、铁锨、抹子、线绳、钢卷尺、水准仪、电焊条、墨斗、钢丝绳、小钎子、榔头、钉子、线锤等。

18.7 质量控制

18.7.1 施工验收标准

除应达到本工法规定要求外，还必须满足以下规范要求：

《建筑工程施工质量验收统一标准》GB 50300；

《混凝土结构工程施工质量验收规范》GB 50204；

《古建筑修建工程施工与质量验收规范》JGJ 159。

18.7.2 主控项目

1 模板及其支架应具有足够的承载能力、刚度和稳定性，能可靠地承受浇筑混凝土的重量、侧压力以及施工荷载。模板安装和浇筑混凝土时，应对模板及其支架进行观察和维护。发生异常情况时，应按施工技术方案及时进行处理。

2 纵向受力钢筋的品种、规格、数量、位置，箍筋、横向钢筋的品种、规格数量、间距，预埋件的规格、数量、位置应符合标准图或设计的要求。

3 应依据混凝土试件取样规范同步留置标养、同条件试块。混凝土的外观质量不应有严重缺陷。对已经出现的质量缺陷应按专项方案及时进行处理。

18.7.3 一般项目

1 施工放大样尺寸与图纸设计尺寸误差应控制在2mm以内。

2 模板安装时接缝应严密，在混凝土浇筑前，木模板应洒水湿润，但模板内不应有积水。模板与混凝土接触面应清理干净，并涂刷隔离剂。侧模拆除时的混凝土强度，应保证其表面及棱角不受损伤。

3 钢筋应平直、无损伤，表面不得有裂纹、油污、颗粒状或片状老锈。钢筋加工的形状、尺寸应符合设计要求，其偏差应满足规范要求。钢筋安装位置偏差应满足规范允许误差。

4 混凝土应根据规范要求留置试块，在浇筑完毕后12h以内对混凝土加以覆盖并保湿养护。对混凝土养护时间不应少于7d，对掺有缓凝型外加剂或有抗渗要求的混凝土，不得少于14d。

5 混凝土的外观质量不宜有一般缺陷。由于博缝板位于最外侧，受风吹雨淋的环境影响较大，因此浇筑混凝土时，应一次成型；如果出现混凝土质量缺陷，应编制专项施工方案，采用微膨胀混凝土进行支模浇筑处理，并重新检查验收。博缝板成型效果检查示意如图 18-10 所示。混凝土博缝板允许偏差及检查方法见表 18-1 的规定。

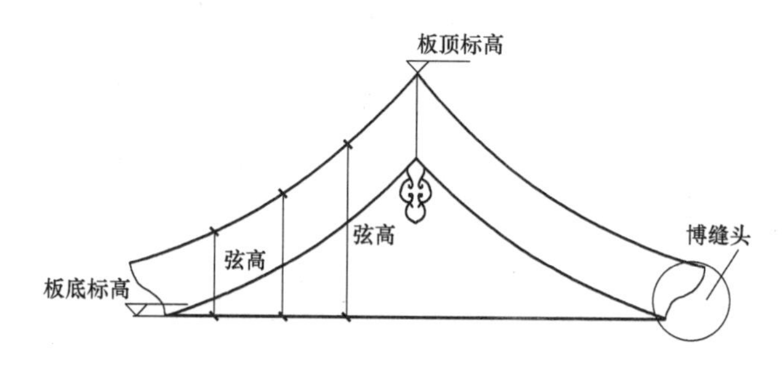

图 18-10　博缝板成型检查示意图

混凝土博缝板允许偏差及检查方法　表 18-1

名称	项目	允许偏差(mm)	检验方法
博缝板	弦高误差	±7	拉线、钢尺检查或样板检查
	平整度	±3	2m 靠尺和塞尺检查
	标高误差	±3	水准仪或拉线、钢尺检查
	垂直度	±2	吊线、钢尺检查
	厚度误差	±3	钢尺检查
	博缝头误差	±3	样板检查
惹草	垂直度	±2	线锤、钢尺检查
	偏心距误差	±3	线锤、钢尺检查
	高度误差	±3	钢尺检查
各项检查点位置：			

18.8　安全措施

18.8.1　现场安全管理，应执行以下规范

《建筑施工安全检查标准》JGJ 59；

《建筑施工扣件式钢管脚手架安全技术规范》JGJ 130；

《施工现场临时用电安全技术规范》JGJ 46；

《建筑施工高处作业安全技术规范》JGJ 80。

18.8.2　安全管理的内容

1　应对施工作业人员进行安全教育，专职安全员负责每日的现场检查，确保施工安全措施到位。

2　混凝土浇筑高度超过 2m 时，作业面应搭设操作平台满铺脚手板，并按要求搭设防护围栏。

3 混凝土浇筑前，振动器、电源线、开关箱（包括漏电保护器、插座）用电设施应经专业电工检查合格后才能使用。

4 起重机司机、电焊工等必须持证上岗，危险部位严禁人员停留、行走。

18.9 环保措施

18.9.1 降低施工噪声，控制噪声对环境的影响，满足《建筑施工场界环境噪声排放标准》GB 12523 和《城市区域环境振动标准》GB 10070 的要求。

18.9.2 现场隔离剂应盛装在可靠的物品内，防止渗漏污染地面。

18.9.3 混凝土搅拌养护的废水应经过沉淀后排放。

18.9.4 施工现场应做到工完场清，确保脚手架体及现场环境卫生整洁。

18.10 效益分析

18.10.1 经济效益

仿古建筑混凝土博缝板现浇施工，一次成型，达到清水混凝土效果，缩短了工期，避免了二次抹灰费用。

18.10.2 社会效益

本工法的形成，使博缝板与屋面板同时现浇，提高了结构整体性，改善了博缝板质量，降低了维修频次，是一项值得推广的施工工法。本工法施工的博缝板较好地诠释了古建筑构件的建筑特色，提升了人们的审美标准，具有很强的欣赏价值。

18.11 应用实例

18.11.1 曲江池遗址公园

曲江池遗址公园 2007 年 11 月 5 日开工，是原址重建的集历史文化保护、生态园林、山水景观、休闲旅游为一体的开放式文化公园。占地 59.47 公顷，主要建筑为仿唐建筑，建筑面积约 21000m^2，采用悬山屋面的单体工程 18 个，博缝板数量多达 112 套。该工程施工中，经项目部总结形成的 QC 成果《提高仿古建筑博缝板观感效果》，荣获 2009 年度陕西省工程建设优秀质量管理 QC 成果一等奖，2009 年度全国工程建设优秀 QC 小组一等奖。总结形成的工艺标准荣获陕西建工集团总公司 2009 年优秀工艺标准。

18.11.2 大唐西市九宫格工程

大唐西市九宫格工程占地 496 亩，为仿唐建筑，项目建设地点位于大唐西市遗址之上，重建后的大唐西市将集丝路文化、商旅文化和大唐文化为一体，既体现盛唐西市的商业繁荣，也展示丝路沿线各国的风土人情。悬山屋面 33 个，歇山屋面 21 个，博缝板数量多达 196 套。

18.11.3 大唐不夜城

该工程 2006 年 10 月开工，钢筋混凝土框架结构，总建筑面积为 120000m^2。以悬山、歇山顶仿古层面造型为主，均通过博缝板体现古建筑的特点，本地块博缝板数量多达 184 套。

本工法通过在以上工程中的实施应用，保证了古建筑博缝板现浇一次成优，达到清水混凝土效果，避免了二次抹灰维修工作，缩短了工期，有效保证了工程质量，提高了仿古建筑的观感效果，创造了良好的经济效益和社会效益，具有很好的推广价值。

19 仿古建筑石材柱础施工工法

陕西建工集团第七建筑工程有限公司 陕西建工集团第三建筑工程有限公司
吕俊杰 王奇维 王瑞良 何建升 雷亚军

19.1 前言

石材柱础是我国古建筑的组成构件之一，是建筑物基础的鼻祖，是古建筑研究的重要依据。在古建筑中，石材柱础又名柱顶石、磉墩，是柱下的承重构件，具有防潮湿、防地下污秽及脚踢等损坏柱脚的功能。根据气候不同的特点，石材柱础南北各异，南方多水潮湿，柱础比较高；北方干燥少雨，柱础面较低。唐、宋时期石材柱础就有考究的莲瓣状雕刻，到了明清时代，石材柱础的雕刻工艺达到了极高的水平，造型各异，纹样花式更加丰富多彩。

现代的石材柱础的功能由原来的结构构件彻底演化成装饰制品，成为仿古建筑表现的重要组成部分。仿古建筑石材柱础施工工法是施工企业依据多年的古建筑施工经验总结研发的，通过对石材柱础的专业雕刻，科学组织铺砌，有效地加快施工进度，确保了施工质量和艺术效果。在楼观道教文化展示区、财神文化展示区、大唐西市等多项仿古建筑施工中得到了的推广应用，取得了良好的社会和经济效果。

19.2 工法特点

19.2.1 本工法在实施前，就安排熟悉仿古建筑的专业技术人员细心审核设计图纸，反复比对统计石材柱础的规格类型、数量，委托专业厂家加工，可以说是量身定做，一次成型。

19.2.2 本工法在实施中，采取施工预排，样块设置，分段分片挂线控制，使施工组织安排既灵活，又统一，操作方便、复查有据，确保了施工质量。

19.3 适用范围

本工法适用于钢筋混凝土仿古建筑柱、附墙柱结构施工完毕后，石材柱础的施工。

19.4 工艺原理

柱础又名柱顶石、磉墩，是承托柱下之石。在古建筑中是柱下的承重构件，借以提高基础部分的承压强度，同时具有防潮湿、防地下污秽及脚踢等损坏柱脚的功能。如图19-1

古建筑柱础所示。在仿古建筑中，柱础仅保留石材的外观纹样效果，中间有一个按柱径大小凿出的孔洞，使钢筋混凝土柱身从中穿过。为了安装方便，一般做成两块拼合的形式，如图 19-2 仿古建筑柱础所示。

图 19-1　古建筑柱础

图 19-2　仿古建筑柱础

仿古建筑石材柱础施工工法通过对柱础规格、数量的统计，专业石材雕刻厂家的加工，使石材柱础外观纹样达到了设计要求，确保了设计信息无误。同时又按照建筑物开间尺寸、柱础的规格、楼地面石材尺寸、墙体分隔等情况，进行柱础的施工预排，样块设置，分段分片挂线控制，使不同样式的石块达到了平面、立体的有机统一，施工组织更加灵活、方便、快捷，艺术效果更为突显。

19.5　工艺流程及操作要点

19.5.1　工艺流程

仿古建筑石材柱础施工工艺流程见图 19-3。

19.5.2　操作要点

1　柱础规格的统计：柱础规格的统计工作是钢筋混凝土仿古建筑石材柱础施工的一项重要内容，这关系到石材材料、数量、人员、资金投入的多少，应安排熟悉仿古建筑的专业技术人员细心审核设计图纸，并采用电脑三维效果模式，反复比对统计石材柱础的规格类型、数量多少，复核审查无误后方可进行下一步的委托加工。

2　柱础委托加工：钢筋混凝土仿古建筑石材柱础一般都委托专业的石材雕刻厂家进行场外加工，在石材柱础规格类型、数量统计的基础上，应出示石材柱础委托加工单，尤其对石材的材质、规格尺寸、数量多少、外观纹样等要特别标注清晰。最好是石材雕刻厂家也参与到委托加工的核对工作中，以确保石材柱础加工信息无误。而后由专人负责，认真进行技术质量交底，把好每个环节，精细操作，认真标识，为钢筋混凝土仿古建筑石材柱础现场施工打好基础。

3　基层清理：对准备铺设石材柱础的地面采用剁斧、扁錾和钢丝刷等将基层的积灰、

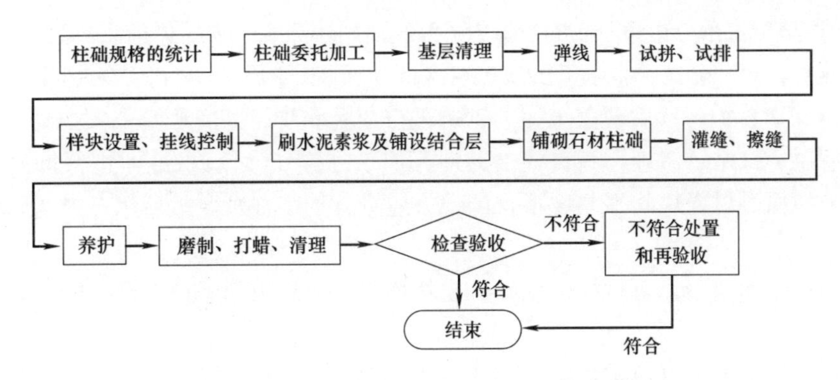

图 19-3 仿古建筑石材柱础施工工艺流程图

积浆清扫干净，尤其是柱根处。若表面有油污，可用5%～10%浓度的火碱进行清洗，然后浇水充分湿润。

4 弹线：要弹出铺设石材柱础地面的+500mm标高线、廊柱的轴线、房间的中心十字线，采用水准仪、90°角尺仔细校正，找中找方找准，以控制柱础的位置、标高和面层平整度。

5 试拼、试排：石材柱础到达现场后，按照委托加工单对石材柱础进行实物标识检查验收，验收合格的柱础应在石材面画出中心十字线，然后按照建筑物开间具体尺寸、柱础的规格、楼地面石材尺寸、墙体分隔等情况，进行柱础的施工试拼、试排，以调整石材柱础与其他石材板块之间的缝隙，同时也核对了石材柱础两板块拼合后外观纹样效果，以此采用电脑CAD手段画出施工排版图。

6 样块设置、挂线控制：按照弹线、试拼、试排及排版图设置施工控制样块。廊柱采取沿廊柱一端后退方向顺序铺设，房间采取从内面向门口后退方向顺序铺设，先铺砌石材柱础，再铺砌石材板块，以石材柱础控制石材板块，分段分块进行铺砌。对每个分段内先把两端石材柱础位置、标高排好定死，然后第一排挂双面控制线，随时用水平尺和直尺找准，以后的每排挂单面控制通线，拉线要紧，最长以6m为界，以免产生游缝、缝宽不均等现象。

7 刷水泥素浆及铺设结合层：基层在清理干净、湿润充分的情况下，应涂刷纯水泥浆。所用水泥浆应拌合均匀，水灰比控制在0.5左右。必须涂刷均匀，严禁用撒干水泥，再洒水扫浆的做法。铺设结合层砂浆应为1∶3干硬性水泥砂浆（干硬程度以手捏成团，不松散为宜），铺设厚度以25～30mm为宜。如果遇到基层局部较低或过凹的情况，应事先用C15细石混凝土找平。水泥浆要随涂刷随铺设砂浆，并不得有风干现象。砂浆应分层铺设，并用抹子拍实、抹平。若砂浆一次铺设得过厚，放上石材后，其底部不易砸实，往往容易引起局部干缩、空鼓等现象。

8 铺砌石材柱础：砂浆垫层拍实抹平后，依据挂线试铺石材柱础。用橡皮锤敲击，既要符合要求的铺设高度，也要使垫层砂浆平整、密实。根据锤击的空实声，搬起石材，增减砂浆，然后满浇水灰比为0.5左右的素水泥浆一道，使原石材四角平稳落下，用橡皮锤轻敲。敲击时不要砸纹样花式，并且敲击面要均匀。

9 灌缝、擦缝：石材柱础铺砌2d后可进行灌缝、擦缝。灌缝前应将地面清扫干净，把石材上及缝内松散的砂浆清理掉。灌缝应分几次进行，用长把刮板往缝内刮1∶1素水泥浆，务必使水泥浆填满缝及部分边角不实的空隙内。灌缝后用软棉纱擦净石材上的余浆。

10 养护：第一步为石材柱础铺砌 24h 后，应洒水养护 1～2 次；第二步为灌缝、擦缝 24h 后再浇水养护，然后覆盖干净的锯末进行成品养护，期间严禁上人走动、撞动等。

11 磨制、打蜡、清理：石材柱础铺砌养护 7d 后，应对石材地面进行彻底清理，对柱础石材与地面石材板块间平整度不良的地方应进行加工细磨，最后用石蜡均匀打磨使其光滑洁亮。

19.5.3 劳动组织：石材柱础统计、委托加工主要是由熟悉仿古建筑的专业技术人员完成。

石材柱础施工劳动组织按技工：普工＝3：1 组合，技工主要是柱础铺砌。普工主要进行石材、灰浆的运输、灌缝、擦缝、清理。

19.6 材料与设备

19.6.1 主要材料：石材柱础、石材、水泥、中粗砂、水等。

19.6.2 机具设备

1 施工机械：砂浆搅拌机、石材切割机、手提式磨石机、水平运输机械等。

2 施工工具：手推胶轮车、铁锹、扫帚、水桶、铁抹子、刮杠、筛子、钢丝刷、喷壶、锤子、橡皮锤、粉线包等。

3 监测设备：磅秤、水准仪、钢尺、检测尺、检测锤、楔形塞尺、水平尺。

19.7 质量控制

19.7.1 质量验收标准

工程的施工质量验收，除应达到本工法规定要求外，还必须满足以下规范要求：

《建筑工程施工质量验收统一标准》GB 50300；

《建筑地面工程施工质量验收规范》GB 50209；

《古建筑修建工程施工与质量验收规范》JGJ 159。

19.7.2 主控项目

1 柱础所采用的材质、雕刻花式、规格、质量必须符合设计要求和施工质量验收规范的规定。

检验方法：观察、尺量检查和检查材质合格记录。

2 柱础与基层应结合牢固，无空鼓。

检验方法：用小锤轻击检查。

19.7.3 一般项目

1 柱础的表面应洁净、无磨痕，且应图案花式清晰，色泽一致，接缝均匀，周边顺直，镶嵌正确，板块无裂纹、掉角、缺楞等缺陷。

检验方法：观察检查。

2 柱础允许偏差及检验方法：

柱础允许偏差及检验方法见表19-1。

柱础允许偏差及检验方法 **表19-1**

序号	项目	允许偏差(mm)	检验方法
1	长、宽、高几何尺寸	3.0	钢方尺检查
2	石材柱础标高	5.0	用水准仪复查
3	石材柱础表面水平度	2.0	水平尺、楔形塞尺检查
4	接缝高低差	0.5	尺量和楔形塞尺检查
5	石材间缝隙宽度	1.0	尺量检查

19.7.4 其他质量控制标准要求

1 基层表面应粗糙、洁净、平整、湿润，但不得有积水现象。

2 石材柱础铺砌时，其水泥类基层的抗压强度不得小于1.2MPa。

3 石材柱础板块之间接缝宽度不宜大于1mm。

4 石材柱础应有放射性检测报告，若用胶粘剂应有挥发性有机物含量等报告。

5 石材柱础铺砌前，应按规定进行背涂封闭处理。

19.8 安全设施与成品保护

19.8.1 现场安全管理必须执行以下规范：

《建筑施工安全检查标准》JGJ 59；

《施工现场临时用电安全技术规范》JGJ 46。

19.8.2 安全管理措施

1 施工现场安全管理、文明施工、施工机具等有关要求遵照《建筑施工安全检查标准》JGJ 59中的规定。

2 操作人员进入作业岗位前应进行三级安全教育。建立健全安全生产责任制度，增强作业人员安全防护意识。作业人员在作业前应进行安全技术交底。

3 夜间或在潮湿环境作业时，移动照明应采用36V及以下低压设备。

4 使用手持电动工具应装有漏电保护器，作业前应试机检查，操作人员应佩戴绝缘手套、胶鞋，保证用电安全。

5 现场作业时，切割的碎片、碎块不得向窗外抛扔。剔凿石材、磨制石材应戴防护镜。

19.9 环保措施

19.9.1 现场环境保护管理必须执行以下规范：《建设工程施工现场环境与卫生标准》

JGJ 146。

19.9.2 环境保护指标：白天施工噪声≤70dB（夜间≤55dB），施工现场建筑垃圾分类处理。

19.9.3 环境保护监测：对施工现场的噪声等进行监测，均需达到国家环保标准要求。

19.9.4 环境保护措施

1 水泥应库囤，砂骨料应池囤，并要及时覆盖，易起尘的围挡周边应洒水，保证现场扬尘排放达标。

2 破损材料、废弃物应集中运到指定的垃圾堆放区，并及时清运。生产和生活用水分类排放。

3 施工现场的搅拌机前台及清洗处必须设置沉淀池。严禁直接将未经处理的泥浆水排入城市排水设施和河流。

4 切割石材、磨制石材应安排在白天进行，并对作业区域进行围挡、封闭，有效控制作业时的噪声。

5 切割石材、磨制石材的地点应采取防尘措施，适当洒水。

6 操作人员作业时，严禁乱扔、乱抛撒材料、各种废弃物等，防止对大气、土壤污染。

19.10 效益分析

仿古建筑石材柱础施工工法的研发和实施，使钢筋混凝土仿古建筑石材柱础施工组织更加灵活、方便、快捷，确保了施工质量和艺术效果，受到了设计单位、建设单位、监理单位及古建筑行业内人士的一致好评。

大唐芙蓉园仕女馆彩霞长廊仿古建筑施工采用本工法实施后，成效显著。在随后的大唐芙蓉园杏园、陆羽茶社、御宴宫等多项仿古建筑施工中得到了进一步的推广应用，取得了良好的社会和经济效果。

19.11 应用实例

本工法应用于楼观道教文化展示区、财神文化展示区、大唐西市等多项仿古建筑工程，一次成型，质量上乘，艺术效果更为突显。

20 仿古建筑清水混凝土栏杆组合施工工法

陕西建工第三建设集团有限公司 陕西建工第七建设集团有限公司
王奇维 李清楠 聂 鑫 朱锁权 赵 涛

20.1 前言

栏杆中国古称阑干，也称勾阑。勾阑类型主要包括：望柱型勾阑、寻杖型勾阑、实板勾阑、直棂勾阑、单勾阑、重台勾阑等。现代仿古栏杆多采用单勾阑形式（图 20-1）。

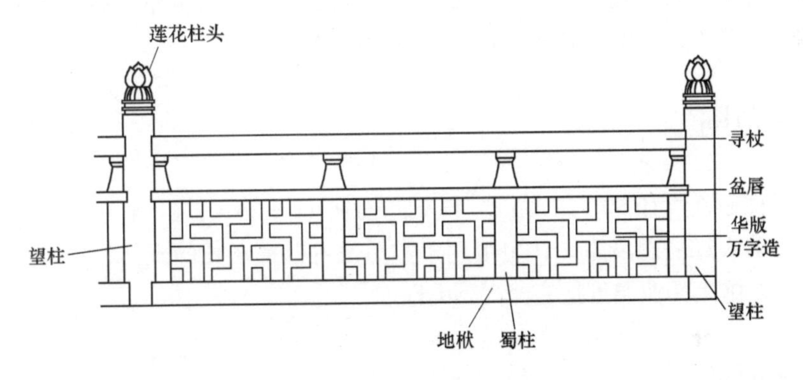

图 20-1 仿古栏杆示意图

古典栏杆是古建筑挑台、廊道、外廊、楼梯和棚顶等临边设置的常见围栏构造，有拦挡围护防止人员失足坠落的重要功能。古时有木质栏杆和石作栏杆两种形式，随着混凝土材料的应用，仿古栏杆多采用钢筋混凝土结构替代木结构，使栏杆在抗震能力、防火防蛀能力、使用年限等方面都有很大的改善。传统混凝土仿古栏杆多采用预制拼装施工，或依据施工顺序依次现浇拼接安装，施工缝留置多，衔接太随意，接头处多采用后期抹灰处理，达不到清水混凝土效果，接缝处易开裂，二次维修费用较大。

施工企业等总结多年古建筑施工经验，结合以往仿明清栏杆施工技术、异型石膏模具施工技术等，创新形成了一套完善的栏杆组合现浇施工技术，总结形成了本工法。通过在工程中的实际应用，取得了良好的经济效益和观感效果，具有很强的推广应用价值。

20.2 工法特点

本工法改善了传统栏杆施工工艺存在的诸多缺陷，进行了多项技术创新，总结形成了仿古栏杆多类型定型模具组拼及小型复杂预制构件整体组拼，并用混凝土一次浇筑成型技术，是一项经济、适用、可推广的实用新技术。

20.2.1 改善了传统栏杆构件施工工艺。传统工艺为：依次分层、叠合施工，存在施工缝留置多，接缝处多采用抹灰二次修补，接缝处易开裂，后期维修费用高等缺陷。本工法将仿古栏杆混凝土连续性浇筑，优化了施工工序，提高了工效，大量减少了混凝土施工缝，提高了栏杆表面观感质量，从而提升了栏杆整体性、耐久性，大幅度减少了修补维修成本。

20.2.2 改善了传统散拼模板（尤其是复杂部位）加固方式少，加固难度大，人员水平要求高的现状。对不同材质模具组合应用进行了专项系统深化设计，完善了模具组合方法及加固方式，降低了模板安装及加固难度，降低了对作业人员经验水平的要求，也降低了人工费及成本。

20.2.3 创新并应用了预制构件与现浇结构进行组拼现浇成型技术。

20.2.4 改善了传统石膏模具制作柱头，模具易破损、加固困难等缺陷，采用新型玻璃钢模具预制柱头，提高了模具自身刚度，降低了模具加固难度。柱头图案更加清晰、细腻，改善了柱头观感效果。

20.2.5 改变了传统望柱预留柱头孔，柱头后期安装的施工工艺。创新了望柱混凝土终凝前，剔除柱顶浮浆，在柱头底均匀涂刷一道混凝土界面剂后与望柱粘结为一个整体的施工技术，解决了柱头与望柱之间存在的裂缝施工难题。

20.3 适用范围

适用于望柱截面直径80～300mm，横梁断面在250mm×200mm以内的所有仿古建筑混凝土栏杆及美人靠的现浇施工，也可用于类似仿古栏杆形式的现代栏杆。混凝土强度等级多采用C25，施工作业温度应在－5℃以上。

20.4 工艺原理

创新形成了仿古建筑栏杆多类型定型模具组拼及小型复杂预制构件整体组拼，并使用了混凝土一次浇筑成型技术。该创新工艺技术实现的前提是对模具进行专门系统的深化设计，首先确定出模具组合方式及加固方法，最终实现一次制作。工艺部分采用先做部分小型复杂预制件，然后将栏杆的各构件模板和小型预制件有效准确地组合、连接，最终达到清水混凝土效果。本技术还涉及公司创新配套技术：采用新型模具预制小型造型复杂异型构件，即用玻璃钢专用模具制作莲花柱头；预制构件升子与现浇构件的组拼现浇成型技术；莲花柱头与望柱粘结技术。本工艺质量控制方法与传统钢筋混凝土施工工艺一致，符合钢筋混凝土结构及混凝土材料理论和相关规范要求。

20.5 工艺流程

20.5.1 工艺流程

1 多类型定型模具组拼及小型复杂预制构件整体组拼施工总流程

模板设计、定型→钢筋下料→定位放线→地栿、望柱、立柱钢筋依次绑扎→地栿、望柱、立柱、横梁模板安装（含万字造预埋件预埋）→下部横梁钢筋绑扎→升子安装→上部横梁钢筋绑扎→浇筑地栿混凝土（收面后加封顶模）→浇筑望柱、立柱混凝土（含莲花柱头）→浇筑横梁混凝土（收面后加封顶模）→模板拆除→修补、打磨→万字造（金属材质）加工及安装。

2　配套子流程

（1）仿古栏杆莲花柱头预制工艺流程

柱头木模具雕刻→柱头玻璃钢模具制作→模具尺寸复核→模具安装加固、复核→混凝土浇筑、养护（预留钢筋）→模具拆除、保养→构件分类、堆放→构件质量检查。

（2）仿古栏杆升子预制工艺流程

钢模具制作及加固→模具尺寸复核→模具安装及固定、复核→混凝土浇筑、养护（预留钢筋）→拆模及保养→构件分类、堆放→构件质量检查。

20.5.2　操作要点

1　柱头预制操作要点

（1）柱头玻璃钢模具翻制

采用质地坚硬、遇水变形小、利于雕刻的梨木作为雕刻材料。请专业雕刻师依据图纸1∶1进行雕刻，首先用机械加工出“莲花柱头”的形状，再用雕刀精心雕刻出花纹图案。木质胚胎形式确定后，翻制出玻璃钢柱头模具。模具经试用验收合格后，方可进行批量模具及成品制作。

（2）模具加固

玻璃钢模具自身附加钢肋进行加强，相邻两块玻璃钢模具利用两道螺栓进行连接，加固形式如图20-2所示。

(*a*)

(*b*)

图20-2　玻璃钢柱头模具

（3）混凝土浇筑及养护

混凝土浇筑时应采用35型插入式小型振动棒振捣。采用棉毡吸水覆盖、喷壶洒水养护。

（4）模具拆模及保养

模具拆模做好成品保护工作，避免柱头花纹损伤。模具拆除后应及时对模具进行清理保养，涂刷水溶性脱模剂，分开堆放。避免整体堆放导致挤压变形。

2 升子预制要点

（1）升子钢模具制作及加固

依据图纸设计要求，采用计算机辅助制作钢模具，钢模具采用对角组合形式，加固方式如图 20-3 所示。钢模具经试用验收合格后方可大批量生产。

(*a*)

(*b*)

图 20-3 升子钢模具

图 20-4 升子混凝土浇筑

（2）混凝土浇筑及养护

依据图纸设计，下部横梁为 70mm 厚，钢模具底部垫 50mm 挤塑板，进行升子预制，混凝土浇筑时，预留两根贯通钢筋，如图 20-4 所示。升子混凝土采用小型振动棒振捣模具侧壁进行振捣。混凝土养护采用棉毡吸水覆盖、喷壶洒水养护。

（3）拆模及保养

拆模时，应把握好拆模时间，拆模时间以 3d 为宜，确保拆模时不出现缺棱掉角现象。对拆除后模具及时进行清理、刷油，整齐堆放。对制作好的升子构件归类堆放、养护。在拆模过程中如出现少量缺棱掉角，则可采用环氧胶泥进行修复，待环氧胶泥凝固后用角磨机进行打磨修复。

3 整体组拼施工操作要点

（1）定位放线

依据轴线施放栏杆中线、地栿梁边线及 200mm 控制线，通过水准仪将楼层 50 线引至栏杆相邻墙、柱位置。栏杆中线、200mm 控制线误差不应大于 3mm，50 线误差不应大于 3mm。

（2）模板工程

1）对于栏杆组合施工方案，应先进行预拼施工，现浇制作出两跨栏杆，通过预拼施工，使施工作业人员获得了栏杆施工经验，验证组合施工工艺的同时，也考验了施工作业人员个人业务素质。对于栏杆成品依据验收标准进行严格检查，为大面积栏杆施工提供完善施工经验。预拼施工验收合格后，方可进行大面积栏杆施工。

2）模板加固及验收

地栿模板宜采用12mm厚覆面胶合板施工，模板外侧附加两道60mm方木，模板加固采用卡具固定，卡具间距不应大于800mm。模板验收依据200mm控制线复核，同时拉通线进行检验，误差不应大于验收标准要求。

望柱、立柱组合钢模具除采用“U”形连接外，模板外侧还应采用钢管（加木楔）整体二次加固，如图20-5所示。模板验收采用线锤、钢尺检查验收。

图20-5 望柱、立柱模板加固

横梁模板选材同地栿，跨度大于1500mm栏杆应进行起拱处理，起拱大小以跨度1‰～2‰为宜。下部横梁模板安装完毕后，进行升子预制构件安装，横梁上部模板应预留升子孔，孔洞大小同升子截面尺寸，升子与下部、上部横梁采用点焊固定（图20-6）。下部及上部横梁应搭设架体进行整体加固，横梁上口采用卡具固定，间距不应大于800mm（图20-7）。模板验收采用钢尺检查截面尺寸，采用拉通线检查横梁整体是否顺直，保持一条线。

(*a*)

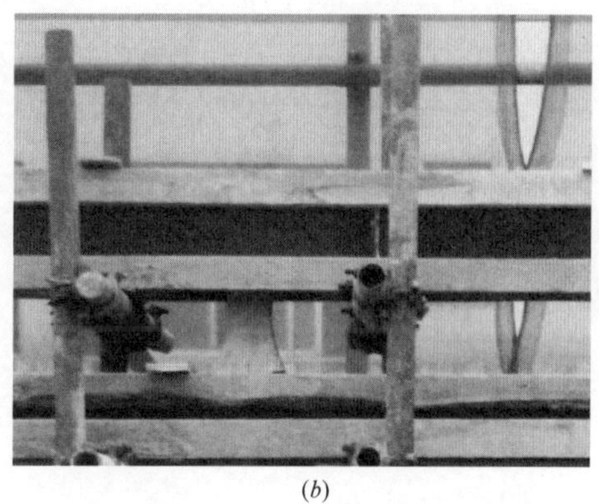

(*b*)

图20-6 升子预制构件安装图

图20-7 模板整体加固图

3）模板拆除

拆模时应保证构件不出现缺棱掉角现象，拆模过程中严禁野蛮施工，防止损坏栏杆棱角，应采用榔头、小钎子配合拆除。

（3）钢筋工程

1）钢筋应有出厂合格证，经过复试合格方可使用，钢筋制作过程中防止污染。钢筋安装位置要正确，规格及形式应满足图纸设计要求。钢筋施工应严格控制保护层，钢筋绑扎时可弹出钢筋绑扎位置线，地栿梁、横梁采用水泥垫块，望柱钢筋采用塑料垫块控制保护层。

2）望柱、立柱钢筋应在主体施工时进行预留，地栿、立柱、下部横梁钢筋安装完毕后，必须及时预埋万字造预埋件，宜采用 50mm×5mm 扁铁预埋，宽度应超出需焊接万字造每边 30mm 左右，便于后期焊接。

（4）混凝土浇筑及养护

1）依据图纸设计要求，混凝土采用细石混凝土，因栏杆各部分构件截面尺寸较小，混凝土坍落度宜控制在 80～120mm 之间，振捣应采用 35 型插入式小型振动棒进行振捣。

2）混凝土浇筑顺序：首先进行地栿混凝土浇筑；在地栿混凝土终凝前进行望柱及立柱混凝土浇筑；望柱与柱头采用粘结技术施工，即望柱混凝土达到终凝前，剔除望柱顶浮浆，在柱头底均匀涂刷一道界面剂，安装莲花柱头，确保莲花柱头与望柱粘结成为一个整体，安装时，依据 50 线拉通线进行控制，确保柱头标高一致；最后依次进行下部及上部横梁混凝土浇筑。

3）地栿、横梁混凝土应至少进行两次以上收面，收面应把握好收面时间，确保混凝土无收缩裂缝，达到清水混凝土观感效果。地栿、横梁混凝土收面后应及时加封顶模，确保混凝土的连续及整体性。

4）栏杆施工长度大于 12m 时，应留置施工缝，一般可采取中间断开一跨的施工做法。断开中间跨后期进行现浇施工，避免由于混凝土收缩引起裂缝。

5）栏杆混凝土养护应采用棉毡吸水覆盖养护，定期采用喷壶洒水养护。特别是在高温天气施工中更应注意，避免栏杆出现裂缝。冬期施工时，应采用塑料薄膜加棉毡及时覆盖。

（5）万字造（金属材质）加工及安装

万字造加工必须先进行放样，按照放样尺寸先制作万字造固定外框，控制万字造方正及焊接变形，外框宜比放样尺寸小 4mm 左右。万字造制作应在专用平台上进行焊接，与预埋件焊接采用小焊条进行点焊，宜先竖缝，再水平缝焊接，焊接应内、外及上、下两侧同时进行，减少焊接变形，焊缝高度以 2mm 为宜，安装时采用线锤检验万字造垂直度及顺直度，防止安装扭曲。焊缝应及时进行抛光打磨处理。

20.6 材料与设备

20.6.1 主要材料

1 模具、模板材料：12mm 覆面胶合板、50mm×5mm 扁铁、圆钉、铁丝、方木、钢模具、玻璃钢柱头模具、水溶性脱模剂等。

2 材料：细石混凝土。

20.6.2 施工设备

1 施工机械：木工机械、钢筋加工机械、电焊机。

2 施工工具：电锯、钉锤、振动棒、手推车、铁锹、抹子、线绳、钢卷尺、水准仪、电焊条、墨斗、钎子、榔头、钉子、线锤等。

20.7 质量控制

20.7.1 施工验收标准

1 工程质量验收要求

除应达到本工法规定要求外，还必须满足以下规范要求：

《建筑工程施工质量验收统一标准》GB 50300；

《混凝土结构工程施工质量验收规范》GB 50204；

《古建筑修建工程施工与质量验收规范》JGJ 159。

20.7.2 主控项目

1 模板应具有足够的承载能力、刚度和稳定性，能可靠地承受浇筑混凝土的重量、侧压力。模板安装和浇筑混凝土时，应对模板进行观察和维护。发生异常情况时，应按施工技术方案及时进行处理。

2 纵向受力钢筋的品种、规格、数量、位置，箍筋、横向钢筋的品种、规格数量、间距，预埋件的规格、数量、位置应符合标准图或设计的要求。

3 应依据混凝土试件取样规范同步留置标养、同条件试块。混凝土的外观质量不应有严重缺陷。对已经出现的应按技术方案进行处理。

20.7.3 一般项目

1 模板安装时接缝应严密，在混凝土浇筑前，木模板应浇水湿润，但模板内不应有积水。木模板、钢模具、玻璃钢模具与混凝土接触面均应清理干净并涂刷隔离剂。侧模拆除时的混凝土强度应保证其表面及棱角不受损伤。

2 钢筋应平直、无损伤，表面不得有裂纹、油污、颗粒状或片状老锈。钢筋加工的形状、尺寸应符合设计要求，其偏差应满足规范要求。钢筋安装位置偏差应满足规范允许误差。

3 混凝土应根据规范要求留置试块，在浇筑完毕后 12h 以内对混凝土加以覆盖并保湿养护。对混凝土养护时间不应少于 7d。

4 混凝土的外观质量不宜有一般缺陷，栏杆修补应以打磨为主，避免打錾处理。个别处需要打錾位置，应采用弹线处理，采用裁、磨等方式进行处理。误差过大应返工处理。对于栏杆蜂窝、麻面、缺棱掉角缺陷处理，应采用环氧树脂等修补夹胶处理。焊缝应及时进行打磨、抛光处理。仿古混凝土栏杆允许偏差及检查方法见表 20-1～表 20-3 的规定。

仿古混凝土栏杆定位放线控制验收标准 **表 20-1**

项目	允许偏差(mm)	检验方法
轴线误差	3	经纬仪、钢尺检查
控制线误差	3	经纬仪、钢尺检查
两边标高误差	±2	水准仪检查

仿古混凝土栏杆预制构件验收标准 **表 20-2**

项目	允许偏差(mm)	检验方法
万字造预制件	2	钢尺检查
升子	2	钢尺检查
断面尺寸	2	钢尺检查
圆度(平均直径与设计偏差)	2	沿三个方向钢尺检查
直径	2	钢尺检查
竖向弯曲变形	3	钢尺检查

仿古混凝土栏杆允许偏差和检验方法 **表 20-3**

项目	允许偏差(mm)	检验方法
截面尺寸误差	±3	钢尺检查
标高误差	±2	水准仪检查
轴线位移	2	拉通线钢尺检查
升子误差	±2	钢尺检查
相邻两端万字造误差	±2	拉线钢尺检查
万字造接头误差	1	钢尺检查
不相邻锚固端万字造误差	2	水准仪检查

20.8 安全措施

20.8.1 现场安全管理，必须执行以下规范：

《建筑施工安全检查标准》JGJ 59；

《建筑施工扣件式钢管脚手架安全技术规范》JGJ 130；

《施工现场临时用电安全技术规范》JGJ 46；

《建筑施工高处作业安全技术规范》JGJ 80。

20.8.2 安全管理的内容

1 高空临边操作时应搭设外架，挂安全网，搭设操作平台，工人操作时应佩戴安全带，操作时严禁乱扔工具材料，防止高空坠落。

2 模板制作时，应检查木工机械防护设施、安全设施是否完善。如存在安全隐患，应及时进行消除后方可继续操作施工。

3 混凝土浇筑前，振动棒、电源线、开关箱（包括漏电保护器、插座）用电设施必须经专业电工检查合格后才能使用。

4 电焊工等特殊工种必须持证上岗。

20.9 节能环保措施

20.9.1 模板拆除后及时进行清理，刷脱模剂保养，宜选用水溶性脱模剂，涂刷应薄而均匀。现场隔离剂应盛装在可靠的物品内，防止渗漏、污染地面。

20.9.2 混凝土搅拌养护的废水应经过沉淀后排放。

20.9.3 栏杆养护采用棉毡吸水湿润后包裹养护，定期采用喷壶进行洒水养护，节约水资源。

20.9.4 施工现场应做到工完场清，确保现场环境卫生整洁。做好防尘工作，必要时采用密目网进行覆盖处理。

20.10 效益分析

20.10.1 经济效益

仿古建筑混凝土栏杆现浇组合施工，一次成型，达到清水混凝土效果，缩短了工期，避免了接头处二次抹灰费用及接缝处开裂造成的二次维修费用。

20.10.2 社会效益

本工法的形成，栏杆各部分构件组合现浇施工，提高了结构整体性，改善了栏杆质量，避免了频繁维修，是一项值得推广的施工工法。

20.11 应用实例

20.11.1 曲江池遗址公园

曲江池遗址公园 2007 年 11 月 5 日开工，是原址重建的集历史文化保护、生态园林、山水景观、休闲旅游为一体的开放式文化公园。占地 59.47 公顷，主要建筑为仿唐建筑，建筑面积约 21000m^2，仿古混凝土栏杆共计 1020m。

20.11.2 大唐西市九宫格工程

大唐西市九宫格工程 2007 年 5 月开工，占地 496 亩，为仿唐建筑，项目建设地点位于大唐西市遗址之上，重建后的大唐西市将集丝路文化、商旅文化和大唐文化为一体，既体现盛唐西市的商业繁荣，也展示丝路沿线各国的风土人情。仿古混凝土栏杆共计 2850m。

20.11.3 大唐不夜城

该工程 2006 年 10 月开工，钢筋混凝土框架结构，总建筑面积为 120000m^2。仿古混凝土栏杆共计 1800m。

本工法通过在以上工程中的实施应用，保证了古建筑栏杆组合现浇施工一次成优，达到清水混凝土效果，油漆后达到了木质栏杆质感，柱头、升子花纹与木雕形式基本接近。减少了栏杆接缝处二次抹灰及接缝处裂缝维修费用，缩短了工期，有效保证了工程质量，提高了仿古建筑的观感效果，创造了良好的经济效益和社会效益。具有很好的推广价值。

油漆彩绘

21 传统建筑混凝土油饰彩画地仗施工工法

陕西古建园林建设有限公司
贾华勇 姬脉贤 周 明 康永乐 王海鹏

21.1 前言

古代建筑传统的工艺做法，油饰彩画前应在木构件表面分层刮涂，用血料、油满（或光油）调制的砖灰作为底层，称作地仗。地仗对木构件进行加固，同时具有耐蛀、防腐、耐风化、保护油饰彩画的作用。随着新型材料不断涌现和新设计、新工艺的广泛应用，已经可以在混凝土结构面上直接作油饰彩画，但由于混凝土返碱的特性，会造成油饰、彩画脱落、起皮、掉色、返碱。为了克服这种弊端，进一步采用混凝土油饰彩画地仗施工技术，使传统建筑油饰彩画达到完美效果。

21.2 工法特点

本工法与传统的油饰彩画地仗施工工艺比较，大大节约了地仗工序的时间投入，节约时间、人工 35%以上。利用外墙乳胶漆加多功能抗碱底漆，很好地控制了混凝土表面出现返碱对油饰及彩画产生的影响。

21.3 适用范围

本工法适用于仿古建筑混凝土装饰构件油饰彩画地仗的施工。

21.4 工艺原理

本工法采用专业的多功能抗碱底漆，具有超强的渗透性、极佳的附着力、卓越的抗碱性，能够克服封固底材碱性的侵蚀，抗碳化、抗风化，优异的防水性能，良好的粘结性，防止水分渗透过混凝土墙壁，发挥防霉抗藻透气功能，保护面漆历久常新，能有效保护墙面，确保建筑物设计寿命，增强表面油饰及彩画装饰效果。

21.5 施工工艺流程及操作要点

21.5.1 施工工艺流程

如图 21-1 所示。

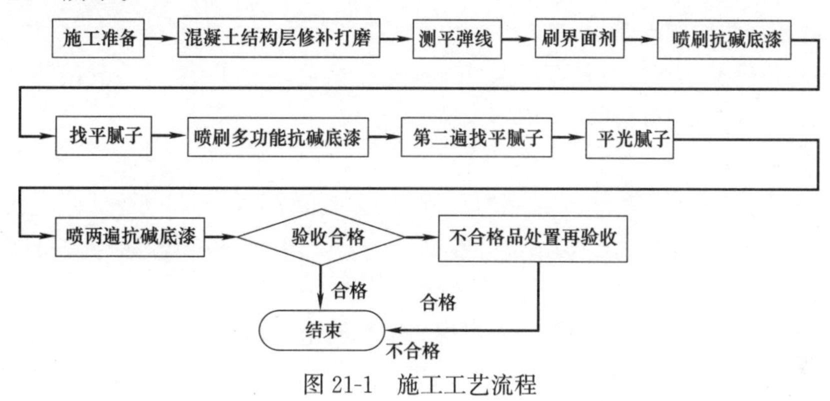

图 21-1 施工工艺流程

21.5.2 操作要点

1 施工准备

（1）编制施工方案，并由古建施工员和安全员分别对工人进行书面技术培训交底及安全交底。

（2）对施工过程中关键点及细部节点做好技术交底和现场指导，要求施工人员应具有仿古建筑油饰彩画施工经验，能与施工单位相互配合，并按照本工法的基本思路进行油饰彩画地仗处理。

2 混凝土基层修补打磨

混凝土基层含水率应在 8%以内，用铲或角磨机打平，打磨完毕必须用喷枪清理干净表面灰尘，确保地仗与混凝土面粘结牢固，无空鼓、无开裂、不起砂。

3 测平弹线

对梁、柱、斗拱、椽子、连檐板及装饰线条等彩画部位进行测平，采用吊线、挂线、弹线等方式，确保构件基层尺寸准确、线条顺畅。

4 涂刷界面剂

刮腻子前基层表面涂刷界面剂，确保腻子与混凝土表面粘结牢固。

5 喷刷抗碱底漆

对打磨好的混凝土面层进行抗碱处理，用喷枪满喷聚乙烯醇或抗碱底漆，不得漏喷。以防混凝土碱性穿过腻子层，造成油饰返碱、空鼓、起皮、脱落等现象。

6 找平腻子

（1）腻子中内配起到拉结作用纤维防止地仗灰凝固收缩产生裂缝。可加适量水泥增加腻子强度。

（2）找平腻子的做法和配料；刮第一遍水泥找平腻子时应将108胶、白乳胶、水泥按2∶1∶3（质量计）比例，用电动搅拌工具搅拌均匀。

（3）混凝土构件线角采用夹尺杆或阴阳角条等方法，确保线角清晰顺直。圆柱地仗施工时，可采用吊挂通线，用尺杆、刮杠或自制半圆刮板工具，满涂地仗灰，旋转涂刮，使圆柱圆顺，直径一致。柱收分处确保线条流畅，弧线自然。月牙梁两侧面中段与两端头均作好八字形和折线线条，确保线条分明顺直。

7　喷刷多功能抗碱底漆

喷刷多功能抗碱底漆时应待第一遍找平腻子干燥后，用1∶1外墙乳胶漆和多功能抗碱底漆，满喷一遍，喷刷应均匀，不得漏刷。

8　第二遍找平腻子

第二遍腻子施工应在多功能抗碱底漆后进行。腻子比例为水泥∶108胶∶白乳胶按5∶1∶4的比例调配，用电动搅拌工具搅拌均匀。满刮找平腻子，用手砂板或电动砂板打磨平顺。

9　平光腻子

（1）平光腻子比例及搅拌同第二遍腻子，应分两道成活。

（2）第一道刮涂时大面用板子，圆面用皮子，边框、上下围脖、框口、线口等采用自制工具刮涂。打磨时平面用较长（450mm）的自制砂板进行打磨平整，圆柱用250mm宽左右的砂带绕柱打磨，厚度不超过2mm，接头要平整。

（3）第二道平光腻子刮涂工艺同第一道，待干燥后用打磨。打磨时用细于240目砂纸反复打磨，达到表面平直圆顺。

10　喷二遍抗碱底漆

满喷抗碱底漆，可加适量同面漆颜色一致的色料，提高面漆效果防止泛碱。

21.6　材料与设施

21.6.1　施工机械：角磨机、搅拌机、砂纸打磨机、空气压缩机、喷涂机等。

21.6.2　工具用具：脚手板、桶、小油桶、箩、橡皮刮板、钢皮刮板、笤帚、腻子槽、刷子、排笔、砂纸、棉丝、擦布等。

21.6.3　监测装置：靠尺、塞尺、水平尺、卷尺等。

21.7　质量标准

21.7.1　工程施工质量验收要求除应达到本工法规定外，还必须满足以下规范要求：《建筑装饰装修工程质量验收规范》GB 50210；《古建筑修建工程施工与质量验收规范》JGJ 159。

主 控 项 目

21.7.2　地仗施工前应清理基层，并涂刷界面剂。

21.7.3　基层腻子刮实磨平，无粉化、起皮和裂缝。

21.7.4　混凝土墙面界面剂应涂刷均匀、粘结牢固，无透底、起皮。

一 般 项 目

21.7.5 腻子残缺处应补平，砂纸打磨平整。

21.7.6 混凝土油饰彩画地仗允许偏差项目和检验方法见表21-1。

梁板柱腻子允许偏差表 **表21-1**

项目		允许偏差(mm)	检验方法
梁板柱	中心线位移	2	拉线尺量
	底标高	0,−2	水准仪及拉线
	垂直度	2	挂线及线锤
	水平度	2	水平仪
	棱角方正	1	尺量
	相邻柱轴线	±3	拉线尺量

21.8 安全措施

21.8.1 易燃易爆物品管理及安全防范：

易燃易爆、剧毒、放射、腐蚀和性质相抵触的各种物品，必须分类妥善存放，严格管理，保持通风良好，并设置明显标志。易燃易爆化学物品必须专人管理，忌水、忌沫、忌晒的化学危险品，不准在露天、低温、高温处存放，防止阳光直射。工作场地严禁抽烟、进食和饮水。油饰、稀料不进入楼内调试，严禁与明火作业，远离火源。

21.8.2 如是过敏性皮肤，请在使用中佩戴防护用具。如不慎沾染眼部，请立即用大量清水冲洗，并寻求医疗救助。

21.8.3 施工人员使用电动工具必须佩戴绝缘手套。科学合理布置现场，照明条件应满足夜间作业要求。遇有雷电等恶劣天气应立即停止作业，并及时切断电源。

21.9 环境措施

在开始操作和使用前尽量打开所有门窗，确保施工区域有足够的通风条件，以防稀料等有害气体物品对人体的危害。

21.10 效益分析

仿古建筑混凝土油饰、彩画地仗抗碱处理施工工法，提高了油饰、彩画地仗的整体结构性，避免了地仗起皮、脱落、掉色、返碱和维修频次多等现象，达到了仿古混凝土结构面上油饰彩画的装饰效果和良好的外观效果。

21.11 应用实例

本工法楼观台财神庙区、陕西建工集团综合楼、道教圣地老子说经台、商业街工程推广使用效果良好，建设单位、监理单位、设计单位、质检部门对工艺质量以及本工法的成功应用非常满意。如表 21-2 所示。

工法应有工程一览表 **表 21-2**

工程名称	地点	开、竣工日期	工法应用时间	应用效果
陕西建工集团综合楼	北门	2009 年 3 月～2010 年 10 月	2010.05	良好
楼观台财神庙	楼观台	2010 年 7 月～1011 年 7 月	2011.04	良好
老子说经台及商业街	说经台	2011 年 7 月～2012 年 2 月	2012.01	良好

22 仿古建筑大木构件油饰彩画地仗施工工法

陕西古建园林建设有限公司

俱军鹏　牛晓宇　吕多林　雷德荣　周永红　王升科

22.1 前言

油饰彩画是我国木构古建筑的重要组成部分，它伴随着木结构建筑的发展而发展，代代相袭流传至今已有两千余载的历史。古建筑作为中华民族的瑰宝，以其浑厚庄重、典雅悠远的建筑风格，在世界建筑之林别树一帜。尤其作为油饰彩画部分为重，如果将古建筑比作人的话那么油饰彩画就是人所穿的衣裳，所谓“人靠衣裳马靠鞍”。另一方面木构古建筑最大的缺点就是易受风吹、日晒雨淋等自然因素的影响，因此油饰彩画隔绝了木材与外界环境的接触，保证了木材的耐久性。从这也能看出油饰彩画的重要性，这也是古建筑的点睛之笔。本工法在传统的古建筑油饰彩画的工艺上进行改进，使油饰彩画既具有观赏性和文化内涵，又对木构件有更好的保护性、耐久性能。

22.2 工法特点

本工法以一麻五灰地仗为例。在木构件表面一麻五灰地仗的材料，与之相关的操作工艺也在原有工艺基础上改进创新，使油饰彩画呈现出更好的艺术效果。

22.3 适用范围

该施工工法适用于新建仿古建筑大木构件一麻五灰地仗、一布（麻）四灰、二麻六灰等麻布地仗的施工。

22.4 工艺原理

本工法依赖现有的常备施工工具和施工方法，采用常用常见的油饰彩画地仗材料进行。以精心策划为先导，以精细操作为基础，以疏而不漏的严格检查为手段，实现油饰彩画独特的质量观感和高品位的艺术享受。

22.5 工艺流程及操作要点

22.5.1 施工工艺流程

如图 22-1 所示。

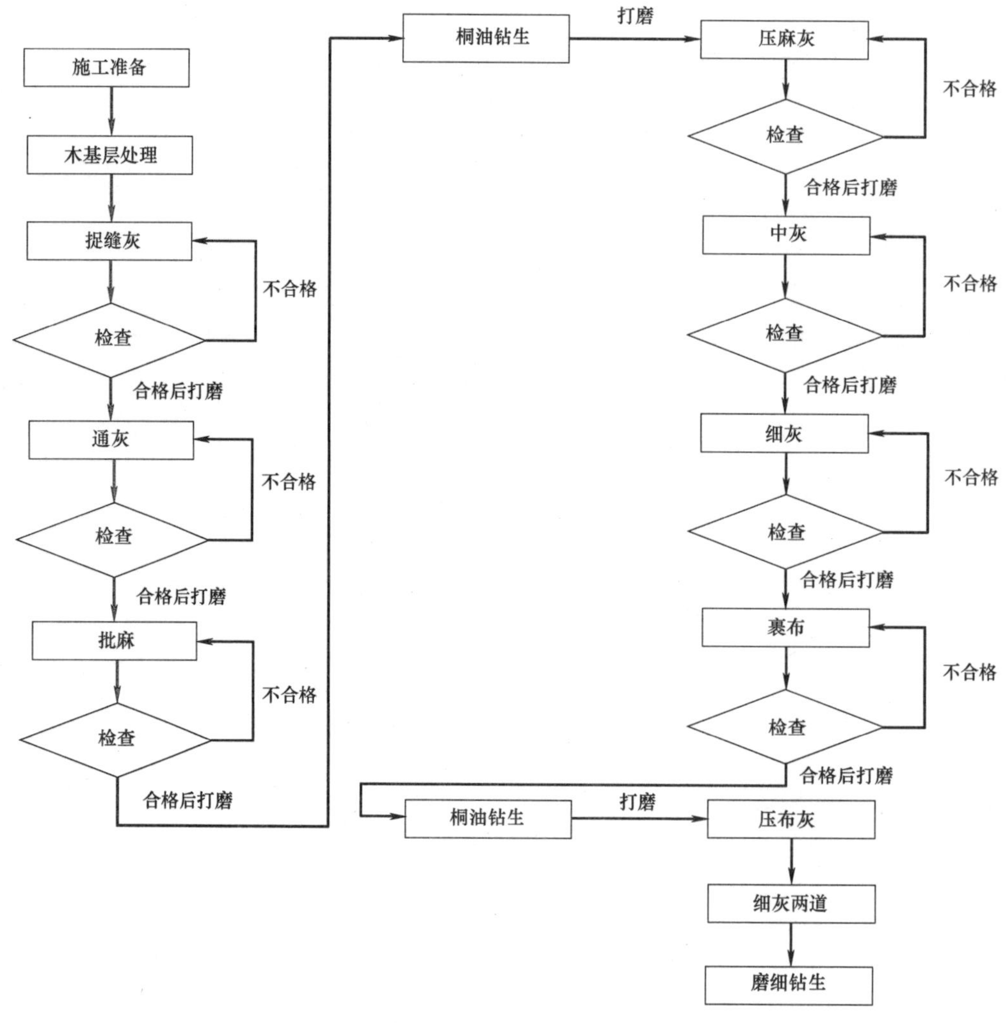

图 22-1 施工工艺流程

22.5.2 操作要点

1 木基层处理时必须做到的规定

（1）在进行地仗前必须对木材表面进行砍活处理，斩砍时应横着或斜着木纹斩砍，并砍净挠白，不损伤木骨。木构件表面的剁斧痕迹、间距、深度都应一致。

（2）疖子直径大于或等于 20mm 时，应砍深 3～5mm。

（3）木构件缝隙里的灰及时清理干净。木构件表面的缝隙小于 2mm 时将其撕成“V”

形缝，大于 2mm 的缝隙必须下竹钉，下竹钉时为保证牢固、严实，可加入适量白乳胶进行粘结，竹钉间距为 150～200mm，竹钉之间的空隙用同等木材塞实，为保证牢固，可将木材表面加胶后钉入。对于超过 5mm 的缝隙必须对其进行银锭榫锚固措施，锚固间距为 200～300mm。

2 灰层工序必须做到的规定

(1) 灰层完成后，必须等其完全干燥后方可进行下一道工序，每道灰层之后必须打磨，将飞翅、浮籽打磨光滑、平整，清扫后用湿布掸净。

(2) 使麻时麻丝必须与木结构或木丝的对接缝交叉或垂直。结构的交接缝麻丝搭接宽度不应少于 30mm。麻层应当密实整齐、粘结牢固，厚度不少于 1.5mm。不得出现干麻、空鼓、窝浆等缺陷。

(3) 裹布时柱子应缠绕裹布，结构的交接缝裹布的搭接宽度不得少于 30mm。布面应平整严实牢固，搭接严密、不得露底，不得出现窝浆、干布、空鼓等现象。

(4) 钻生桐油时不得采用喷涂方法进行，不得掺兑汽油或催干剂等外加材料。钻生桐油时应立即打磨，不得间断。钻生油的表面颜色应一致，不得出现遗漏、挂甲、龟裂、污染等现象。

(5) 每道灰的灰层在构件边楞、柱脚、板口、阴阳角等部位时，应当找平、直顺、薄厚均匀、无龟裂、无明显接头，线型、线扣尺寸不得走形变样，以达到平、直、圆的要求。

3 地仗材料的加工

(1) 熬制灰油时，严格按照季节调节加入的催化剂的比例。熬制桐油时禁止出现经加热就出现起泡沫、膨胀或者溢锅等现象，此类桐油禁止使用。

(2) 熬油时要时刻注意温度的变化，凝结成胶的桐油禁止使用。

(3) 传统油满是用净白面粉、石灰水和灰油调配而成，由于现代不主张用面粉调配油满，因此在施工中可以用腻子粉（如立德粉）进行替代。它的配合比以净立德粉：石灰水：灰油＝1：1.3：1.95 为最佳。

(4) 捉缝灰按照传统体积比进行配置，即油满：灰油：血料＝0.3：0.7：1，加适量立德粉调配而成。

(5) 压麻完成之后必须进行稍生，将油满血料以 1：1 的比例混合调匀，用刷子均匀地涂刷于麻层表面，以不露干麻为准，不得出现遗漏。

(6) 在稍生完成之后对麻层进行检查，对粘结不牢固或局部过干的部位进行翻松，然后用沾满头浆的刷子反复进行刷，随刷挤压，并将余浆挤出。完成后可再统一进行一次稍生，防止因干燥过快导致出现裂纹。

(7) 压麻灰配置时按照体积比为油满：灰油：血料＝0.3：0.7：1.2，加适量立德粉调制而成。

(8) 中灰配置时按照体积比为油满：灰油：血料＝0.3：0.7：2.5，加适量立德粉调制而成。

(9) 细灰配置时按照体积比为油满：灰油：血料＝0.3：1：7，加适量立德粉调制而成。

22.6 地仗材料调制

22.6.1 原材料

灰油：将土籽灰和章丹粉加入生桐油内经搅拌熬制而成的一种半成品原料，它是调制地仗灰材料和做油满所需要的原材料。其按照一定的重量进行调配，其配合比根据天气、季节的变化有所调整。

血料：是用猪血加工而成的棕色胶状体。将猪血内块状物搓成血浆后，用180目细筛过滤掉渣滓和残血块，用木棍向一个方向慢慢搅动，同时，边搅动边加入5%左右的石灰水和20%左右的清水（夏季加冷水，冬季加30℃左右的温水），并不停地搅拌，颜色由红色逐渐变为黑褐色，随后由液体变为粘稠的胶体，这时将血料沾一点于大拇指壳上，看其颜色是红中带绿，说明猪血已经开始凝结，放置2～3h后即可使用。

立德粉：替代面粉，制作油满的材料；替代砖灰作为地仗的主材料。

麻（布）：麻丝、麻布（夏布），在地仗中加入麻或布来提高地仗的强度。

22.6.2 地仗灰的种类

1 汁浆：按照体积比为油满：灰油：血料＝0.3：0.7：1配制而成的浆类液体，涂刷于构件表面增加灰层的粘结能力。

2 捉缝灰：用来对木结构表面进行嵌缝或修补不平，对缺棱少角部位进行初步找平的一道灰。

3 扫荡灰：是一种通刮于木构件表面的灰，起到初步找平的作用，它是披麻的基础。

4 压麻（布）灰：它是用于麻布层之上的一种灰，作用是在麻（布）层之上进行初步找平，对保护麻（布）层有很重要的作用。

5 中灰：中灰的作用属于对上一层灰的二次找补，其厚度在2～3mm。

6 细灰：是地仗层的最后一层找平灰层，可根据实际情况多做2～3次来保证构件的平直、圆润，灰层厚度不得超过2mm。

22.7 一麻五灰地仗施工操作工艺

22.7.1 对木构件表面进行全面的检查，基层处理时必须将木构件调理直顺、方正，修补残损，对于缝隙较大的部位可以使用银锭榫进行锚固，间距为200～300mm。

22.7.2 木基层的表面进行斩砍处理，缝隙进行撕缝或下竹钉处理。

22.7.3 汁浆是指以汁浆用刷子将构件表面全部涂刷一遍。因木材表面经过砍挠打扫后，很难将缝隙内的灰尘打扫干净，因此所有的构件表面都需要汁浆，以便增加油灰与构件之间的衔接作用。

22.7.4 捉缝灰：经过木基层处理和汁浆工序之后，用刷子将表面的灰尘清扫干净，然后用油灰刀或刮铲将捉缝灰向木缝内填嵌，横推竖划，使缝内灰填满压实，要求在操作的过程中不能出现“蒙头灰”现象。对不平、缺棱少角的部位进行初步的填补找平，干燥后用砂纸进行打磨平整，并清理干净。阴干后用粗砂纸进行打磨，并清理掉表面浮灰方可进行下一道工序。

22.7.5 扫荡灰：又叫通灰，即在构件表面通抹一道灰的工序，它在捉缝灰之上，是披麻工序的基础，必须刮平刮直。在进行大木构架的通灰时，对每个大的构件进行分段披灰，至少由两个人同时进行一个构件的通灰，一个人用灰板刮涂通灰，第二个人用灰板将灰刮平刮直、找圆等，并借助靠尺等水平工具进行辅助找平，对凹凸不平的部位进行补灰找平。完成之后再将棱角、阴角、接头部位找补顺平，修整平整，要求灰层不能有灰疙瘩。阴干后用粗砂纸进行打磨，并清理掉表面浮灰方可进行下一道工序。

22.7.6 披麻分为以下几道工序：

1 根据各个构件的大小，将麻布提前裁好，并标号分类码放。

2 刷开头浆：用刮板将油满血料刮于扫荡灰之上，其厚度以能浸透麻布空为宜，油满血料必须满刷，厚度均匀。

3 使麻：刷完开头浆之后，应立即将裁好的麻布粘贴上去。粘贴麻布时拼接处要留在木材的背阴面或不易被看见的地方。麻布要粘贴平整，修剪掉麻布上的接结、有麻丝疙瘩的部位。剪掉疙瘩之后，要将周围剪断的麻丝头理顺，并填补因修剪产生的孔洞。

4 轧麻：用刮板将麻布刮平理顺，目的是为了使麻布与头浆更好的粘结，轧麻时要顺着构件的方向进行，逐次轧 2～3 次，用劲适宜，用劲过大就会将过多的头浆从麻布孔里挤压出来，导致粘结不牢，容易出现空鼓。阴角部位的麻布要多刮几次，不能出现遗漏。

5 稍生：将油满血料以 1∶1 的比例混合调匀，用刷子均匀地涂刷于麻层表面，不得出现遗漏。

6 水压：在稍生完成之后对麻层进行检查，对粘结不牢固或局部过干的部位进行翻松，然后用沾满头浆的刷子反复进行涂刷，随之伴随挤压，将余浆挤出。完成后可再统一进行一次稍生，防止因干燥过快导致出现裂纹。

7 整理：以上工序完成之后，进行详细检查，对棱角绷起、麻布松动等质量缺陷进行修正，有干麻的部位进行补浆修正。完成之后晾干 2～3d。

22.7.7 麻（布）层表面钻生：为了保证麻（布）层的质量、强度和压布灰的粘结能力，可在麻（布）层干燥之后，再在其上用生桐油进行钻生，待桐油干后需用砂纸进行打磨。

22.7.8 压麻灰：在压麻灰进行之前对麻层进行打磨，要求打磨至麻茸浮起，但不得将麻丝磨断。打磨完成之后用羊毛刷将表面浮灰刷掉。然后用刮板将调制好的压麻灰涂抹于麻上，要求压麻灰分层进行刮涂，第一遍先薄刮涂一遍，使灰头和麻布密实结合，然后再在其上刮几道，以能完全覆盖麻布为准，不宜过厚。在进行每层灰的过程中要借助靠尺等工具进行检验，保证木构件的平、直、圆。阴干后用粗砂纸进行打磨，并清理掉表面浮灰方可进行下一道工序。

22.7.9 中灰：压麻灰干燥之后，要精心打磨，将构件通磨一遍，磨至平直、圆滑，清扫干净之后用刮板将中灰均匀地刮一道，灰层不宜过厚，对有线脚的部位进行轧线，线条压平直。阴干后用细砂纸进行打磨，并清理掉表面浮灰方可进行下一道工序。阴干后用细砂纸进行打磨，并清理掉表面浮灰方可进行下一道工序。

22.7.10 细灰：中层灰干燥之后，用砂纸打磨清扫之后进行细灰工序，在圆柱子等表面进行细灰时改用软皮子进行，面积较大时用刮铲进行，灰层厚度不能超过 2mm。披刮接头要平整，有线脚的地方再以细灰轧脚。干燥之后再进行修补找平，对所有细灰完成面进行检查，不平整的部位进行修补。检查完成之后进行打磨。

22.7.11 磨细钻生：用细磨石将干燥后的细灰磨平磨光，去尘洁净后用漆蘸生桐油涂刷一遍，要求钻生跟随磨细灰一起进行，随钻随磨，浮油用麻丝头擦干净，避免干后留有油迹。待油干后用细砂纸打磨光滑，并清扫干净。大面积打磨时应当横穿竖磨，除小型或异形构件外，禁止用细砂纸磨细灰。磨细灰应断斑，表面平整光滑，线型及花纹等不得变形走样。

22.7.12 一麻五灰地仗在细灰工序之后就结束了，可以根据特殊部位（檐柱等易淋雨部位）及特殊要求（耐久度等），可以在一麻五灰地仗上再加一布四灰工序。后加的一布四灰工序中的捉缝灰及通灰均以中灰腻子及操作方式进行，完成之后进行裹布工序，裹布的操作流程及规范要求和披麻基本一致，布上的压布灰及中灰、细灰的操作方法和一麻五灰地仗一致。

22.7.13 成品保护

1 施工环境不得低于 5℃，温度均衡，冬期施工时应当搭设保温棚，并在夜间对作业部位进行覆盖保护。

2 雨期施工时，应做好防雨保护措施。

3 对墙角、坎墙、柱顶石、地面、台明、踏步等与地仗作业相邻的成品部位应当糊纸或用彩条布、塑料薄膜进行覆盖保护，避免地仗灰污染。

4 移动物体时应避免对墙面、檐口、地面以及完成的地仗层造成破坏。

5 场地内禁止扬尘作业，木工材料的加工应远离地仗施工场地。

6 场地内产生的垃圾及时进行清扫处理，现场禁止堆放垃圾及易燃材料。

22.8 地仗施工机具

22.8.1 加工原材料的器具

锅灶、铁桶、油勺、铜筛、温度计、盛水器。

22.8.2 一般机具

搅拌器、灰桶、铁板、灰板、软皮子、靠尺、水平尺、金刚石、砂轮石、粗砂纸、细砂纸、水砂纸、棕毛刷、剪刀、铁刷、斧子、壁纸刀等。

22.9 质量控制

22.9.1 施工验收标准

1 工程的施工及质量验收，除应达到本工法规定要求外，还必须满足以下规范要求：

《古建筑修建工程施工与质量验收规范》JGJ 159；

《建筑装饰装修工程质量验收标准》GB 50210。

2 主控项目

(1) 地仗中使用的桐油、血料及操作工序必须符合设计要求或古建常规做法。

(2) 木基层的含水率不得大于12%，雨天停止木基层的处理。

(3) 在进行细灰工序时，灰层不宜过厚，待灰层干燥后，可以多进行几次细灰工序，每次灰层厚度不得超过1.5mm。

(4) 地仗使用的麻、布不得出现糟朽、霉变、破洞等影响质量的情况。

(5) 灰油应由生桐油、土籽、樟丹粉熬制而成，灰油应熬至均匀，火候适宜，稠度方便施工，根据季节的不同，灰油的配合比（重量）应符合表22-1。

灰油的配合比表 **表22-1**

季节	材料		
	生桐油	土籽	樟丹
春秋	100	7	4
夏季	100	6	5
冬季	100	8	3

(6) 血料应该采用有黏度、有弹性，似嫩豆腐状的新鲜猪血，发制血料时应该按照传统做法执行。

(7) 麻布（夏布）、麻丝、玻璃丝布选用应该符合以下条件：

1) 麻丝应选用上等的麻丝。经加工后，麻丝应柔软、洁净、无麻梗、纤维拉力强，长度不宜小于10mm。

2) 麻布应选用质优、清洁、柔软、无跳丝破洞、拉力强，每厘米内有12～18根丝。

3) 可采用玻璃丝布代替麻布。

(8) 桐油要选择3～4年的原生油，且应呈现金黄色、清澈透明、无杂质、无异味。

(9) 古建筑地仗灰的配合比应该严格按照规范及设计要求进行配置。

3 一般项目：

(1) 合理计划当天的地仗材料的用量，当天配置的材料当天必须用完，不得积攒到第二天使用。

(2) 地仗施工前后应进行合适的保护措施，防止风吹、日晒、雨淋，保证环境的通风干燥。

(3) 地仗施工轧线的线型比例、规格尺寸必须符合传统做法。

(4) 每道灰干后方能进行下一道工序，如果灰层较厚，应阴干 2～3d。禁止将灰层曝晒于阳光下。

(5) 当地仗因为特殊原因停工时，不得搁置在使麻或裹布工序上，应在通灰或者压麻灰、压布灰之后再停工。

(6) 作业完成后将工具清理干净，不得将施工中产生的麻、布及擦生油的布头等易燃物品遗留现场，应及时清理，防止火灾。

(7) 每道工序后都需用细砂纸打磨平整，并清理掉表面的浮灰。

(8) 麻布地仗大面光滑平整，小面基本平整，侵口的正视面宽度不得小于线面宽度的87%。不大于 94%。

(9) 棱角、线脚、口角交接处平直方正；线脚处无倾斜缺陷；圆度规矩自然、无缺陷。

(10) 各种轧线线口三停三平，线肚、线面饱满光滑，凸面一致，无断条，肩角端正，秧脚整齐、弧度对称；花纹阴阳分明、美观、线肚高，无明显偏差。

(11) 大小面颜色一致，无砂眼、无划痕、无疙瘩灰、无窝灰。

(12) 主要面无龟裂、无细灰接头，一般面无龟裂，无明显接头、大小无明显偏差。

(13) 相邻的部位洁净无灰、无油痕迹。

22.9.2 质量技术措施和管理方法

1 严格按照 ISO 9001 标准要求，建立完善的现场质量管理体系，并进行有效的运行。

2 加强与设计单位联系和配合，深刻领会设计意图。

3 根据本工法和审定的施工方案，现场制作样品间，对相关的管理人员和所有的操作人员进行全面细致的技术交底。

4 对制作好的样品要进行严格的保护，防止出现人为的破坏。

5 由专职的质检员随时进行跟班检查。同时，操作班组之间认真做好自检和工序交接检。

22.9.3 质量记录

1 施工材料的质保文件和合格证件。

2 地仗分项工程技术交底。

3 各装饰工程的设计图纸资料。

4 隐蔽工程检查记录（含每道工序的照片记录等）。

5 预检记录（各种轧线及外表面、平整程度等）。

6 施工记录（主要为照片记录）。

7 分项工程检验批质量验收记录。

8 分项工程质量验收记录。

9 分项/分部工程施工报验表。

22.10 安全措施

22.10.1 安全管理措施

1 机械设备使用前应进行检查维修，严禁设备带故障运行。

2 工作进行前仔细检查作业面的安全状况，采取相应的防坠措施。

3 锅灶在使用时要在空旷的场地进行，并砌筑围挡砌体，防止无关人员入内，并设置专职人员熬制桐油，桐油放置在特定的仓库，远离火源及易燃物品。

易燃物品的堆放应符合规定的要求，切勿在场内随意堆放。

4 施工现场安全管理、文明施工、脚手架、“三宝四口”防护、施工用电等有关要求遵照《建筑施工安全检查标准》JGJ 59 中的规定。防止人员伤亡事故发生。

5 安全施工必须由项目经理领导和安排，专业工长对作业人员进行安全教育、下发安全技术交底，专职安全员负责每日的现场检查，确保施工安全措施到位。

6 编制相应施工方案，严格按规定审批执行。

7 施工临时用电采用三相五线制，TN-S 接零保护系统，执行三级配电、两级保护，做到“一机、一闸、一漏、一箱”。

8 电气设备及线路必须进行安全检查，闸刀箱上锁，电器设备安装漏电保护器。

9 作业人员必须配备完善的防护用具，如：安全帽、安全带、护目镜、手套等。高空作业挂好安全带。

10 施工操作面使用的工具不得乱放，随时放入工具盒或工具袋内，防止滑出伤人。

11 雨天、霜天、雪天、大风等天气作业时须做相应的防护保温措施。

22.10.2 安全管理预案

必须针对工程实际编写以下预案：

《预防火灾紧急预案》；

《预防漏电伤害紧急预案》。

22.11 环保措施

22.11.1 现场环境保护管理必须执行以下规范

《建设工程施工现场环境与卫生标准》JGJ 146。

22.11.2 环境保护措施

1 施工用设备用具清洗清洁工作在指定地面进行，污水经沉淀处理方可排放。

2 打磨清扫时应进行封闭操作，防止打磨造成的灰尘出现扬尘污染，清扫地面灰尘时应当洒水处理。

3 建筑垃圾处理措施有：建筑垃圾采用容器运输分类，分区密闭堆放，并由有资质的清运公司处理。

22.11.3 现场文明施工管理

1 按照文明工地验收标准，制定文明施工措施并有效执行。

2 文明施工的主要措施内容包括：

(1) 完善施工及安全防护设施，完善各类标志及标识。

(2) 合理调整现场布局，定时清洁、清理现场。

(3) 持续改进施工人员现场服务设施。

(4) 定期开展员工文明施工行为教育和文化娱乐活动。

22.11.4 效益分析

本工法所用材料替换了古建传统做法中的部分材料，市场价格便宜易于采购，质量也有所提高。操作工艺在传统工艺基础上做了加强改进，使地仗具有更强的耐久性能，大大延长了维修周期。本工法中的创新工艺可弥补前道工序的质量缺陷，使观感臻于完美。不影响工作效率，不破坏周围环境，无污染，无噪声，不影响周边居民的生活和学习。

22.12 应用实例

本工法在陕西省沣峪口村中国长安文化山庄和河南西峡县旅游服务综合体建设工程中重点应用，提高油饰彩画的耐久度的同时也提高了油饰彩画的表面观感质量，为整个建筑增光添彩，得到了建设单位及古建专家的一致好评。

23 仿古建筑屋脊金属瓦型避雷接闪器施工工法

陕西建工第三建设集团有限公司　陕西建工第一建设集团有限公司
赵丕毅　丁宝安　王维　张旭军　陈庆伍

23.1 前言

随着旅游业的蓬勃发展，各地建造的仿古建筑物数量飞速增长。目前传统建筑屋脊避雷接闪器多采用ϕ10镀锌圆钢沿屋脊上侧架空敷设的方式进行，圆钢接闪器的安装对古建筑的外观影响较大，整体观感效果差，不能彰显传统古建筑物的特点。施工企业利用在古建领域的优势，结合古建施工经验，研制出金属瓦形避雷接闪器替代传统圆钢接闪器的施工方法，不仅起到防雷作用，而且美观大方，消除了古建筑物屋脊上的明敷避雷带，提高了建筑物的整体观感，能够更好地彰显传统建筑物的古朴风貌。

23.2 工法特点

传统建筑屋脊金属瓦型避雷接闪器施工工艺，采用金属瓦型避雷器代替传统的圆钢避雷带，一是提高仿古建筑物的观感，彰显古建风采的避雷施工新方法，二是避免在脊瓦打孔引起屋面渗水等质量通病，三是提高了屋脊的整体性和耐久性。该方法施工简便，易于操作，施工质量优异，改变了以往传统建筑接闪器带来的零乱感，还原古建本色。

23.3 工艺原理

其工艺原理是在传统建筑屋脊安放金属瓦型避雷接闪器位置，利用符合尺寸的焊接钢管顺长刨切，制作成与屋脊扣瓦一致的金属瓦，再经过防腐处理热浸镀锌后与支架、接地引下线及接地母线可靠连接，给其表面喷涂与屋面瓦颜色一致的导电漆，设计制作出新型接闪器，经设计单位建筑、电气专业确认、计算，达到设计及保护要求，并符合现行规范要求，从而达到避雷效果，保证建筑物的安全。如图23-1

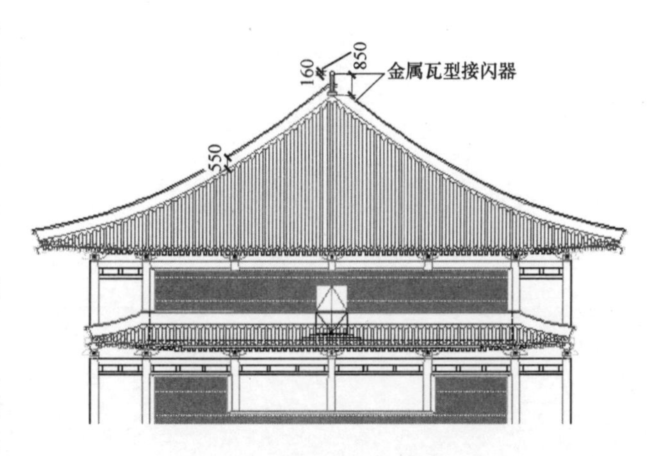

图23-1　金属瓦型接闪器示意

所示。

23.4 适用范围

本工法涉及电气安装领域防雷及接地施工，主要针对仿古建筑、古建改造工程防雷施工。

23.5 施工工艺流程及操作要点

23.5.1 工艺流程

如图 23-2 所示。

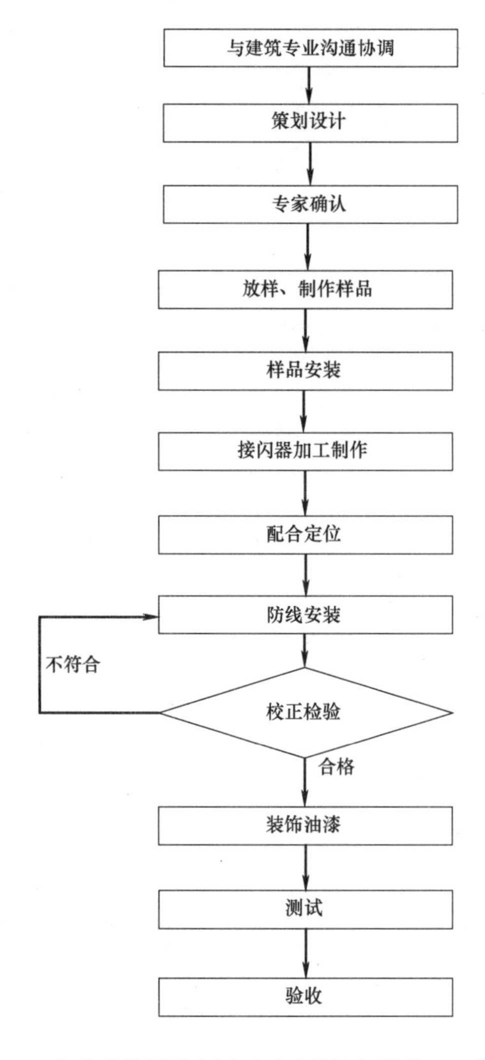

图 23-2 仿古建筑屋脊金属瓦型避雷接闪器施工工艺流程

23.6 操作要点

23.6.1 施工准备

依据施工图纸对设计避雷带的位置、走向等有充分的了解，前期与建筑施工人员对瓦的造型、固定方法、节点构造等进行协调，根据其安放位置进行一一策划，利用软件进行设计优化放样，然后制作样品，经设计单位建筑、电气相关设计人员确认后编制专项施工方案，并按照预定方案实施。

23.6.2 预制金属瓦

按照优化设计好的加工制作图，将符合直径的焊接钢管（壁厚大于 4mm）顺长刨切成两半，加工成符合规定长度的金属扣瓦，根据起翘部位和起翘弧度的不同，接闪器加工制作的长度也不同。切口要顺直，无毛刺。把预加工的“U”形镀锌薄止水板沿瓦件内侧进行点焊固定，“U”形板流水槽要在相邻瓦件的中心处，且与瓦件内壁接触紧密，不能虚焊、脱焊，焊口要平整。其构造设计图如图 23-3 所示。

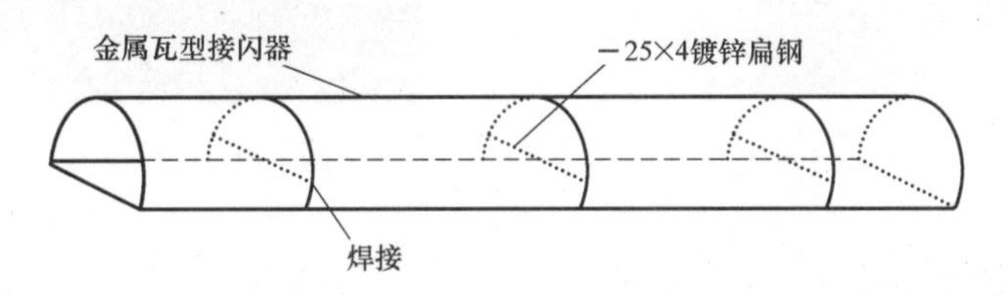

图 23-3　金属瓦型接闪器构造设计图

在瓦的内侧 300mm 等间距处焊接－25×4 的扁铁作为金属瓦的固定拉结件，确保金属瓦在加工过程中不变形，制作好的接闪器保持弧度一致。在每个屋脊的脊头处，要提前预制猫头瓦，根据该脊所敷设金属瓦的尺寸，采用薄钢板预制加工与该瓦直径一致的猫头，并与瓦件焊接为一体。加工之后酸洗钝化经专业负责人检查合格之后，进行热镀锌处理。如图 23-4～图 23-6 所示。

图 23-4　“U”形镀锌止水板

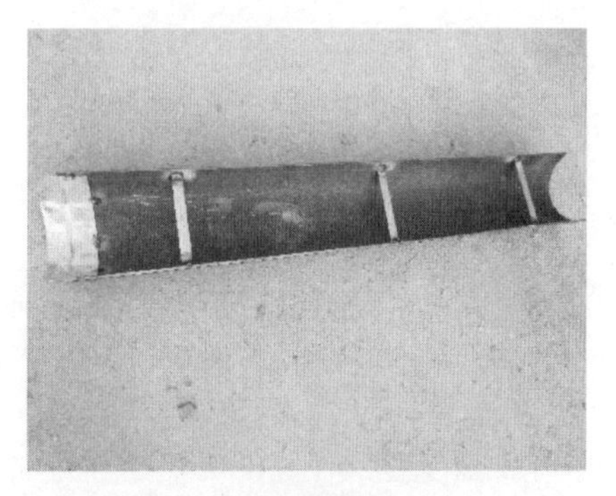

图 23-5　金属瓦形接闪器与止水板及拉结件连接

图 23-6　经处理后成品金属瓦形接闪器

23.6.3　配合土建安装预埋件

土建屋脊施工时，与土建人员密切配合，及时预埋固定金属瓦的支架，支架每隔 1000mm 一个，起翘部位固定支架间距减小，沿脊在一条直线上。支架采用 $\phi10$ 的圆钢预埋，施工前检查材料是否合格。

在侧瓦粘结强度允许时，开始确定接地母线的敷设位置，并划线标记。如图 23-7、图 23-8 所示。

图 23-7　提前预留的预埋件

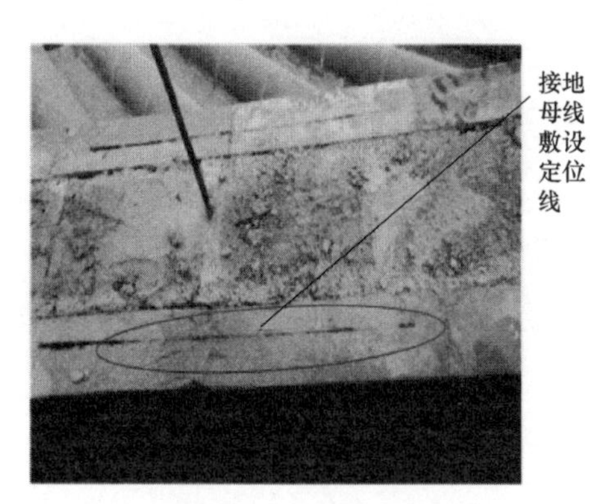

图 23-8　安装定位放线

23.6.4　敷设接地母线

接地母线采用－25×4 的镀锌扁钢通常焊接，在垂直接地母线方向焊接－40×4 的固定扁钢，扁钢长度与瓦件截面外直径一致，预埋件中间位置处与固定扁钢可靠焊接，扁钢的另一端与接地母线可靠焊接，扁钢两端拉线找直、找平。接地母线与引下线可靠焊接，焊缝符合要求，保证电气导通良好。如图 23-9、图 23-10 所示。

图 23-9　接地母线的敷设

接地母线与引下线可靠焊接

图 23-10　引下线与接地母线可靠焊接

23.6.5　金属瓦安装

在安装金属瓦之前，固定金属瓦平直度控制线，达到在过程中控制的目的，避免误差的累积（图 23-11）。

从脊头处向上安装金属瓦，金属瓦的外边沿一边与垂直方向焊接的－40×4 固定扁钢可靠焊接，另一边与接地母线可靠焊接，所有焊口做好防腐处理。

图 23-11　平直度控制线

瓦与瓦之间缝隙均匀，间隙≤5mm，金属瓦固定好之后，在瓦与瓦接缝处补密封胶之前，粘上纸胶带，确保补密封胶时金属瓦的清洁。瓦与瓦之间接缝处补密封胶，密封胶饱满，接缝处应平滑。如图 23-12、图 23-13 所示。

图 23-12　金属瓦形接闪器的安装

图 23-13　接闪器之间细部做法

23.6.6　金属瓦型接闪器的喷漆及测试

待接闪器安装好之后，给其表面喷涂与屋面瓦颜色一致的金属导电漆，喷涂应均匀；或根据传统建筑的特色，在瓦面贴金或喷涂改性银粉漆，确保与屋面整体风貌完美结合。

接地测试点引下线标示明确。防雷接地电阻测试，接闪器施工完毕后，采用专业防雷电阻测试仪进行测试，达到防雷设计要求。

23.6.7　金属瓦型接闪器的安装效果

通过这种工艺，屋面避雷金属瓦很好地与传统建筑融为一体，避雷金属瓦随着建筑物的造型而自然平滑起翘，完全彰显古建筑造型多样新颖的特点，达到预期效果。如图 23-14～图 23-17 所示。

图 23-14　金属瓦型接闪器的安装效果

图 23-15　工程实施效果一

图 23-16　工程实施效果二

图 23-17　工程实施效果三

23.7　材料与机械设备

23.7.1　材料应符合国家或住房和城乡建设部颁发的现行技术标准和设计要求。

23.7.2　所用的材料应符合设计及规范要求，并应有出厂质量证明书、检测报告及合格证书。

23.7.3 工具用具：电焊机、切割机、钢锯、粉线袋、线绳。

23.7.4 检测装置：水准仪、钢直尺。

23.8 质量标准

23.8.1 施工验收标准

1 工程施工质量验收要求

除应达到本工法规定要求外，还必须满足以下规范要求：

《建筑工程施工质量验收统一标准》GB 50300；

《混凝土结构工程施工质量验收规范》GB 50204。

2 主控项目

1）接地装置的接地电阻值必须符合设计要求。

2）镀锌扁钢与镀锌扁钢焊接，其搭接长度不少于扁钢宽度的2倍，三边施焊；镀锌扁钢与镀锌圆钢焊接，其搭接长度不小于圆钢直径的6倍，双面焊接；

3）金属瓦与接地母线焊接长度不小于10cm；焊缝应饱满，无夹渣，咬肉、气孔等现象，所有焊口均做好防腐处理。

3 一般项目

1）接闪器及防雷引下线位置正确，固定牢固。平直度每2m检查段偏差≤5/1000，全长不大于30mm，接闪器随脊起翘，平顺自然，观感优美。

2）预埋件规格及位置符合设计要求。

23.9 安全生产与文明施工

23.9.1 在工厂加工好的接闪器要注意成品保护，防止止水板脱落或瓦件变形。

23.9.2 施工作业时应注意采取高空作业的安全措施，严禁高空向下坠物。

23.9.3 高空焊接作业注意焊渣、火星下落，做好防护，防止发生火灾。

23.9.4 防雷及接地工程应配合土建施工同时进行，互相配合做好成品保护工作。

23.10 效益分析

23.10.1 经济效益

通过对临潼东花园改造工程屋脊金属瓦型避雷接闪器的施工方法控制，该工法的实施，节约了材料，优化了工序，减少了人力投入，缩短了工期。

首先，采用传统避雷方法，是在土建屋脊扣瓦完成后在其上侧架空敷设镀锌圆钢，需要土建与安装单位交叉施工，工序繁琐，增加了人工费，延长了工期，还需要水泥砂浆、屋脊扣瓦以及镀锌圆钢等材料，仅此几项就比金属瓦型避雷接闪器多支出近20%的费用。

其次，采用金属瓦型接闪器提高了建筑效果，一次安装、一劳永逸。以往传统做法由于交叉作业，破坏屋面防水以及接闪器安装破坏屋面扣瓦的可能性较大，后期维护投入量大，增加了使用者的费用支出。

23.10.2 社会效益

该方法的合理运用，让避雷带与古建筑融为一体的同时使仿古建筑屋面彰显整体古建风貌，该施工工法得到了建设单位、设计单位、监理单位及相关古建专家的一致好评，为以后同类工程施工积累丰富了成功经验，为公司的古建品牌效益做出了贡献。

23.11 应用实例

本工艺在西安大唐芙蓉园（图 23-18）和临潼东花园观风楼采用全方位多角度再现了大唐盛世的灿烂文明，给西安唐文化旅游板块再添看点，金属瓦型接闪器在该工程中得到了很好的运用，将传统建筑避雷的难点转化为工程的亮点，使传统建筑屋面彰显整体古建风貌，为传统建筑屋面避雷设计施工提供样板依据，目前已作为一个标准化的施工工艺进行推广实施。

图 23-18 西安大唐芙蓉园

附录　工程案例

附录1　陕西历史博物馆工程施工

陕西省第三建筑工程公司　魏更新①

陕西历史博物馆是根据1973年周恩来总理视察西安时的指示建设的，它是一座国家级的现代化大型历史博物馆，被列入我国“七五”重点工程项目，总建筑面积60966m²，其中仿古建筑45800m²，总投资1.44亿元（附图1-1）。

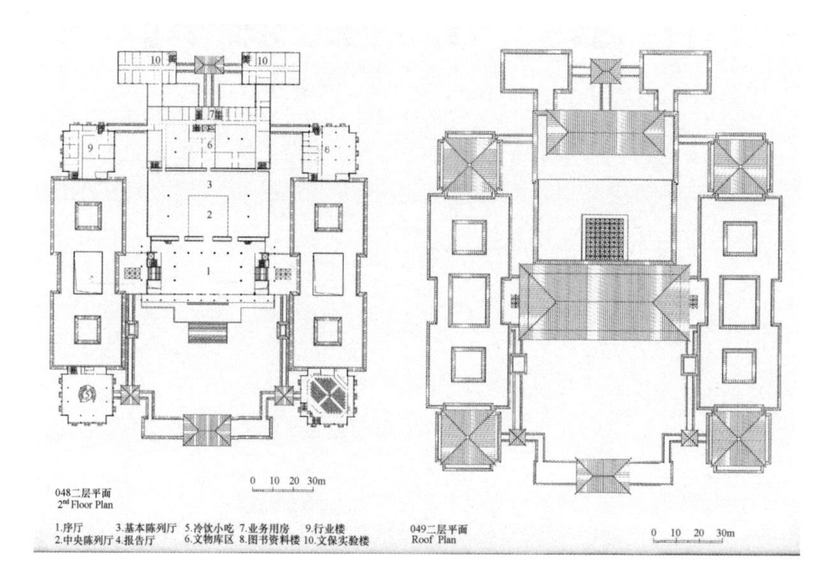

附图1-1　建筑平面图

陕西历史博物馆建于西安市南郊小寨东路中段，占地面积104亩，距大雁塔1公里，是由原陕西省第三建筑工程公司承建的，中国建筑西北建筑设计研究院设计的。陕西省第三建筑工程公司于1987年7月1日开始主馆基础垫层施工起至1991年4月30日建成交付使用，总工期3年10个月。经上级验收，工程质量评为优良工程，1991年6月20日开馆剪彩，成为西安又一座标志性建筑，建成后获国内外一致好评（附图1-2～附图1-5）。

1　工程概况

陕西历史博物馆工程具有浓厚的民族传统风格，它与现代建筑技术绝妙地结合起来，运用对称布局和院落式组合的手法，主馆唐风宫殿式建筑，借鉴传统的主从有序、中央殿堂、四偶崇楼的设计模式，通过大小7个庭院和回廊将11个建筑体组成一个有机联系的

① 魏更新，陕西省礼泉县人，1936年3月出生，1955年8月西安建筑工程学校土木专业毕业，曾任陕西省第三建筑工程公司副总工程师。

群体造型，融入时代特色，结构严谨，功能齐全，气势宏伟，主次井然，高低错落，大小相连，系大型仿唐群体式建筑，规模在全国仅次于北京天安门广场东侧的中国历史博物馆，是新中国成立后我国最大的仿古建筑群。

附图 1-2　建筑全景图

附图 1-3　游客服务中心外景

附图 1-4　建筑屋面翼角

附图 1-5　中庭外景

陕西历史博物馆具有多种使用功能，前区布置有序言大厅、六个展厅、报告厅、贵宾接待厅、文物商店、餐饮厅、休息厅等，后区布置有行政办公楼、情报资料楼、文物前准备、业务办公楼、文物研究保护中心等，各类机房均布置在地下层内，设施齐全，有灵活控制的监控系统，严密的防火防盗系统，多功能电气系统及各种系统的中央控制室。主馆为唐风宫殿式建筑，琉璃瓦屋顶，主馆东西总长 154m，南北为 187m，地下两层，地上一至三层最高六层，建筑高度 33m，主体为框剪结构，柱距最大为 10.6m，古建屋顶为仿木结构造型的钢筋混凝土结构。博物馆除主馆外尚有锅炉房、循环水泵房、循环水池、人防通道、400t 水池、景池、停车场、道路、室外热管网、雨水及污水管网等总体配套工程。

博物馆在建设上除具有大型馆工程的施工特点外，尚有边设计边准备边施工的特点，工期要求紧迫，古建施工难度极高，专业施工厂家多，建筑艺术要求高等特点。

2　工程施工简况

陕西省第三建筑工程公司于 1987 年 6 月初中标，6 月中旬施工力量进场，6 月 29 日主馆基础垫层混凝土开始浇筑。

附图 1-6　工程施工动员誓师大会

1987 年 7 月 1 日召开陕西历史博物馆工程施工动员誓师大会，会场条幅标语为“争金牌，保银牌”，以质量求信誉，战酷暑，斗严寒，以快取胜。从此，以“优质高速”为方针目标，开始了陕西历史博物馆工程的全面施工（附图 1-6）。

陕西省第三建筑工程公司在施工现场组建了由主管生产经理和总工程师挂帅的陕西历史博物馆工地工程指挥部，先后调入两个施工队和一个安装队，并组织了二十余家专业分包单位进行施工作业。

主馆划分为四个作业区，实行分区管理，统一指挥，并按照缩小流水步距、加快施工进度的总体施工方案组织施工。

在施工期间为了满足建设进度的紧迫要求，以工期最短的时间优化方案为手段，先后组织了六大施工战役，加快了建设速度。在施工高峰期，现场布置混凝土搅拌机 6 台，自动混凝土配料机三台，外加商品混凝土，日最高浇筑混凝土 300 余立方米，安装塔吊 6 台，提升井架 12 座。钢模板钢支撑钢架板等设施料最高投入量达 3000 余吨，完成混凝土浇筑总量 4 万余立方米，钢筋加工 6000 余吨（附图 1-7）。

附图 1-7　施工现场外景

本工程的古建屋顶结构，施工难度极大，它是决定陕西历史博物馆工程的总工期、总造价、总体质量的关键部位。

古建屋顶总面积为 1.5 万 m^2，其中翼角 168 处，斗栱升 176 组，檐口延长米总长达 4.5 公里，各类屋脊长达 4 公里，在屋脊上安装的大型鸱尾和宝顶（附图 1-8～附图 1-12）。

由于工地有计划地进行了长达半年的技术攻关准备和物资准备，为 1988 年 6 月开始古建屋顶结构施工创造了条件。

施工期 7 个多月就完成了斗、栱、升安装 1496 件，椽子安装 300 余种规格，1.5 万余根，望板 40 余种规格，10 余万块，浇筑了造型复杂、建筑面极小的异形构件混凝土 2000 余立方米，此项工程比原计划工期提前 8 个多月完成了结构性能可靠、造型优美的主体结构工程。

附图 1-8 翼角 1∶1 大样

附图 1-9 斗栱实体效果一

附图 1-10 斗栱实体效果二

附图 1-11 贵宾厅外景

琉璃瓦屋顶于 1989 年 6 月开始大面积施工，安排 4 条施工作业线，高峰时上工人数 240 余人，施工期六个月完成铺瓦 400 余种规格共 70 余万件瓦件，1.5 万 m^2 屋顶面积，其中屋脊延长米 4000m，檐口延长米 4500m，翼角 168 处，天沟 58 条的复杂任务，优质高速地完成了被工地人们比喻为“4 个钟楼，1 个鼓楼，1 个故宫太和殿”的陕西历史博物馆规模宏大的宫殿式大屋顶工程（附图 1-13）。

附图 1-12 檐口实体效果

装饰装修工程随着主体工程进行交叉施工，先后完成外墙面砖 1.4 万 m^2，内外墙面喷砂 3 万余平方米，花岗石地面、墙面柱面等近 1 万 m^2，铝合金格栅吊顶和轻钢龙骨多种饰面吊顶 3 万余平方米，铝合金门窗及隔断 6000 余平方米。

附图 1-13　瓦屋面施工

设备安装 2927 台件，铺设电缆 8000 余米，通风管道 1 万余米，各种管线 1.8 万 m，灯具 6500 余套。

陕西历史博物馆工程施工期间，陕西省第三建筑工程公司最高上工人数 1200 余人，进入现场的管理人员中，有高级职称的 6 人，中低级职称的 20 余人。

工程进入装饰施工期间，聘用已退休的能工巧匠 50 余人参与高难度技术部位的施工操作和技术指导工作。可以说，陕西历史博物馆工程在建设中汇集了全国一批知名的分包厂家和名牌产品，汇集了陕西一大批建筑业的能工巧匠和名家。

全体施工人员经历四个酷暑，三个严寒，没有节假日，不分昼夜，精雕细琢，拼搏奋战为建成陕西历史博物馆做出了贡献。陕西历史博物馆工程在建设过程中，国家和省市领导都十分重视，并得到了有关上级和主管部门的具体帮助，他们长期深入现场指导工作解决存在的问题，在陕西历史博物馆筹建处、中建西北设计院、西安市建筑工程质监站及有关单位的团结协作、相互支持下为施工创造了良好的条件。

3　施工组织与管理

陕西历史博物馆工地指挥部常设“三组一站一室”，即施工准备组、合同预算组、材料供应组、一个工地质监站、一个生产办公室。因工作需要又组织了若干技术攻关、工艺管理、专题问题处理等临时组织，工地指挥部实行全面管理，统一调度，直接指挥工程施工，施工队只负责施工作业和劳务管理以及完成工作量部分的成本核算。

陕西历史博物馆工程施工特别重视施工准备工作，从开工到竣工抓了施工全过程的动态施工准备，先后编制了 13 卷施工组织设计，并跟随施工进程和施工变化情况制定阶段性和重要工程部位的专题施工方案和施工准备计划及施工作业网络计划，为指挥部提供全面的、系统的决策依据。

陕西历史博物馆工程的施工计划管理，以阶段性和部位网络计划为基础编制年、季、月计划，施工队根据指挥部的月计划编制周、日作业计划，并规定了施工队“日碰头”，指挥部“三日碰头”的会议制度进行全面管理。

在陕西历史博物馆工程施工管理上，对全面质量管理，进度形象目标管理，分包管理，技术攻关计划管理，工艺标准化管理等方面进行了探索试验，取得了较好的成果。

4　工程施工技术进步

在陕西历史博物馆工程施工中，陕西省第三建筑工程公司充分利用工程的技术复杂要求和公司的人才优势这两个条件，有目标有计划地组织了科技攻关及新技术新工艺的制定及引进推广工作。

工地先后组建七个技术攻关组，多项专题工艺研究小组，完成一批技术攻关和研究成果，并制定了若干个工艺标准、工法及质量检验评定标准。使陕西历史博物馆工程的钢筋混凝土、古建屋顶结构、琉璃瓦屋顶、特种装修装饰灯的施工技术达到了一个新水平，为陕西历史博物馆工程的保质保量，缩短工期，降低施工成本起到了重要作用。

附图 1-14　圆柱施工

在钢筋混凝土工程施工上，使用了多项技术攻关成果，它们有自行研制的第三代微机控制的混凝土配料机，自行设计和制造的电动圆柱螺旋箍筋成型机，混凝土圆柱钢架管支模技术，以及外加剂泵送自动称量技术，推广了多项混凝土外加剂、竖向压力电渣焊等技术，使陕西历史博物馆工程的钢筋混凝土综合施工技术达到了先进水平，在省内和国内也具有一定的技术特色（附图 1-14）。

在仿古屋顶结构的施工中，工地仿古屋顶技术攻关组，历时 4 个多月，与中建西北设计院共同密切合作，进行技术攻关，完成了“预制与现浇相结合全钢筋混凝土斗、栱、升及翼角的施工技术”代替了原设计的全现浇钢筋混凝土构造。并在施工中创造了多项施工技术，使陕西历史博物馆工程宫殿式大屋顶的 168 个翼角，58 条天沟，176 组斗栱式的施工，缩短工期至少 8 个月，并节约了上千立方米木材，结构可靠，造型优美准确，为仿古建筑铺作和椽子预制，也为小断面的复杂造型的钢筋混凝土结构材料的构造和施工满足了设计要求（附图 1-15）。

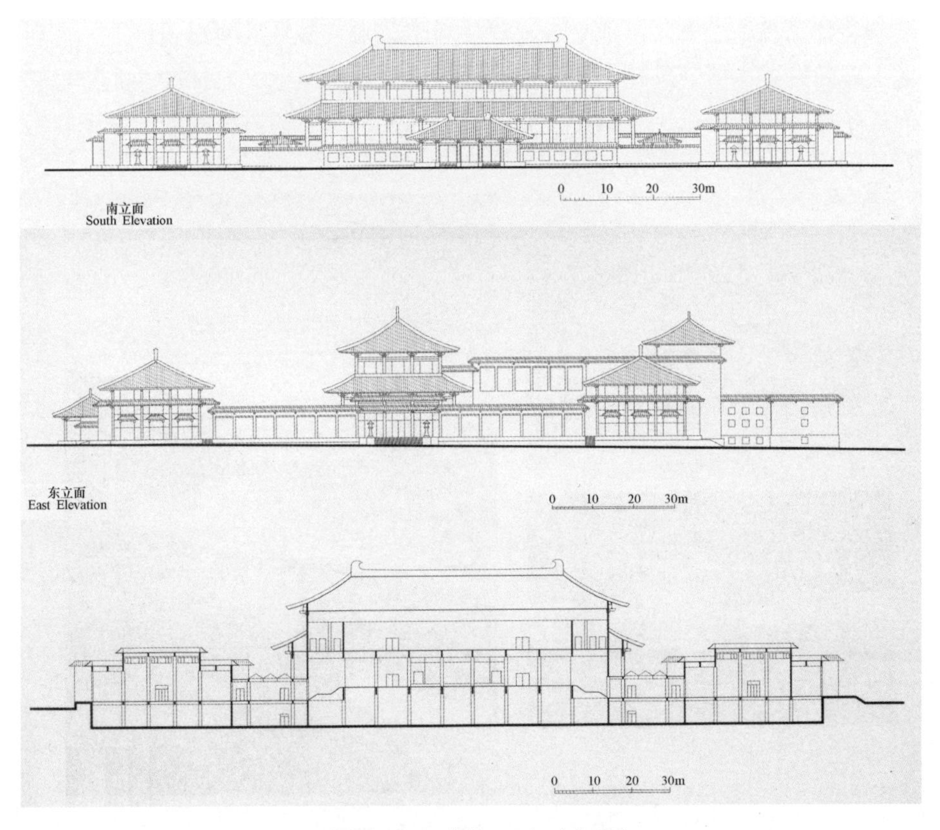

附图 1-15　建筑立面、剖面图

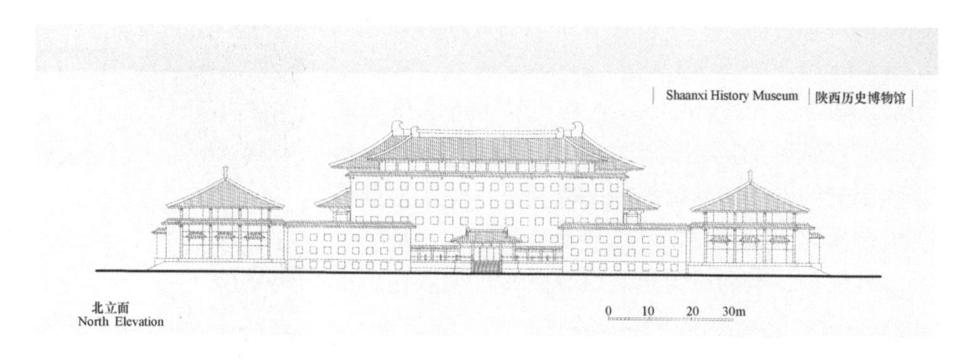

附图 1-15　建筑立面、剖面图（续）

陕西历史博物馆唐风铺作及屋面檐口翼角施工中给我们提供了新的思路和经验，本工程的仿古建筑结构施工技术，在国内达到了领先水平。

在琉璃瓦屋顶施工上，在大面积施工前，做了充分的技术准备，经过调研、样板试铺等技术攻关，完成了多项研究成果，掌握了古老的传统施工工艺，在辅助材料的选用、构造方案的选定、施工工艺及技术上基本达到了现代施工技术要求和质量检验评定手段。因而，使工程量达 1.5 万 m^2，各类屋脊延长米总长 4 公里，各类檐口延长米达 4.5 公里规模巨大的，造型十分复杂的琉璃瓦屋顶工程得以顺利完成，它的建造技术、施工进度、工程质量得到了同行们的好评和肯定。

在装修装饰工程施工上，工地对新材料、新工艺及一些特殊装饰项目上，先后组建了若干专题工艺及管理小组，进行工艺研究和样板试做，并制定工艺标准和质量检验评定标准，从而使陕西历史博物馆工程的一些影响较大的装饰部位的质量得到了保证，艺术表现力具有较高的审美层次（附图 1-16）。

附图 1-16　屋面及室内装饰效果

5 工程质量保证

陕西历史博物馆工程的质量目标是工程质量达到国家优质工程标准，形象化口号是“争金牌、保银牌”，根据这个质量目标，陕西省第三建筑工程公司制定了质量规划。

工地指挥部根据本工程特点，在传统管理的基础上参照全面质量管理的理论和方法，把陕西历史博物馆工程作为一个大系统，从系统上进行质量保证，做了一些工作。

(1) 工地首先制定了“工程质量管理标准和岗位责任制”，工地简称为“40条”，针对确保工程质量的十项管理原则。“40条”的内容中着重抓岗位责任，以做到全面控制工程质量。

(2) 工地制订了施工前准备、钢筋混凝土施工、装饰工程施工等三大系统的标准化管理的流程，以做到对主要分统的全过程的质量控制。

(3) 工地还对施工全过程的八个环节（即设计图会审、施工准备、原材料及半成品采购、分包厂家选定、施工过程施工技术攻关、分部分项工程检测验收、后期的工程使用保修）。在组织上，管理上都相应地摸索出了若干个适合本工程特点的管理模式和控制手段。

(4) 在八个环节中，工地特别重视施工过程的质量控制，这个过程的质量管理难度大，工地实行了施工有方案，工艺有标准，操作有样板，评定有标准，验收有凭证的质量控制方法，分包单位施工也纳入这个控制模式之中，没有标准的分项工程工地自行编制标准，不经质监站签证的工程任务书，分包结算一律不予结算。

(5) 加强保证质量的基础管理工作，工地建立了八人以上的质量检验站，实行严格的质量检验，并与筹备处、市质监站驻工地代表组成三级质量检验监管网络，实行奖罚，并定期开会传递质量信息，工地对施工队的现场试验组，测量组，由派驻工程师进行全面指导及把关，工地自行编制了若干工艺标准和质量检验评定标准。

(6) 工地成立“QC小组管理委员会”，由工地指挥部总工程师亲自主管，工地在重要项目上，先后组织了十三个QC小组进行活动，其成果较好，其中两个获省级QC小组称号，一个获全国施工企业和全国QC优秀小组称号。这项活动对提高职工的质量意识和宣传先进的质量管理方法，保证工程质量起到了一定的作用（附图1-17）。

附图1-17 瓦屋面施工质量检查

6 技术经济效果

6.1 工期

陕西历史博物馆工程为边设计边研究边施工的三边工程，设计变更达180批，计划工期经过多次调整，干着变着，因为设计也在摸索，这些变更是施工行不通变的，设计主动变的，也有施工建议变的。施工也是一样，专门成立了翻样组，配合设计院完善设计，开工时施工图设计与施工队伍进场几乎同时进行。实际工期为土方及地基工程9个月，从基础到竣工工期为3年10个月，合计总工期为4年7个月，比建设单位认可的计划工期提前7个月以上。

6.2　工程质量

本工程由十个单位工程组成，经西安市建筑工程质监站最后评定，单位工程合格率：合格一个、优良九个，单位工程优良率为90%；主馆工程总评为优良，其中土建工程六个分部共1002个分项，优良分项901项，分项优良率为89.9%，观感总评为87.5%。

6.3　工程造价

陕西历史博物馆主馆工程1985年扩初设计概算：土建3572万元，设备安装1554万元。陕西历史博物馆工程历时八年，市场材料、设备安装变化较大，加上工程复杂，设计变更大，陕西历史博物馆计划总投资曾数次追加，最后总投资批准为14468.2万元，实际投资为14368万元。主馆工程，陕西省第三建筑工程公司完成6449万元，陕西省设备安装公司完成2194万，合计8643万元（不含建设单位自行完成量）。根据设计院分析，与同期国内类似工程相比，每平方米的综合造价，陕西历史博物馆工程是比较低的。

6.4　安全管理

本工程在施工初期，首先抓了现场的全面安全教育和安全施工技术措施，在施工期间，各分项工程施工任务交底的同时，必须对安全措施进行交底。因此，工程整个施工期间无施工死亡事故及重大灾害事故，安全施工收到了较好的效果。

6.5　材料节约情况

（1）钢材：在主体结构施工中，使用电渣压力焊和连续圆柱箍筋两项共节约钢材49.19t，其他技术和管理措施节约钢材80余吨，合计节约钢材130余吨，钢材节约2%以上。

（2）水泥：在现场生产混凝土使用木钙减水剂和自动混凝土自动配料等措施，施工现场节约水泥400余吨，节约率为2.7%左右。

（3）木材：在仿古建筑屋顶结构施工中，采用了预制与现浇相结合的施工技术，代替了全现浇钢筋混凝土结构的设计图纸要求及使用钢管圆柱支模方案（圆柱共418根，最大直径800m/m，最小直径250m/m，柱最高10m，最低3m，既节约了木材，又解决了418根圆柱在贴花岗石或斧石柱面基层抹灰与柱子牢固结合的问题），共节约规格木材1120m^3。

7　技术成果

（1）攻关完成仿木结构造型的预制与现浇相结合的钢筋混凝土古建屋顶构造与施工技术，并完成工艺标准和质量检验评定标准（企业标准）各一卷的编制工作。

（2）攻关完成仿古琉璃瓦屋顶构造与施工技术，并完成工艺标准和质量检验评定标准（企业标准）各一卷的编制工作。

（3）完成了微机自控HPW-560混凝土配料机的试制应用和设计改造。

（4）设计制造了连续圆形箍筋成型机，并完成了圆柱连续箍筋施工工艺的研究。

（5）攻关完成了钢管圆柱的支模技术。

8　管理成果

（1）工程获1991年度陕西省重点工程表扬奖；

（2）工程的古建屋面技术攻关小组获1992年度陕西建筑工程总公司“科技之春”先

进科技集体奖；

（3）工程的混凝土“强度控制”质量管理小组获1990年度陕西省优秀质量管理小组奖；

（4）工程的“古建屋顶”质量管理小组，获1991年度陕西省及国家级优秀小组称号。

（5）工程获得1992年西安市“样板工程”称号；1993年度陕西省“优质样板工程”一等奖；1993年建设部“优质样板工程”称号；

（6）工程荣获1994年建筑工程鲁班奖；

（7）工程的现场副总指挥、陕西省第三建筑工程公司总工程师马成庆荣获建设部“优秀项目经理”称号；

（8）2009年新中国成立六十周年百项经典暨精品工程；

（9）2012年荣获中国土木工程学会成立100周年百年百项杰出土木工程；

（10）2014年改革开放三十五年百项经典暨精品工程。

附录2　大唐芙蓉园紫云楼工程施工

陕西省第三建筑工程公司　魏更新

1　工程概况

在西安市南郊大雁塔东南侧已建成初具规模的城市园林型大唐芙蓉园，是以盛唐文化为内涵，以古典园林建筑为载体，具有现代设施的旅游名胜景区。

大唐芙蓉园是在陕西历史博物馆、唐华宾馆、唐歌舞餐厅、唐代艺术展览馆之后的又一仿唐建筑群。大唐芙蓉园占地面积998亩，其中水面占40%面积，各类型仿唐建筑8万余平方米，主要建筑有紫云楼、西大门、望春阁、彩霞长廊、芳林苑、凤鸣九天、唐集市、杏园、陆羽茶社、御宴宫等。另外有诗魂、诗峡、水幕电影、火泉奇观、芙蓉桥、观澜台等构筑物，园内假山伏起，绿化点缀，雕塑小品傍立，处处体现了高品位的杰作（附图2-1～附图2-23）。

附图2-1　大唐芙蓉园全景图

大唐芙蓉园仿唐建筑从屋面造型上分为单檐和重檐庑殿、单檐歇山和重檐歇山、单檐和重檐攒尖顶、单檐硬山和悬山等，可以说除卷棚外都出现了。屋面结构上基本是在现代建筑结构框架结构或框剪结构上衬托出明柱、斗拱系统、屋面翼角造型，加上屋面亚光陶质灰瓦、鸱尾、宝顶、屋脊，形成一组又一组风格各异、高低错落、自成气势的园中之园格局。

2　紫云楼施工

2.1　施工管理

大唐芙蓉园仿唐建筑群中，陕西省第三建筑工程公司有幸承建了近万平方米的紫云楼工程，13000 多平方米的唐集市工程以及南大门、牡丹亭、办公用房等工程，总建筑面积 26000 多平方米。

紫云楼是大唐芙蓉园最为核心的仿唐建筑。工程设计由中国建筑西北设计研究院张锦秋大师主持，仿照唐代原建筑进行设计，采用现代材料和工艺建造。

附图 2-2　紫云楼主楼北立面

附图 2-3　紫云楼侧景一

附图 2-4　紫云楼侧景二

附图 2-5　紫云楼主楼夜景

附图 2-6　紫云楼主楼东侧局部立面

附图 2-7　紫云楼主楼四层回廊

附图 2-8　紫云楼重檐屋面局部（一）

附图 2-9　紫云楼重檐屋面局部（二）

附图 2-10　紫云楼重檐屋面翼角

附图 2-11　紫云楼檐口斗栱效果（一）

附图 2-12　紫云楼檐口斗栱效果（二）

(a)

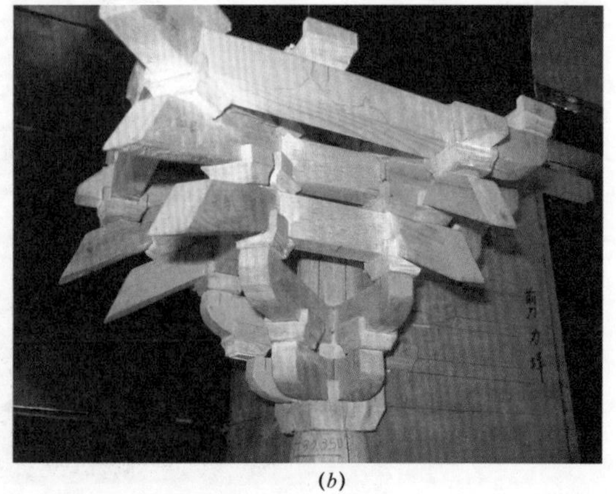

(b)

附图 2-13　紫云楼檐口斗栱 1：10 模型

(a)

(b)

附图 2-14　紫云楼陶粒混凝土仿古预制件——斗、栱

(a)

(b)

附图 2-15　紫云楼檐口仿古预制构件焊接安装后效果

附图 2-16　紫云楼主楼一层内景

附图 2-17　紫云楼主楼二层内景

附图 2-18　紫云楼主楼三层内景

附图 2-19　紫云楼主楼四层内景

附图 2-20　紫云楼主楼北侧楼梯与汉白玉栏杆

附图 2-21　紫云楼庭院入口——元功门

附图 2-22　紫云楼庭院回廊

附图 2-23　紫云楼庭院配殿和回廊屋面

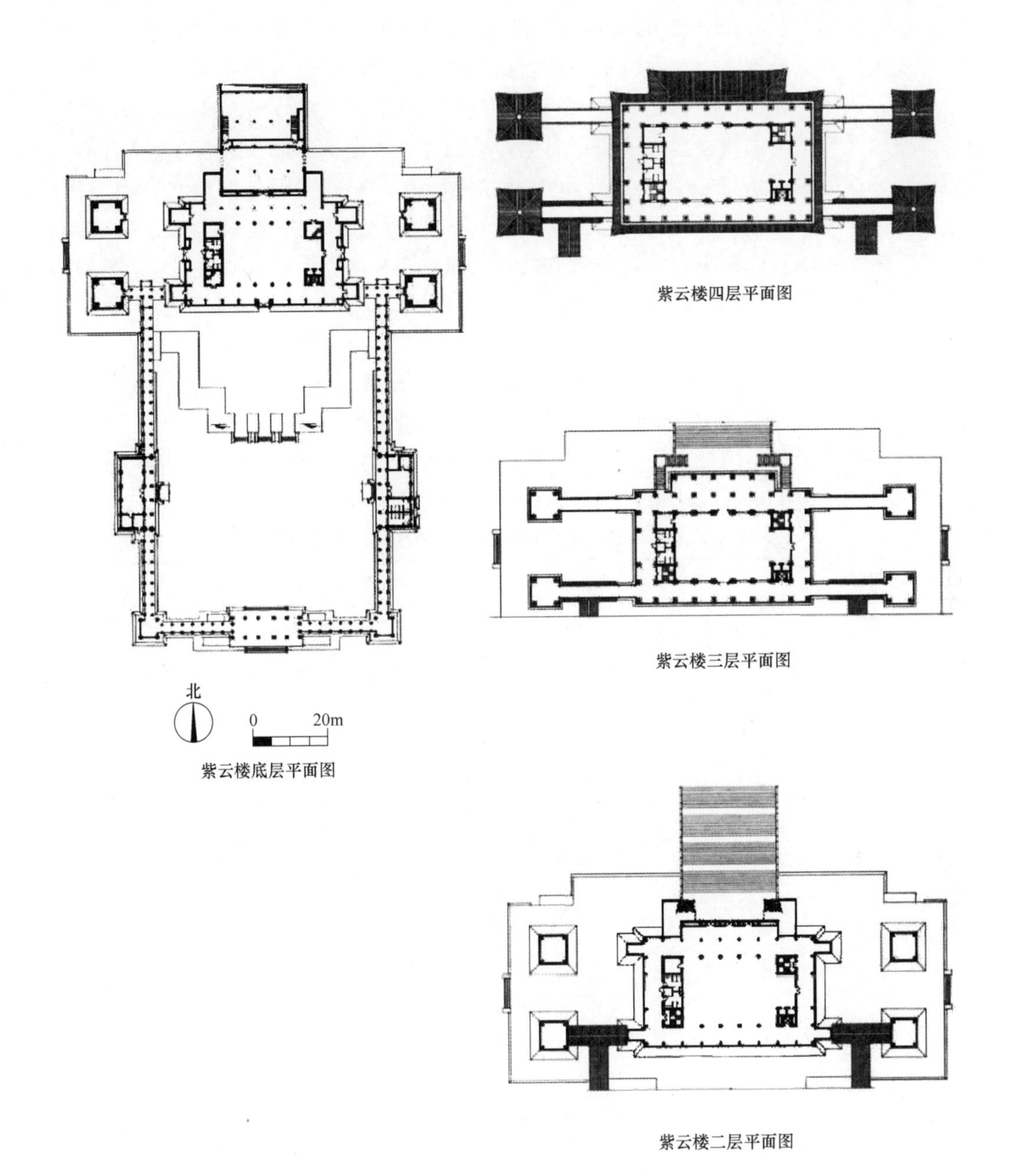

紫云楼底层平面图

紫云楼四层平面图

紫云楼三层平面图

紫云楼二层平面图

附图 2-24　紫云楼平面图

紫云楼工程建筑面积 9121m²，由主楼、飞桥、四座阙楼以及南大门、配殿、碑廊等部分组成。主楼底层、二层、四层为展厅，三层为表演厅、茶社，为框剪结构。屋面为三重檐庑殿顶，建筑全高 37.30m。阙楼为框剪结构，攒尖顶屋面，高度 21.8m。主楼与阙楼之间架有四座钢结构拱形飞桥。主楼与阙楼地基处理为 DDC 灰土桩，基础为条形基础。碑廊采用独立杯型基础，钢筋混凝土排架结构。南大门、角亭、配殿为单层钢筋混凝土框架结构；南大门为单檐屋面；配殿为歇山顶屋面，角亭为攒尖顶屋面。工程古建筑预制构件 1307 种规格，总计 20413 件，均采用轻骨料陶粒混凝土制作，其后置焊接安装施工富有创新性。附表 2-1 为大唐芙蓉园紫云楼与陕西历史博物馆仿唐建筑有关对比表。

屋面采用宜兴琉璃瓦。建筑装饰标准较高，外立面大台明以下部分为干挂花岗岩板与仿古大门。采用了汉白玉栏杆，大尺寸的赭红色铝合金仿古门窗，室内装饰有各式吊顶、彩绘墙壁以及金箔饰面等。地面采用花岗地砖地面等。大楼梯下部及屋面分别采用聚氨酯涂膜防水、橡胶共混卷材防水，JS-2 水泥基涂膜防水。安装工程包括给水排水、消防、电气、通风空调、景观照明和亚洲最大的水幕电影等工程。其中，给水排水工程主要有给水系统、废水污水排放系统、消防系统；电气工程主要有动力系统、消防红外线感应自动报警和消防联动系统、I-bus 智能照明控制系统；通风空调工程主要有自控中央空调及相应的送风排风系统。

工程于 2003 年 6 月 25 日开工，2003 年 12 月 18 日通过地基基础验收，2004 年 2 月 26 日通过主体结构验收，2005 年 3 月 21 日通过竣工验收，并进行了备案。

建设过程中未发生质量、安全事故。用户使用至今，建筑结构、使用功能、表面观感等方面未出现任何质量问题，用户非常满意。

大唐芙蓉园紫云楼与陕西历史博物馆仿唐建筑有关对比表 **附表 2-1**

序号	项 目	紫云楼	陕西历史博物馆	备 注
1	重檐庑殿	1 个(主楼)	1 个(主楼)A1 段	
2	单檐庑殿	1 个(大门)	2 个(南门、北门)	分别为 E、B 段
3	庑殿		1 个(主楼)A3 段	地上六层重檐为盝顶
4	单檐歇山	2 个(配殿)		
5	回廊或碑廊	连接阙楼、配殿、角亭、大门	连接角楼、抱厦、南门	
6	角楼(阙楼)	2 个(4 个)均为单檐攒尖顶	4 个均为重檐攒尖顶	
7	抱厦	部位在主楼北侧 17.3m 处	在南部东西两侧	
8	灰色琉璃瓦屋面		约 15000m^2	
9	灰色亚光陶质瓦屋面	4156m^2		
10	斗栱系统预制加工件	5880 件	1994 件	陕西历史博物馆栌斗、耍头均现浇
11	预制混凝土椽子	8436 件	约 15000 件	
12	屋面各种脊长	848m	约 4000m	
13	屋面各类瓦件	166500 件	约 70 万件	
14	各种屋面翼角	58 个	168 个	
15	栌 斗	非承重	承重	
16	构件预制场地	场外	场外	

2.2 技术创新

在紫云楼工程建设过程中，施工单位系统组织、周密策划、精心施工、不断创新，解决了极具开创性和挑战性的技术难题，在古建筑施工领域极具代表性，达到了国内古建筑工程的领先水平。紫云楼工程应用新技术 8 项，总结形成了 1 个省级施工工法、2 个企业施工工法。尤其是，首创的仿古建筑预制构件后置焊接安装方法，为仿古建筑的建设，开创了一条崭新的道路。

主要科技创新内容如下：

（1）由施工单位提出，并与设计单位共同创新，采用“首先进行仿古建筑框架部分制作，并将全部仿古构件进行预制，随后在已完成的仿古建筑框架上依次焊接安装全部仿古构件”的建造方法施工，并取得成功。缩短了施工工期，降低了施工投入，形成了国家级工法《仿古建筑预制构件后置焊接安装施工工法》。施工过程如附图 2-25 所示。

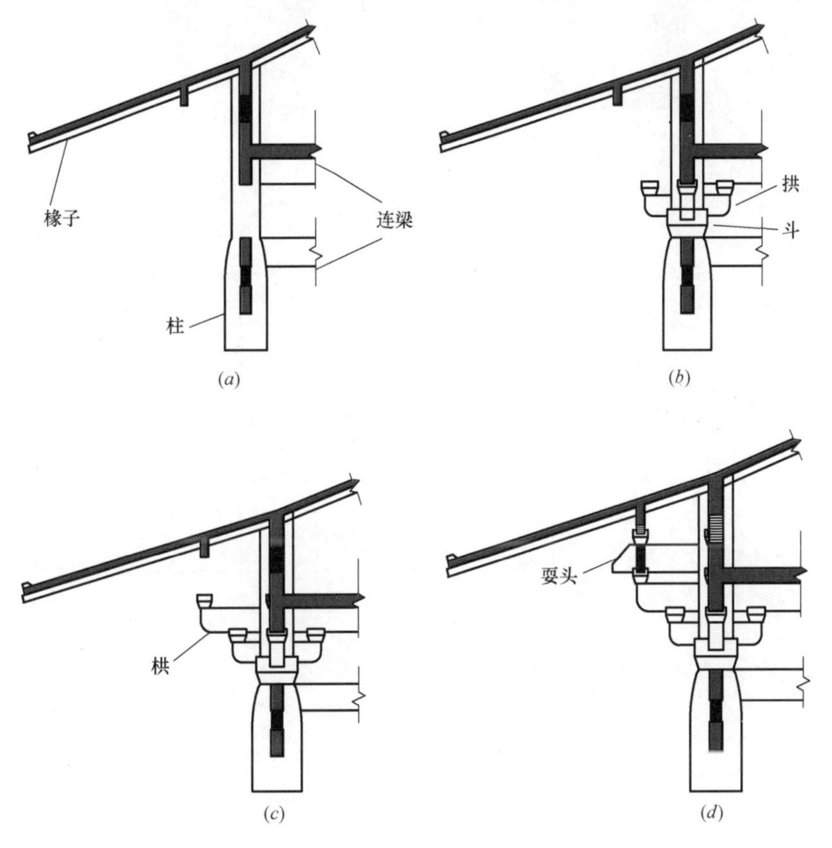

附图 2-25　仿古建筑预制构件后置焊接安装过程示意图

(*a*) 步骤一；(*b*) 步骤二；(*c*) 步骤三；(*d*) 步骤四

（2）用陶粒混凝土代替普通混凝土，预制所有的斗、栱、升及椽子等构件，减轻建筑自重，提高了结构负荷能力。

（3）建筑仿古栏杆立柱上的莲花柱头（原设计为木质，改进为混凝土材质），通过雕刻制作 1：1 木质柱头，用其翻制出石膏模壳（左右两瓣），并用该石膏模壳再次翻制出高品质清水混凝土莲花柱头。随后，通过预埋钢筋将柱头安装于仿古栏杆立柱上。制作与安装过程如附图 2-26 所示。

（4）利用在钢丝绳上缠 22 号铅丝，代替传统用粘泥麻绳控制屋面囊势的作法，使古建筑屋面施工更易于控制。

（5）古建筑屋面望板改用水泥纤维压力板替代传统的预制砂浆望板，省工省时，质量

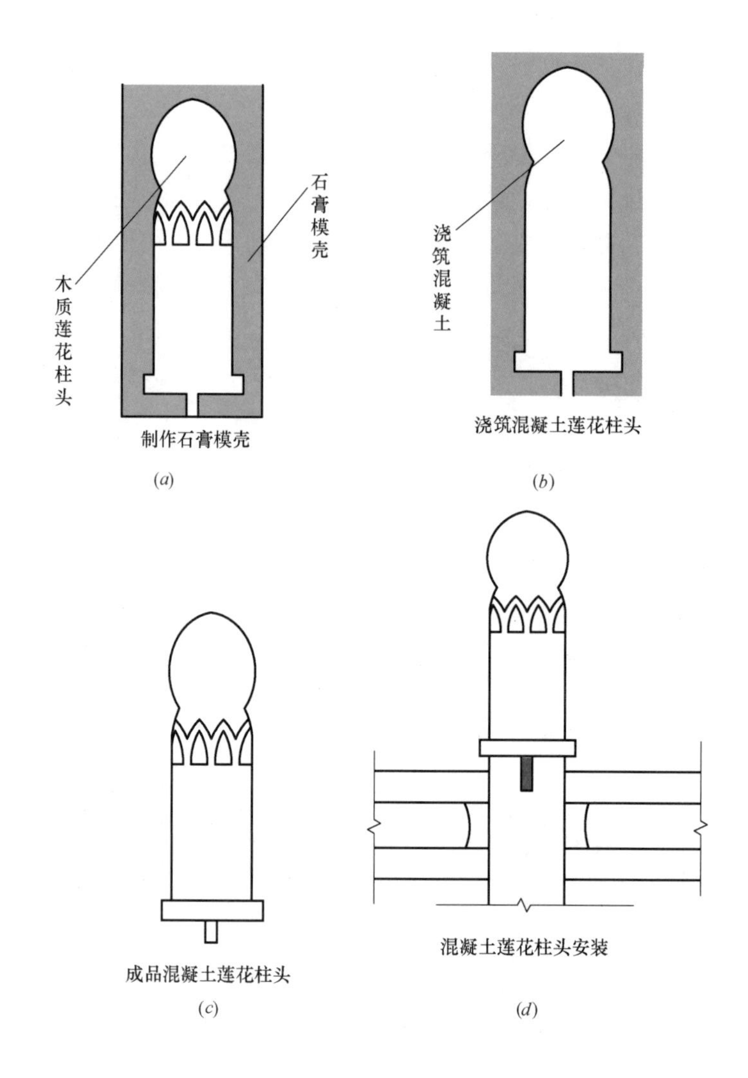

附图 2-26 清水混凝土莲花柱头制作与安装过程示意图

(a) 步骤一；(b) 步骤二；(c) 步骤三；(d) 步骤四

更好。

3 斗栱施工

紫云楼是大唐芙蓉园的标志性工程，是一组由重檐庑殿，顶高+37.3m，其上檐檐口标高+31.92m，下檐檐口标高+27.25m，在+17.3m标高处一圈设坡屋面，唯坡屋面北侧中间有一组抱厦组成的屋面造型。

斗栱系列从上至下安装起点标高分别在+30.35m、+26.15m、+19.75m（即+21.45m楼面结构外廊下装饰斗栱系列），+16.25m、+9.85m（即+11.55m楼面结构外廊下装饰斗栱系列）。

3.1 斗栱施工前的主体结构施工

(1) 主楼施工在±0.000时，就把四角老角梁45°角桩引至适当地点妥善保护，以作各层主体施工中的控制点。

（2）紧跟主体结构施工，熟悉斗栱系列图纸，其要点如下：

① 建筑、结构总说明对斗栱部分的阐述。

② 斗栱各层建筑平面与同层结构核对。

③ 斗栱详图。

④ 建筑东、西、南、北立面图，可以看出斗栱系列所在部位和标高。

⑤ 建筑剖面图和外墙大剖面图，可以看出斗栱和仿古屋面的构造关系。

主要目的是弄清楚斗栱各系列构造，使斗栱系统施工与主体结构施工同步衔接进行。

（3）斗栱系列设计答疑。

重点解决以下问题：

① 结构图上的老角梁悬挑部分：结构设计在此处为使老角梁自身受力平衡，从而修改了各层老角梁的分段断面和配筋，使斗栱系列在角部仅作为确保自身结构合理及稳定的装饰构件。而不是陕西历史博物馆斗栱系列作为承重构件。

② 耍头与柱锚固方法：按结构要求耍头与柱锚固方法是在预制耍头时，预留锚固筋与柱在各层标高处一起浇灌混凝土形成整体。事实上实践中，一是主体进度不允许，二是空间施工特别是角部斜耍头要成 45°角，其安装质量很难保证。因此，征得设计院认可，在柱收分上口至檐檩这段高度预置带铁脚的－8mm 厚钢板预埋件，方法各异，有圆筒形的，也有半圆形的，与柱子混凝土浇灌时代替模板一次成型，这样耍头就可以与柱预埋件焊接生根。

（4）斗栱部位的翼角部位要不要作足尺样板。

紫云楼在施工基础时，建设单位就按紫云楼标高 16.25m 处斗栱系列作了足尺实物，工地一度争论的焦点是标高 30.35m 处要不要作足尺翼角样板，结论是现场仅模拟的在地面上用很简单的相对标高、几何尺寸放出老角梁足尺大样，檐檩、枨檐檩自在其中，起翘、出翘和升起木套板解决了，而斗栱系列则通过认真翻样得以解决，开始进场时标高 30.35m 作了 1∶10 模型也仅作参考。这也说明斗栱系列施工比陕西历史博物馆技术和经验积累都有提高。

（5）外架设计。

框剪结构的紫云楼主楼施工时，公司专门对外架挑出进行设计，即在标高 11.55m 和 21.45m 两处楼面外挑 16 号工字钢@1200，实践证明是成功的。这就为按标高垂直分割在 11.55m 以下，11.55m 到 21.45m 和 21.45m 以上自成施工面创造了条件。

（6）主体施工中由于进度的需要，不能实现按部就班的施工，客观要求要采用跳跃式施工。本应安装标高 16.25m 的斗栱，只好先把老角梁施工。因檐檩、枨檐檩不能施工，老角梁只好留设水平施工缝，位置即檐檩和枨檐檩的梁底，并对老角梁在水平施工缝处插筋 ϕ16@500，以备新老混凝土接合，等把标高 30.35m 的斗栱系列及其大屋面混凝土浇完后再返回来施工 27.25m、17.3m 的屋面混凝土，实际上这不是经验介绍，是由于进度的要求，迫使施工技术人员要承受莫大的风险。

3.2　斗栱系列施工

（1）提出斗栱系列预制加工单。

斗栱系列加工单要领：

① 首先把各层斗栱的仰视图、正立面图、侧立面图、配筋图领会清楚。

② 要大胆、自信和仔细地进行斗栱系列的翻样和构件分解，若不清晰，可以在混凝土地面上或五夹板上按比例把仰视图、正立面图、侧立面图等斗栱详样作出来，目的是对斗栱系列安装要清楚。同时，在栱的分解中也要考虑到搬运中不易损坏。

③ 对栱的分解要考虑到如何安装到位，因此，在要头中的预埋件，特别是有斜预埋件时要反复核对，留有余地，栱、升的两开口或四开口都要考虑到安装中的缝隙，一般每侧按大于 5mm 空隙留。

④ 要弄清楚栌斗是承重的还是非承重的。同时，还要重视十字栱开口方法和部位，替木开口连筋预制加工方法，升的预制是两开口还是四开口，斜要头计算长度等问题。

⑤ 斗栱系列预制件加工单提好后要经过有关技术人员复核，项目经理审批。经审批的加工单要由设计院负责结构的工程师认可签字，盖上公章，紫云楼工程加工单这一点做得很及时，也给经济结算创造了条件。

⑥ 提斗栱系列的加工损耗问题，一般不加损耗，因为都是外加工送货到现场。从紫云楼工地看，斗栱系列加工件一般损耗仅发生在预制升和替木中。

预制加工件生产中，要按斗栱分层系列去加工单位校验加工件。

（2）斗栱系列预制件现场安装

① 首先用经纬仪对已施工的结构进行中心线校对，再用杖杆或钢尺分间口杖量，用水平仪校核结构层的水平误差，特别对老角梁处 45°投点复核，目的是经过上述校对达到心中有底。

② 校对进场的斗栱加工件是否符合加工单。

③ 组成斗栱系列安装小组。

一般应由主管斗栱的技术员、质量员、测量员、架子工、电焊工、斗栱安装工组成安装小组。操作哪层进行哪层交底，不可放弃管理，质量与安全并重。

④ 安装程序：先角科后柱科。

安装方法是以柱头收分顶为基准线来控制各层要头的高度，在安装图翻样中应注明。同样，应注明要头下口距柱外皮（经校核的垂直基准线）的各层尺寸也要在安装图中标明。

⑤ 构件安装时在空间固定后要反复校核横平竖直，特别是斜要头的定位，其 45°角要和老角梁一致，无误后方能施焊，施焊方法是先点再间断跳焊，以防构件变形，焊缝高度一定要保证≥8mm。

四个角科斗栱安装完毕经校核无误后，拉通线安装柱科斗栱。

⑥ 斗栱系列安装中，在叠加部分坐浆安装，上部要头或栱连接升的插筋及其留孔要用水泥砂浆或树脂砂浆灌密实，目的使构件不游动，达到各预制件能稳固得一起工作。

紫云楼主楼和配殿不少部位设计有内栱，要与平顶标高结合，提出加工单和实际安装中容易被忽视。

（3）斗栱系列的修补与假栱、假升的形成

① 首先是，老角梁端部根据不同部位的割角（40～80mm）是否符合老角梁大样在端头的几何尺寸，若果达不到图纸要求，第一个修理和切割就是这部分。

② 补作栌斗：植筋、支模、浇混凝土。因为紫云楼主楼栌斗基本属于装饰件，都是支模现浇成的。斜要头部位的半个升子组装都是在斗栱安装后进行的，并应仔细对待栱四等分折线部分。构件加工中已基本形成折线，这是栱的象征，要明确。

作假栱、升在墙面的部位，要查看外墙大剖面图，长度由设计院定。此工序是在砌体完成，墙面抹灰刮槽时就要纳入检查。墙面强调横平竖直，这是墙面做假栱、升的先决条件。

4 屋面结构部位施工

仿唐建筑结构应包括整个屋面结构的形成，严格按图施工，图纸中的矛盾在施工前排除。特别是，老角梁处的翼角要结合建筑图翼角平面及剖面图仔细核对，同时对结构图与建筑图综合核对屋脊梁、垂脊梁、檐檩、栿檐檩的标高，轴线尺寸，配筋，出翘起点，预制椽子的布设，锚固和连檐处的结构构造。

紫云楼工程结构设计要求：斗、栱、升、耍头、替木、月梁、椽子、椽子上叠合板及坡屋面均采用C30纤维陶粒轻骨料混凝土。

4.1 椽子预制加工单

(1) 预制椽子加工单提出以前，首先要弄清楚各自翼角部位起、出翘怎样形成，紫云楼主楼各个翼角起翘均为320mm，出翘均为480mm（分别查看正立面图和翼角详图）。

(2) 要不要作翼角大样或模型，已在斗栱一节中阐述过。不过要对檐口标高31.920m、27.250m、17.350m翼角还要在施工前作简易模型且应认真的校对，主要是定出檐檩、栿檐檩升起木的尺寸，翼角部位的弧形套板，翼角椽子内侧的削头尺寸（高度不变）。要仔细分析和领会翼角大样图，特别是标高31.920m处是两道栿檐檩，标准段椽子斜面长度易计算，而翼角部位椽子长度则要结合简易模型去丈量，分组对称提加工单。

预制椽子加工单除个别断面设计图有标注外，提加工单时应画成草图加工。

预制椽子加工单同样在项目经理批准的基础上，要经过设计院认可。椽子到场后要进行复验，碑廊预制椽子加工就出现了问题。

4.2 连檐形成

(1) 连檐、檐檩、栿檐檩的支模

施工要点：中心线，标准椽段，翼角起始，檐口标高，起、出翘标高尺寸必须符合设计要求。

连檐支模在陕西历史博物馆是用∟50×5角钢形成标准段，预制椽子蹬在角钢上，而角钢蹬在外架立杆上，横杆在已施工的柱上生根，为防止滑动，角钢里口亦加平杆。可紫云楼主楼如31.920m檐口标准段用木模支成，立杆在连檐处用短脚手钢管@900竖向夹牢，效果较好。翼角部位，陕西历史博物馆由于有大角足尺模型，翼角起、出翘，升起木在模型上一目了然，只是把∟50×5角钢按翼角弧形经加工形成，固定方法同标准段。而在紫云楼主楼则按简易模型做出套板，在标高31.920m翼角部位作了相同的8个翼角套板，按标高和翼角出翘起点及老角梁处固定好。此时，从举折梁到下口拉通线，檐檩和两条栿檐檩坡度就有了。在预先支好的檐檩、栿檐檩底模的基础上，就可以按图示分段安装预制椽。同时，檐檩和枨檐檩就可以分别固定坡度下方一侧的侧模了，顺长方向可以把椽檩和枨檐檩的钢筋穿进去，从檐檩、枨檐檩坡度上方一侧绑扎钢筋箍子，经校核无误后封模。

（2）连檐支模完成后要作为一项重要工序进行全面技术复检、验收，有关人员如建设单位代表、工地监理、工地技术负责人都应参加。

4.3 绑扎屋面钢筋

（1）绑扎屋面板双向双层配筋按设计图施工。

（2）屋面板钢筋绑扎时应重视以下三点：

① 预制椽锚筋锚固于枨檐檩和檐檩内，每根预制椽上部灌筋必须到位，而且必须按设计图搭入屋脊上的另一坡进行锚固。

② 翼角部位的预制椽两侧钢筋规格一般比标准段椽子大，如标准段为 2ϕ14，翼角就是 2ϕ16。

③ 翼角部位在现浇板钢筋绑扎时，一般要另加加强筋（俗称燕子筋），必须由设计院出补充图，如 31.92m 处翼角加强筋为 7ϕ18。

（3）预置固定钢板网的插筋，按屋面工程做法留设。

（4）应及时与设计院取得联系，因工程进度须后施工重檐，除上述老角梁采取措施外，尚须采用结构变更措施，如标高＋27.120m 以上重檐后施工的设计变更图就是例证。这对我们遇见类似问题的解决也是一种启示。

（5）屋面板、檐檩、枨檐檩、预制椽子两侧灌筋及其有关结构配筋的材质必须有复试证明，对钢筋必须进行检验批验收和隐蔽验收等检验程序，完成后方能进入下一道工序。

4.4 浇灌混凝土

工程施工 C30 纤维陶粒轻骨料混凝土，因施工现场尚不具备这个条件，因此，遇见了不少难以克服的困难，只能作为教训。在以后的纤维陶粒轻骨料混凝土施工时宜用商品混凝土为妥。在选择陶粒时应持慎重态度，陶粒的容重对混凝土的强度会产生影响。

浇灌 C30 纤维陶粒轻骨料混凝土的范围仅用于椽子上的叠合板和坡屋面，那么老角梁、檐檩、枨檐檩、屋面正脊、垂脊反梁还得用 C35 普通商品混凝土，不可大意。坡屋面用纤维陶粒轻骨料混凝土，施工时应做到以下几点：

（1）古建技术员应对屋面设计的举折部位，要进行囊势控制，即不能在举折处造成凹坑。理论上已在陕西历史博物馆屋面施工中对控制方法作过尝试计算，结果和古建师傅的经验较接近，但不完全一致。

（2）浇灌陶粒轻骨料混凝土屋面施工中，我们做到了随打随抹（粗毛面），作了坍饼，基本把囊势控制出来了。

（3）临时施工缝控制不得当，这是管理上的漏洞，缺乏交底，特别是 31.92m 大屋面浇灌混凝土于 2004 年 1 月 8 日开始，时逢寒冬，幸亏西安地区并不严寒，尽管个别部位遮盖不到位，但混凝土未造成结冻，最后经多次开会要求，才予以解决。

5 屋面瓦作

屋面体现着唐风，像紫云楼这样的仿唐屋面 4000 余平方米，大小翼角多达 58 个，鸱尾、宝顶应有尽有，真是引人入胜。

屋面瓦件都是非标的，从实际供应的瓦件，以底瓦为例，特号底瓦 400mm×300mm 用到主楼，四个阙楼、大门；300mm×250mm 用于配殿；300mm×200mm 用于碑廊；底瓦厚度均在 20mm 以下。筒瓦 380mm×220mm 用于主楼；300mm×180mm 用于阙楼、大门；300mm×150mm 用于配殿；仅碑廊、角亭 220mm×110mm 是设计图纸要求的尺寸未变。图纸设计的正脊、垂脊均为筑脊脊片，实际用的均为围脊片，主楼 4 个鸱尾（含抱厦一对）、4 个阙楼宝顶均用紫铜板成形（角钢骨架），外贴金箔，其他的配殿、大门鸱尾和两个角亭莲花宝顶均为灰色亚光陶质件组合而成，瓦件的勾头瓦、花边瓦、正当沟、斜当沟、封头瓦都有变化，对施工带来了一定麻烦。下面阐述屋面施工。

5.1 屋面基层施工

紫云楼主楼、阙楼屋面防水是两层 1.5 厚水乳型聚合物水泥基复合防水涂料，主要是为灰色亚光陶质瓦屋面的防水作第二道设防，达到双控制。这比陕西历史博物馆仅一道聚氨酯防水层是有了进步。两道防水涂料间有一层 60mm 厚用聚合物砂浆粘贴的聚苯板保温层。

基层面层是 1∶2 水泥砂浆找坡，内加 1.5mm 厚钢板网，钢板网与钢筋混凝土屋面板施工中预置的 $\phi10$ 钢筋头绑牢。

实际施工中囊势已在浇陶粒轻质骨料混凝土施工时已基本形成，不过在底瓦底的找坡层作第二次校正也是最重要的一道工序，这在紫云楼已引起了仿古建技术人员的重视，在紫云楼主楼重檐庑殿大屋面施工中控制囊势的具体方法如下：

（1）首先定出各个方向屋面的中心线，测出上下部位底瓦底标高。

（2）确定正脊部位在中心线两侧的长度同檐口确定的出翘起点相一致的两条线，作为垂直基准线，顺垂直方向校对各个坡面的囊势是否一致，每个坡面应平行于檐口在两个原举折部位间多加一道平行线，然后作坍饼，经校核顺直一致，流畅自然就可以了。这是匠人的作法，不论用 $\phi4$ 钢丝绳或者电缆皮线的张线方式都是为了满足囊势流畅。理论上笔者在陕西历史博物馆和紫云楼都计算过囊势，但似乎用不上。

5.2 提出屋面瓦件用料计划

根据设计要求除紫云楼与阙楼之扣脊瓦为金色光泽的钛合金瓦外，其他均为亚光陶质灰瓦，具体看样定。工程做法中按紫云楼主楼、阙楼、配殿、大门、廊（含角亭）分别以非标形式的几何尺寸阐明了各自的筒瓦、板瓦（底瓦）、脊板瓦（围脊片或筑脊片）、扣脊瓦的规格，可实际是本节开头讲到的，不再叙述。

建筑施工图中楼、阙与配殿、空廊、大门、角亭等都明确陶质灰筒瓦与灰板瓦用 1∶1∶4 水泥白灰砂浆窝牢（掺水泥重量的 3%麻刀或耐碱纤维玻璃丝）、板瓦压七露三（后来改为压六露四）。

根据紫云楼工程瓦件的分类有底瓦（亦称板瓦）、筒瓦、滴水（亦称花边）、勾头瓦、正当沟、斜当沟、筑脊片或围脊片、扣脊瓦、钉帽、天盘、鸱尾、莲花宝顶、封头瓦等。

必须看懂、看清有关仿古屋面的结构施工、建筑施工平面、剖面、外墙大剖面、翼角详图、各个方向的立面图。在此基础上，计算屋面坡度长度、各个面的檐口长度、屋脊长度，从而计算出一个屋面的面积，在屋面简图上根据设计给出的瓦件尺寸，以底瓦坐中的形式排列底瓦瓦垄数量，瓦垄排列以间为单位，瓦垄宽度以正当沟长度加一个灰口宽即瓦垄宽度，若排列到最后不够一个瓦垄时应加大瓦垄，若超过 1/2 瓦垄时就应增加一个瓦垄。对庑殿屋面两山山尖处只有一垄底瓦和两垄盖瓦是水平状的，其他瓦垄随翼角垂脊起翘而起翘进行计算。有了瓦垄长度，按压六露四计算就有了底瓦数。盖瓦长度除每垄坡长即一垄盖瓦数，这样就可计算出盖瓦数。计算底瓦数时，还应本着稀瓦檐头密瓦脊的原则计算，我们在紫云楼主楼重檐庑殿大屋面上计算底瓦时，是按在檐口上 10 张底瓦均露出 180mm，在屋脊下 10 张瓦均露出 140mm，其余的中间底瓦均露出 160mm。滴水出檐长度基本以滴水瓦长度 1/3 控制铺设的，同时在施工技术方案中就明确了过水当尺寸，如紫云楼主楼底瓦过水当 200mm（实为 220mm），阙楼底瓦过水当 150mm（实际应用的特号瓦也是 220mm 过水当，大门也一样），配殿过水当为 150mm，廊、角亭底瓦过水当为 100mm。瓦件分别计算后，底瓦、盖瓦的加工损耗率须按 6%～8%考虑。这次在紫云楼瓦件提加工单时，比我们在陕西历史博物馆工程由张敏才师傅对每个屋面瓦垄翻样简单多了，说明这方面又有进步。

5.3　瓦屋面质量控制

根据《古建筑修建工程质量检验标定标准（北方地区）》GJJ 39—1991，结合有关标准和我们积累的施工经验，我们主要主控了以下内容：

（1）瓦好的屋面严禁出现漏水现象。

（2）宼瓦应尽量避开严冬施工，实践证明砂浆易结冻会造成难一弥补的质量事故。

（3）瓦的物理性能施工现场要复试，复试不合格严禁使用。

（4）屋面不得有破碎瓦，底瓦不得有裂缝隐残。

（5）屋面瓦垄必须笼罩。

（6）宼瓦砂浆必须符合设计要求。

（7）屋脊造型、长度及分层做法必须符合设计要求或仿古建常规手法。

（8）屋脊之间和围脊等部位交接处必须严实，严禁出现裂缝和存水情况。

（9）鸱尾、宝顶的天盘必须可靠固定，鸱尾、宝顶位置正确，稳固牢靠。

（10）屋面瓦垄分中号垄准确直顺，屋面曲线适宜。

5.4　屋面宼瓦施工程序

（1）屋面宼瓦的大程序基本是如下所述：

宼瓦—筑脊—鸱尾（宝顶）—屋面问题处理和堵燕窝。

（2）屋面宼瓦的具体工序基本是如下所述；

选瓦—弹中心线、生产线、排瓦垄—测出檐口标高点和翼角老角梁尖部标高点、正脊根部底瓦瓦翅标高、盖瓦背标高、当沟瓦标高，弹出其水平通线，作为各部位控制线—瓦底瓦（控制蛐蜒当）—铺盖瓦（控制熊头缝和睁眼缝）—筑正脊—安装天盘（校正），组装鸱尾或莲花宝顶—垂脊（俗称五线脊）—撞肩处安装正、斜当沟—安装钉帽。

（3）屋面宼瓦的细部处理：

要因地制宜地处理屋脊根部同敷设节日灯电缆 PVC 管与围脊片固定问题；固定天盘预埋件问题；扣脊瓦固定问题；博缝板预制、安装问题；惹草预制、焊接问题；重檐围脊问题；抱厦天沟问题；歇山屋面的博脊与岔脊处理问题以及屋面宼瓦中捉节夹垄容易出现的问题等。以上问题都是我们在大唐芙蓉园工程中碰到的，大部分都是教训，值得引以为戒。

（4）屋面宽瓦应重视以下问题：

① 认真选择屋面宽瓦劳务人员，关键是要有一个内行带头人。

② 要重视不同屋面、不同部位及时向操作工人交代清楚。

③ 要通过有关会议定出以下三点：

滴水出檐一般为滴水瓦长度1/3，但主要部位如紫云楼主楼重檐大屋面滴水出檐长度要再定，因为这是标志性屋面要取得有关专家的共识；

瓦件与设计不一致，如筑脊变围脊和各类型屋面瓦的规格调整要定；

要不要节日灯，要不要设钉帽，设计图一般不设计，要通过会议定。

（5）宽瓦过程中容易忽视的质量问题：

宽瓦砂浆不能用隔夜砂浆，一是会造成粘结强度降低，更重要的是屋面坡度过陡，如果砂浆失效，很易造成屋面整体下滑或者因下滑而拉动屋脊裂缝；

宽瓦时每一垄瓦必须一次宽瓦到头，中间不留接头，否则会产生囊势不畅或者瓦垄低头或翘头的缺陷；

铺瓦时应重视即时清除粘在瓦件上的灰浆，否则只有浪费人工清理了。

（6）我们这次在宽瓦过程中的教训如下：

由于管理不善造成紫云楼主楼大屋面东山坡囊势不畅，而只好对局部基层返工纠正；由于对水泥基防水涂料涂刷中重视不够，造成西北角阙楼屋面局部只好重涂防水涂料。

由于屋面基层处理的原因，造成东西配殿歇山一侧底瓦铺设两个配殿不一致的情况；由于管理疏忽造成廊道椽子安装中出现不到位。总的来讲，宽瓦这一重要分项工程施工以来还是比较顺利的，质量、安全由于各级重视，没有出现大的缺陷和事故，实为难得。

6　大唐芙蓉园唐集市、牡丹亭、南大门等仿唐建筑的施工技术

6.1　概述

（1）大唐芙蓉园唐集市坐落在园内东南偶和紫云楼隔水相望，它是一组高低错落的群体仿唐建筑。

其中A区：共为十个段，计7196m²，基本屋面是由歇山、悬山、硬山为主，辅以角亭攒尖顶，均为灰色亚光陶质瓦屋面，形成各具特色的一、二层店铺，本区3段（戏楼）是仿唐建筑的代表作。

B区：紧挨A区东侧，分五个段共5798m²，屋面组成基本同A区，同样由一、二层店铺为主组成。本区翰墨楼鹤立鸡群，是三层框架结构，四层斗栱系列，标高20.490m，是气势不凡的仿唐建筑。

B区东侧是由四栋二层楼组成的办公区，3000余平方米，均由钢结构筑成（包括屋面），无斗栱、翼角。檐口为钢结构椽子，仅屋面造型为仿古悬山屋面，灰色亚光陶质瓦。

（2）大唐芙蓉园南大门：是由大门、侧房和围墙组成，仿唐建筑面积690m²，均为框架结构，大门是单层庑殿，侧房是盝顶屋面。

（3）牡丹亭：坐落在大唐芙蓉园最北侧，地下一层，地上一层，宝顶板底标高

10.850m，标高 3.900m 是牡丹亭重檐的下檐。牡丹亭上檐是攒尖顶屋面，上有莲花宝顶，整个亭子呈牡丹花造型，建筑面积 218m^2。

6.2 施工技术

重点介绍 A 区 3 段的戏楼和牡丹亭。

（1）戏楼：屋面由四个歇山坡面组成，两层，另设地下室一层，共三层斗栱系列，分别位于柱顶标高＋1.680m（二层地面标高＋3.200m 以下）、＋7.100m 和＋11.5100m。斗栱造型仅檐口底标高＋13.060m 处比较复杂，见该部位斗栱平面图和该处相应的斗栱仰视图。本工程平面尺寸 15m×15m。屋脊脊檩标高＋17.340m。

戏楼技术要点：

① 首先要吃透结构和建筑图。

② 逐层核对斗栱详图和屋面翼角。

③ 要和结构施工同步配合，如控制中心线、翼角 45°线，控制标高，各层柱从收分起的预埋件，校核柱子施工中的垂直度、几何尺寸等。

④ 提斗栱系列加工单，因本工程斗栱系列主要是自身强度、稳定和刚度的控制，因此耍头、栱在预制时分解制作要考虑到安装。如栱侧面留设预埋件，以便被分解的耍头构件焊接等。

⑤ 预制椽子加工因翼角较多，重点是椽子的长度控制和削头控制。

⑥ 宽瓦是戏楼屋面的关键，因四个方向的歇山屋面要求作对一致，所以要充分重视中心线和屋面囊势的控制。

（2）牡丹亭技术要点：

① 核对结构图与建筑图。

② 定位和标高控制。

③ 预制椽子按圆心辐射配制。

④ 重点控制亭子下檐坡屋外的斗栱、耍头生根和造型。

⑤ 屋面宽瓦是牡丹亭主控项目，莲花宝顶下的瓦件是按辐射方法提底瓦、盖瓦加工单的，即上窄下宽的底瓦和盖瓦的宽瓦手法。这就是圆形牡丹亭宽瓦的特色。

7 工程获奖情况

大唐芙蓉园工程分别荣获国家优质工程银质奖、全国用户满意建筑工程、全国室内装饰优质工程、全国工程建设优秀质量管理小组三等奖、原建设部部级优秀城市规划设计一等奖、陕西省建设工程长安杯奖（省优质工程）、陕西省建设新技术示范工程、陕西省文明工地、陕西省优秀城市规划设计一等奖、国家级工法《仿古建筑预制构件后置焊接安装施工工法》。

8 结语

（1）仿古建筑施工企业应重视培养热爱古建并勇于实践的青年技术骨干，使青年技术人员尽快挑起重担，成为行家里手。

（2）施工技术人员应积累各种古建和仿古建的资料，从基本概念到具体施工能成为可以独立工作的施工管理和技术质量管理骨干，特别是施工企业应预见到全国各地仿古建筑随着国民经济的发展，仿古建筑市场将有一个广阔的发展空间。仿古建筑施工企业应积累总结施工经验，特别是操作手法以及独到之处，形成独有的成套先进技术，提高真正的市场竞争力。

（3）应动员老一辈传授技术和经验，组织参观学习，特别是随着形势的发展，在原有经验基础上不要墨守成规，要看到仿古建筑技术和操作手法在进步。这次的紫云楼系列工程以及整个芙蓉园的各个群体仿唐工程，从设计和施工都比陕西历史博物馆有不同的进步和改进。因此，搞古建的同时绝不能固步自封，要放眼看外面的世界，就始终感到自己的不足。

附录 3　大唐芙蓉园仕女馆工程施工

陕西建工集团第七建设集团公司
吕俊杰　王娟莉

仿古建筑是仿照古代式样而运用现代结构技术材料建造的建筑物，是博大精深的中国建筑传统文化的传承和发扬，出檐深远，曲线柔和，绚丽多姿，脊饰显著，雄伟壮观，既体现了建筑的结构完美和时代特征，又彰显了民族文化特色，对弘扬中国传统文化具有积极的实践意义。根据有关资料、结合工程施工实践，现就西安大唐芙蓉园仕女馆仿古建筑施工情况回顾如下。

附图 3-1　西安大唐芙蓉园仕女馆

大唐芙蓉园位于陕西省西安市曲江新区，建设于 2003 年，是典型的仿古建筑群体工程。建筑设计主要选用钢筋混凝土结构形式，其中的斗、栱、升为唐式风格，屋面椽子为方椽（没有飞椽），均采用轻骨料陶粒混凝土材料，屋面瓦为唐式灰色陶土瓦，建筑色彩以赫、白、灰色为主，整体古朴大方，雄弘大气，再显大唐神韵（附图 3-1）。

1　工程概况

大唐芙蓉园仕女馆工程建筑面积 3448m^2，由望春阁、西厅、北厅、厕所、东门、南门、回廊等部分组成（附图 3-2），其中望春阁地下一层、地上三层，其余各单体建筑均为一层，建筑耐久年限为 50 年，耐火等级二级，抗震设防烈度为 8 度。

仕女馆整个建筑群长 81.11m，宽 62.1m，其中的望春阁总高度 42.1m，地下室层高 4.2m，楼层层高 9.72m，室内外高差 1.7m。西厅长 25.2m，宽 22.4m，总高度 12.63m，室内外高差 0.6m。北厅长 26.25m，宽 12.25m，总高度 9.6m，室内外高差 0.6m。厕所长 10.08m，宽 9.9m，总高度 6.82m，室内外高差 0.36m。回廊宽 2.1m，总高度 5.35m、4.1m、5.79m 不等，室内外高差 0.36m、1.19m、1.5m 不等。建筑楼地面以花岗石为主，散水、台明全部为花岗石，墙面为白色丙烯酸涂料，梁、柱、枋、斗栱、椽子均为赫色调和漆，西厅山墙、厕所山墙为磨砖对缝。栏杆为仿木制品，铝合金门窗。屋面为灰色陶土底筒瓦，望春阁宝顶为镀金铜制品，其他的鸱尾为灰色陶土制品。望春阁屋面为攒山重檐、西厅屋面为歇山重檐带抱厦、北厅屋面为歇山带抱厦，其余均为悬山屋面。

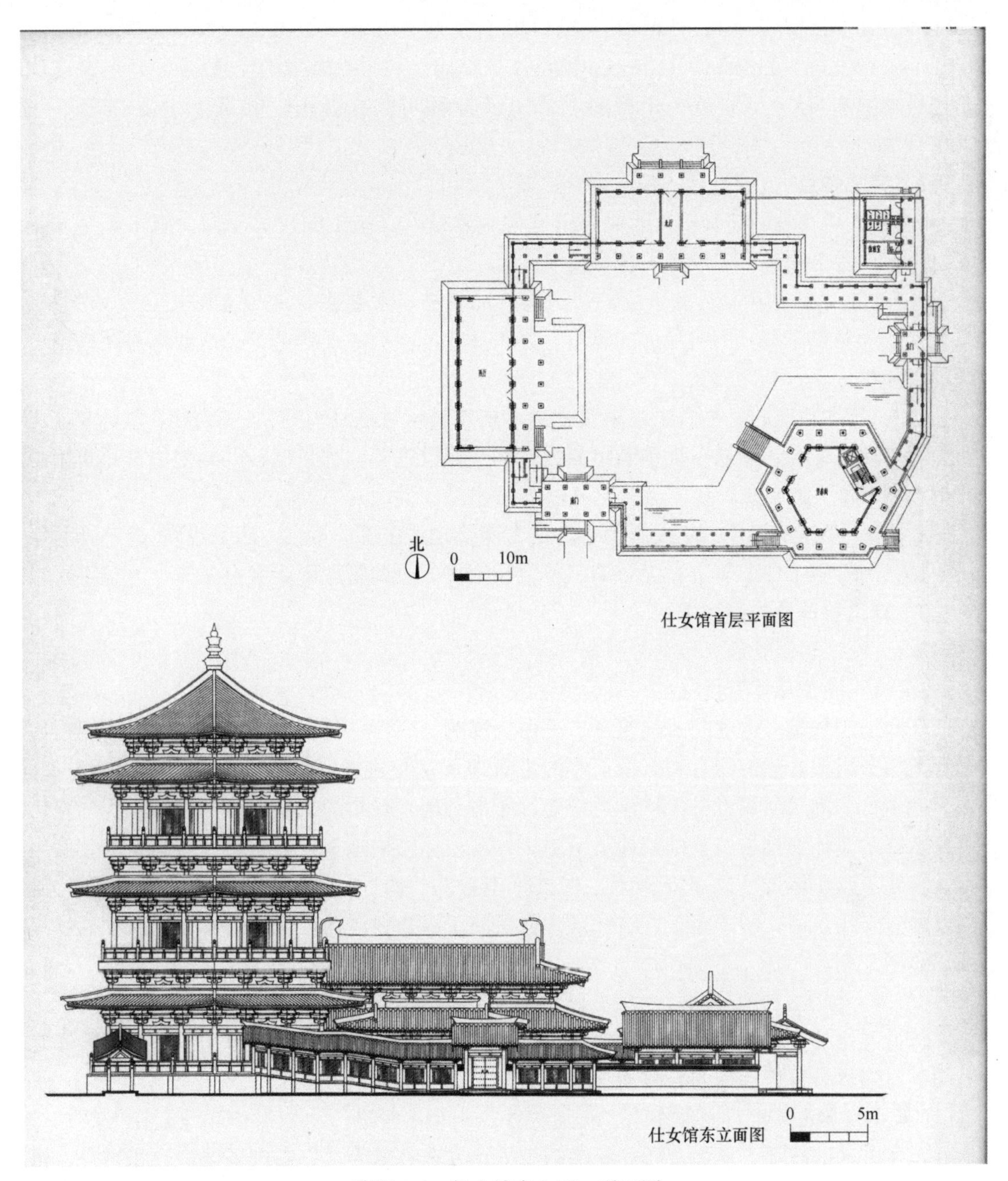

附图 3-2　仕女馆东立面、平面图

建筑场地为非自重湿陷性黄土，地基处理采用 DDC 灰土桩，桩径 400mm，桩间距 1000mm，等边三角形布置，有效桩长 9000mm（望春阁）、5000mm，孔内回填 2∶8 灰土，桩身压实系数不小于 0.95，桩间压实系数平均不小于 0.90，上部做 1200mm 3∶7 灰土整体垫层，压实系数不小于 0.97。望春阁采用 900mm 厚钢筋混凝土筏板基础，西厅、北厅采用钢筋混凝土条形基础，厕所采用砖基础，东门、南门、回廊采用独立基础。结构形式以框架结构为主，望春阁为框架剪力墙结构，圆柱截面直径 470～270mm，部分截面为方柱，梁截面有十几个规格，剪力墙厚 250mm、380mm，现浇板厚 150mm，斜板厚

180mm、150mm、120mm、100mm，檐口椽子截面150mm×150mm、130mm×130mm、120mm×120mm、110mm×110mm、90mm×90mm。斗栱出挑两层，栌斗、升子没有配筋，栱内配有4ϕ14，ϕ6@200钢筋，采用轻骨料陶粒混凝土。混凝土主要强度等级C30、C25。

2 施工特点

2.1 大唐芙蓉园仕女馆工程是一组庭院式建筑，其施工的总体安排、施工顺序、施工组织管理是工程施工建设的关键点之一。

2.2 仕女馆是唐式风格建筑，结构构件品种多、规格多，有独立圆柱、附墙圆柱、硕大复杂的斗栱系统、出檐深远的翼角、起伏变化的斜坡屋面构造等，这些都是结构施工的重点和难点。

2.3 仿古建筑的一些做法尚未实施过，施工技术方法还有待进一步探索和研究，比如预制与现浇结合、斗栱系统预制组装、屋面瓦作改进等，都是钢筋混凝土仿古建筑施工的难点和技术突破点。

2.4 仕女馆工程是引领大唐芙蓉园仿古建筑施工建设的重点，施工难度大、时间紧、任务重、内外施工环境复杂，配合施工单位相当多、协调管理困难重重。

3 施工管理及关键技术

3.1 施工组织管理

3.1.1 施工总体安排

仕女馆工程是一组庭院式建筑群，是由望春阁、西厅、北厅、厕所、东门、南门、回廊等七部分组成，建筑物有高有低，有的带有地下室，建成后将是一个封闭的生活空间，人只能步行入内，运输设备无法靠近作业。考虑到施工材料的机械运输供应和工程的整体工期，施工总体安排为先基础及地下室施工，再主体结构施工，最后是屋面和装饰装修施工。在建筑物单体先后顺序安排上，先进行望春阁、西厅、北厅施工，再施工厕所、南门，最后安排东门、回廊施工，这样既方便了施工时物料运输，又施工作业相互穿插，保证了总体工期。

3.1.2 施工人员安排

仿古建筑的施工毕竟不同于现代建筑，要求施工人员应懂得古建筑知识，要能看懂施工图纸，能进行建筑构件的分解和组装，为此仕女馆工程现场组建了古建技术实施小组、QC创新小组、古建模具制作小组、古建构件预制小组等进行协同操作作业。在人员构成上有古建方面的技师，还要有操作熟练的工人和专业技术人员，实现了老中青相结合，传统与现代相结合，现场操作与技术攻关创新相结合，团队分工协作，为工程顺利实施创造了条件。

3.1.3 建设单位配合

大唐芙蓉园的建设单位曲江园林建设有限公司设有专门负责古建技术的总工程师办公室，聘请了西安市唐式风格古建方面的专家巨行先、仲瑞训等，负责西北建筑设计院和施工单位之间的技术沟通协调，全面进行古建技术施工指导工作，还在大唐芙蓉园芳林苑进行了仿古建筑唐式风格斗栱系统及翼角1∶1实物模拟试验施工，为建筑设计和施工实施提供了可靠依据。

3.2 施工设计协作

中国建筑西北建筑设计院华夏所在进行大唐芙蓉园仕女馆工程设计时，进行了多种材料的结合，如混凝土与型钢结合、普通混凝土与轻骨料混凝土结合等，大胆使用新型节能材料，使建筑材料的来源更加便捷，结构的安全性及耐久性更好。结构组合形式多样化，体现了“预制与现浇结合”，使得预制构件可以工厂化生产，现场操作中部分实现了装配化施工。

3.2.1 仿古建筑设计思想

中国古建筑大多为木结构形式，是由许多构件组合而成，其木结构构件的加工带有工厂化生产的雏形，现场的施工是集中进行构件的连接和组装，是标准的装配化生产。为此，在钢筋混凝土仿古建筑设计中，大唐芙蓉园的总体思路为“预制与现浇结合”，即唐式风格建筑特征构件部分（如斗、栱、升、替木、椽子等）变换为装饰性构件，采用钢筋混凝土预制形式，其他主体结构部分（如柱、墙、梁、板等）为结构承力构件，采用钢筋混凝土现浇的形式，二者之间采取焊接或锚接的形式融为一体，同时具备防腐、防虫、防火等优点，实践证明这种思路切实可行。

3.2.2 仿古建筑设计技术

在设计总体思路确定后，还得进行分部节点的细化创新，在确保结构安全合理的前提下实施设计优化，使其便于施工操作，方便成型。在柱子设计时，独立的圆柱采取钢筋混凝土材料，并作为结构承力构件，柱头有“卷刹”（或收分）时，有时钢筋混凝土无法满足结构承载力要求，柱头薄弱部位考虑采用型钢混凝土材料形式（比如大唐芙蓉园仕女馆廊柱、西厅抱厦檐柱）。古建筑的斗栱体系分为柱头科、平身科、角科三种，当斗栱的材料采用混凝土后，这部分将不再是重要的结构承力构件，变为装饰性构件，采取预制后再拼装的形式，使预制的零散斗栱件通过焊接、连接浇筑成为整体。椽子采用钢筋混凝土材料预制后，与屋面斜坡板叠合现浇成为整体，共同构成悬挑结构承力构件。

仿古建筑中的柱础不再承受柱上压力，仅保留石材的外观纹样效果，如用覆盆，雕刻有莲花瓣，中间设有一个按柱径大小凿出的孔洞，使钢筋混凝土圆柱身从中穿过。为了安装方便，一般做成两块拼合的形式。有些砖墙（如丝缝墙）采取古建陶瓷面砖作为外饰面并进行勾缝处理，颜色呈亚光青灰色，观感与传统青砖墙面非常相近。门窗采用铝合金材质（比如直棂门、直棂窗），只是在外形式上和古物保持一致。在建筑材料使用上，大唐芙蓉园仕女馆望春阁的檐椽、挑檐板采用陶粒混凝土，目的是既能降低结构自重，又能满足结构承力要求及抗震8度设防性能。由于大唐芙蓉园仕女馆望春阁的斗栱构件规格尺寸比较大（有些栱长度达2m），因此设计时也采用轻质陶粒混凝土，重量轻，施工时吊运和安装方便，同时还保证了结构使用安全等。

3.3 施工关键技术

3.3.1 仿古建筑的柱施工

仿古建筑的柱分为方柱和圆柱，方柱一般为常规的施工，圆柱的模板选择成为了施工焦点。对于附墙的半圆柱，若为非结构构件，可以采取二次浇筑成型的施工方法；若为结构构件，采取一次浇筑成型的施工方法。对于独立的圆柱，可以采取定型钢模板、木模板、塑料模板等。在大唐芙蓉园仕女馆的圆柱施工时，我们根据图纸设计，准备选用定型钢模板，但通过市场调查，发现这种模板不具有通用性，可以说是一次性特别定制，投入很大，不得不放弃。选用塑料模板，当时西安市范围内根本没有设备和市场，也不能实施。最终选用木模板，采取 30mm×50mm 木条进行组拼，内部衬有三合板和薄铁皮，确保圆柱混凝土拆模后达到清水混凝土效果。

3.3.2 仿古建筑的斗栱施工

仿古建筑的斗栱部分包含斗、栱、升、昂头等构件，其中的斗（又叫"栌斗"）位于圆柱顶端，伴随着圆柱采取混凝土现浇形式。栱是斗栱部分主要构件，对于同一建筑的栱卷刹相同，不同的是栱的尺寸长短不一，为此我们采取先长后短法和并列法相结合进行栱构件预制，达到节约模板之目的。也就是先进行长尺寸栱的构件预制，而后改变挡板位置，再进行短尺寸栱的构件预制，并排 1～3 个进行同规格尺寸栱的构件预制，使栱的侧模板数量减少。对于异型的栱构件，比如大唐芙蓉园仕女馆望春阁角科，采取单独制作模具，归类编号预制。

升不仅是斗栱部分主要构件，而且是斗栱部分数量最多的构件。升又分为一字升、十字升、平口升，应用最普遍，数量最多的是一字升。在构件预制时，先进行一字升预制，而后改装模板进行十字升和平口升的预制，最后还可改装作为附墙升模板使用，因此升构件的预制模板必须选择可塑性强的材料，达到使用多次，改装多次，成型准确。

在大唐芙蓉园仕女馆施工时，我们对斗栱部分的预制模板进行了市场调查对比，钢模板、玻璃钢模板、塑料模板这三种模板不具备通用性，其费用比木模板要高得多，但全部采用木模板又不节材。最后试验采用镜面板和木条相结合的模板，既加快了匠人制作模具的速度，又节约了木材，确保了构件脱模后达到清水混凝土效果。由于仕女馆施工场地限制，所有斗栱的预制是在大唐芙蓉园杏园的临时预制厂进行的。当时施工正处秋末冬初，天气雨水特别多，比较寒冷。现场采取搭设防雨棚、保温棚等方式，采用龙骨铺设多层板作为斗栱构件预制地面，可以说是装配式预制车间的原始形式。

在斗栱构件预制时，起初的栱构件大面朝下，带有卷刹的小面朝上，结果发现这样的栱构件卷刹混凝土棱角不密实，预制效果不理想。如果侧向进行栱构件预制，其卷刹部分模板难以加固，而且只能单个预制，无法组合连片生产，达不到节约模板材料、提高功效的目的。最后经过反复试验，发现预制栱构件大面朝上预制生产，既保证了栱卷刹棱角密实，又能组合连片，实现多个栱并排预制，节材省工。在升构件预制时，首先提出升构件大面朝上，便于混凝土浇灌，同时连接的升构件中心孔准备现场钻孔，结果发现现场钻孔数量太多，费工费时。后来现场尝试，将升构件大面朝下，从构件小面浇灌混凝土，并且把升构件连接中心孔采用 ϕ20mmPVC 管在预制时就预留到位。实践证明这种方法不仅保证了升构件预制清水混凝土质量，而且预留孔洞节材省工，便于安装。

在斗栱系统与主体结构连接时，有焊接法、锚接法、粉刷成型法等。在安装工序安排上，有先进行钢筋混凝土结构施工，再进行斗栱系统焊接连接；也有斗栱系统随钢筋混凝土主体结构同时施工。大唐芙蓉园仕女馆斗栱系统复杂，构造层数多，斗栱自身体积硕大，尤其是六边形的望春阁工程，不仅有柱头科、角科，而且是外廊圆柱和附墙柱内外同时设计有斗栱，在施工采取了随钢筋混凝土主体结构同时施工方法，斗栱与主体结构之间采用锚接连接法。也就是每层施工到斗栱部位，统一进行斗栱体系分层安装锚接钢筋固定，浇筑斗栱体系结构主体混凝土，再进行上部主体结构施工，如此循环进行。

3.3.3　仿古建筑的椽子施工

仿古建筑的椽子分为正身椽和翼角椽。正身椽的长度和断面尺寸为标准尺寸，加工预制没有多大难度；翼角椽的长度尺寸是随着椽的位置变化而变化，而且椽的尾部断面尺寸也随着椽的位置不同而变化，因此预制难度相当大。在大唐芙蓉园仕女馆施工时，我们采取了理论计算和现场模拟放样相结合的施工方法，对于翼角椽的长度和断面尺寸进行了科学控制，为预制加工操作提供了理论依据。在现场翼角造型形成时，根据理论计算和现场模拟采取钢管钢筋造型硬架支模法，取得了良好的施工质量和艺术效果。为此，我们又进行了细化整理，并成功申请了实用专利和施工工法。另外，预制椽之间的空档采取在椽与椽间架铺 8～10mm 水泥压力板，既是模板又是装饰面底层，节省模板料又加快施工操作，工程实践证明这种方法相当经济、实用。

3.3.4　仿古建筑的屋面施工

仿古建筑的屋面不再做泥背，因为泥背容易生长植皮，形成瓦口阻水现象，植皮的生长又会引起防水层的破坏。因此现在做焦渣背，其优点是强度高，容重轻，易操作，易干透。铺瓦应用混合砂浆（水泥：白灰：砂子＝1：1：4）取代传统的泥灰，使得基层、瓦件、粘结灰材料性能接近。在瓦件加工时，板瓦底部设有挂灰瓦带，这和铺瓦时的底灰相结合，挂住板瓦。在板瓦的铺设搭接时，适当减少板瓦的搭接尺寸，采用“压五露五”或“压四露六”。因为现在的瓦件多为机械化生产，质地密实，抗渗漏性强，施工中减少板瓦的搭接尺寸，不仅使板瓦的坐灰面积加大，更能有效地粘结固定瓦件。在板瓦施工时，板瓦的大头朝上，瓦的挂灰带也设在上端，这样做既可防止局部瓦片破损漏雨，又使板瓦与基层粘结面积增大，再加上“背瓦翅”粘结灰的阻力，对预防瓦件下滑是十分有利的。对于坡度较大的望春阁、西厅、北厅屋面，混凝土板设置 ϕ10@1000 钢筋露头，对上部的其他构造层拉结固定，防止向屋面檐口方向滑移引起工程质量和安全隐患。望春阁檐口瓦件全部拉结固定，确保了质量和使用安全。

大唐芙蓉园仕女馆工程屋脊有正脊、垂脊、戗脊、围脊等，施工都采用压肩法，采用 1：1 水泥砂浆粘贴脊饰瓦片，鸱尾内用型钢作构造柱，焊在脊背的预埋铁件上，然后逐层安装，在空腔内浇筑 1/3 高的混凝土固定箱位，不得灌满，以防止高温撑裂箱体。仕女馆望春阁的宝顶形似盛开的“莲花”，采用铜皮定型加工制作，中间设计有与建筑物连接的 2000mm 高钢筋混凝土圆柱。安装时，先给宝顶制作了临时吊装型钢底座，用于吊绳绑扎，同时在宝顶莲花瓣上口开有临时施工洞，保证焊接人员能够出入作业和混凝土浇筑固定。采用塔吊进行吊装就位，然后焊接人员从施工洞进入宝顶内进行焊接固定，同时焊接连接避雷线。最后从施工洞浇筑混凝土固定宝顶，焊接封闭施工洞口，进行清理、打磨、贴金箔等后续工序。

3.3.5　仿古建筑的装饰装修施工

仿古建筑的装饰装修包含了墙面、地面、栏杆等。墙面中的砖墙做法变化比较大，大唐芙蓉园仕女馆工程的西厅、厕所山墙设计有磨砖对缝，墙面做法技术水准要求高，这方面的匠人很少，传统的技法已不完全适宜现在的钢筋混凝土结构，现场试做了一部分后效果不佳，而且费用比较高，浪费相当大。最终改用亚光青灰色古建陶土面砖并进行勾缝处理，有效避免了青砖加工时砍磨量大，粉尘多，破损严重等污染现象，同时又避免了施工时内外墙混砌，施工进度慢等不利因素，颇具绿色环保节能之功效。

楼地面铺贴石材时要注意排砖以及与柱础的衔接，可以事先进行预排版，然后按照排版图组织铺贴施工。尤其是呈六角形的仕女馆望春阁楼地面，露天月台（比如仕女馆西厅月台）、外廊道（比如仕女馆望春阁外廊）要注意排水坡度和排水方向处理。与园林绿化相连接的台明（比如仕女馆西厅台明、回廊台明）要有挡水、拒水、防水措施，以免园林绿化灌溉浇水使基层渗水引起台明不均匀沉降、裂缝等现象发生。

仕女馆望春阁外廊的栏杆是典型的“钩片钩栏”样式，为了保证唐式风格和使用安全，施工采取钢筋混凝土、型钢、硬木料相结合的方式。栏杆的望柱、扶手采用现浇钢筋混凝土结构，与建筑结构层连成一体，保证了外形尺寸和使用承载力足够；栏杆的钩片钩栏采用型钢焊接成型，现场制作定型了模具，成批量加工，达到节约材料和工厂化生产；望柱的莲花柱头采用硬木料雕刻而成，中间设有螺栓与钢筋混凝土柱身相连接。栏杆现浇、焊接、拴接完成后，统一油漆为赫色，浑然一体，安全、美观、实用。

大唐芙蓉园仕女馆工程的博缝板是钢筋混凝土制品，厚度 60mm，采取斜坡屋面板预留钢筋，单面支设模板，分层拍抹形成。其中的惹草是雕刻模具提前预制的成品，上部留有预埋钢筋，与斜坡屋面板预留钢筋焊接连接。人字栱在柱枋之间，其人字两股底偏，两端翘起，是唐式风格建筑的主要特征之一。仕女馆工程大量使用了人字栱，对于独立柱枋间人字栱采取制作模具提前预制的成品，现场焊接固定在柱枋间；对于附墙圆柱枋间的人字栱，采取模具划线，确定位置，控制范围，粉刷成型。阑额与由额二者之间设矮柱，将一间分成三小间，为后世所不见之做法，也是唐式风格建筑的又一特征。仕女馆工程对于阑额与由额二者之间的矮柱采取提前预制的成品，独立圆柱之间的阑额、由额为钢筋混凝土现浇成型。混凝土浇筑时，把预制的矮柱放在位置上，浇筑阑额、由额混凝土连接成整体。附墙圆柱的阑额与由额、矮柱均粉刷成型，方法与粉刷人字栱相类似。

仕女馆工程的门窗为直棱门、直棱窗，是典型的唐式风格。门窗没有采用木料制作，因为木制门窗随环境变化易变形，油漆也易暴晒脱落。最终采取铝合金仿木材料，效果比较好，使用多年没有太多变化。唐风建筑以赫色和白色为主，很少有彩画，大唐芙蓉园仕女馆没有彩画，主色为赫色、白色。仿古建筑的油漆涂料都是现代材料的操作，要注意装饰面之间的分隔，避免相互污染。油漆部分要特别注意处理好基层，做好“地仗”，预防泛碱现象发生。对于仿古建筑的油漆色彩要提前进行统一规划，统一风格，统筹安排，把中国传统文化和现代技术相结合，把传统地域特色与技术创新相结合，方能呈现承古开新的中国精神。

4 施工效果

大唐芙蓉园仕女馆工程是 2003 年 6 月开始地基处理施工，到 2004 年 1 月主体结构封顶，其中包含与主体结构连接的古建预制构件安装到位，而且施工期间发生过持续连阴雨、村民干预间断性停工等现象，其施工技术创新、施工组织和管理成为大唐芙蓉园施工建设的典范，为后续的施工任务按时完成赢得了足够的时间和空间。

4.1 技术成果

大唐芙蓉园仕女馆工程施工完成后，我们对施工过程中的一些想法和尝试效果进行了技术总结，由此形成的科技论文 7 项，分别发表刊登在《陕西建筑》《建筑施工》《建筑工人》等建筑类期刊上。形成建筑工程施工工艺标准 6 项，形成仿古建筑方面实用新型专利 6 项，形成陕西省省级工法 5 项，国家级工法 1 项。尤其是《仿古建筑唐式瓦屋面施工工法》被评为 2008 年度陕西建工集团总公司十大优秀工法，荣获国家级工法和陕西省省级工法，拓宽了公司在仿古建筑施工技术方面的影响力，填补了公司国家级工法的空白。

4.2 管理成果

大唐芙蓉园仕女馆工程被评为 2006 年度陕西省科技示范工程、陕西省优质工程“长安杯”奖，并荣获国家优质工程银奖，成为公司多年来第一个国优工程。公司以此成功申报园林古建一级资质，进一步开拓仿古建筑施工业务，陆续又承接了西安市大唐西市、周至楼观台问道阁等多项仿古建筑施工任务。

4.3 社会影响

大唐芙蓉园仕女馆工程施工采取的预制与现浇结合、斗栱系统预制组装、屋面瓦作改进、轻骨料陶粒混凝土、柱头型钢混凝土等，是钢筋混凝土仿古建筑施工的先例，通过技术攻关和技术创新，成功得到了实施，并得到了业主、监理、设计院、质量监督部门、建筑科学研究机构等社会各界的一致肯定和好评，为仿古建筑施工开辟了新路，积累了丰富的经验。2008 年四川省汶川大地震后，工程没有受到损伤。尤其是，六角重檐的仕女望春阁已成为西安曲江新区一道亮丽的风景，成为游人关注的焦点。

5 体会和结语

在西安大唐芙蓉园仕女馆施工时，我们应用网格纸、理论计算比较多，现场实物放样比较多，而且还进行了现场 1∶1 翼角部分的实验，计算机 CAD 辅助的手段应用都比较少，所有的这些都是受到当时的技术发展和企业装备等环境的限制。而现在的 BIM 技术应用为仿古建筑工厂化生产和现场化组装提供了更加有力保障，必将促使仿古建筑走装配化之路，让更多的人容易传承这门技艺。

大唐芙蓉园仕女馆工程施工建设已过去 13 年，大唐芙蓉园已开园营业 10 年了。十多年来，不知有多少人都游览过这个唐文化主题公园。其设计、施工的一些思路、想法、做法成为后来仿古建筑的范例，成为仿古建筑津津乐道的话题（附图 3-3）。

附图 3-3 西安大唐芙蓉园仕女馆望春阁

古建筑是中国传统文化的载体，是历史的丰碑，她凝结了我们祖先的智慧和精神，在大力弘扬中国传统文化的今天，我们修建的仿古建筑将会把她继承下来，应用现代科技和材料进行新的创新，承古开新，继往开来，仿古建筑在百年以后又将成为古建筑，她的智慧和精神将随着历史的长河奔流不息，勇往直前。

附录4　安康望江楼工程施工

陕西省第三建筑工程公司
陈学岩

安康望江楼位于安康市汉江北岸，是一座面阔进深各五间的五层重檐阁楼，建筑面积 1380m²，高度 41.37m，框架剪力墙结构。该工程外观造型设计风格为传统清式做法，大屋顶为四角攒尖顶，翼角 64 个，各种屋面檐口长度共计 700 余米，装饰构件斗、栱、升、昂、蚂蚱头等共计 1326 件。屋面铺设青灰色琉璃瓦，封檐板、外墙面、栏杆望柱涂饰乳白色涂料，其余外立面构件均涂饰朱红色油漆并附加金线勾边。（如附图 4-1、附图 4-2 所示。）

附图 4-1　望江楼南立面

1　屋面檐口结构施工采用预制与现浇相结合的施工方案

望江楼工程每层外围均有屋面檐口，檐口以下柱头以上含有大量最能代表中国古建筑特点的斗栱昂翘等元素构件，这些构件均采用钢筋混凝土材料制作，通过梁柱与核心区框

附图 4-2　望江楼西立面

架剪力墙合为一体。该设计方案的优点是结构整体性好，不足之处是施工难度极大，模板支设和钢筋制作绑扎特别费工费料费时。

通过优化，该工程采用了预制与现浇相结合的施工方法，先对造型复杂、体型小、数量多的非受力构件进行识别筛分，进行现场预制；在预制构件端部留设锚固钢筋（有的是一端设置、有的是两端设置，设置原则视具体构件而定），安装就位后再浇捣柱及梁板混凝土。

对多个预制构件上下重叠组合部位（如本工程的五踩斗栱）需在下部构件预留构造钢筋，将其贯穿于上部构件相对应的预留孔中，再浇筑混凝土，逐层叠加成形。斗栱中心部位即受力部位的预留孔与主体结构的柱混凝土同时浇筑。

该方案既保证了装饰构件的施工质量，组合施工符合钢筋混凝土的受力原理，同时能加快施工进度、节约模板设施料的投入。建筑、监理和设计单位对该方案给予了高度肯定。

本工程预制构件按清水混凝土的质量标准进行控制。策划后共分八大类、18 种规格，共计 1326 件，加上附属工程的 522 件预制构件，总数量达 1848 件。

2　沿垂直方向施工层次的分解细化是结构施工方案的核心

一般的框架剪力墙结构每层是按照先墙柱、后梁板的施工顺序进行施工，共分两个层次（墙柱和顶板）、六道工序（墙柱钢筋绑扎—墙柱模板支设—墙柱混凝土浇筑—梁板模板支设—梁板钢筋绑扎—梁板混凝土浇筑）。而该工程因其屋面檐口构件的复杂多样、现浇构件与预制构件交替施工，沿垂直方向施工的层次和工序远远超过常规数量，必须预先分析确定。原则上既要满足构件组合后彰显古建筑屋面檐口独特的韵味，同时还应符合钢筋混凝土结构设计及施工规范要求。

按照上述原则，望江楼工程 1～4 层每层分 9 个层次，34 道施工工序；5 层因有重檐和攒尖顶，共分 17 个层次，61 道施工工序；宝顶分 13 个层次，30 道施工工序。采用剖面图予以展示，层次清晰、施工组织顺畅。

3 图纸翻样与模型制作

古建筑构件种类数量繁多，各构件的尺寸之间是有一定的模数比例的，组合后在空间层次上的复杂性是二维设计图纸无法全部展示的。要达到准确理解设计图纸、指导施工就必须进行二次翻样，制作实体模型。该工程图纸翻样共计 135 张，制作实体模型两次。第一次是首层翼角采用五合板制作 1∶1 足尺模型，第二次是屋面重檐部分采用 25mm×25mm 的方木和五合板制作 1∶10 的模型。

4 合理选择和使用模板

望江楼工程单层面积较小，楼层高度较大，各层标高不一致，外檐柱按 1∶100 向内倾斜，同时受预制构件与现浇构件的组合等因素制约及影响，因而模板的选型、加工制作及安装拆除难度较大，该工程共选择了 7 种模板类型：

(1) 组合钢模板：使用于±0.000 以下的箱形基础。

(2) 木模板：一是直径 500mm 檐柱采用 30mm×40mm 木龙骨、内衬 0.5mm 厚白铁皮，木制圆箍定型，对拉螺杆和钢架管加固；二是预制构件均采用木模板内衬白铁皮，对拉螺杆加固。

(3) 定型钢模板：二层及二层以上直径 400mm 的檐柱采用 4mm 厚钢质定型模板。

(4) PVC 塑料管模具：各层檐柱在座斗底标高以上框架梁底标高以下部位采用内径 400mm 的 PVC 塑料管模具。

(5) 混凝土预制板永久性模板：坡屋面在挑檐檩以内的底模板采用 400mm×470mm×470mm、壁厚 25mm 三棱柱体混凝土预制空心板。该部位因空间狭小、周围模板支设拆除困难，混凝土外露面仅能做涂料涂饰，无法进行砂浆粉刷，故采用此方法。

(6) 覆膜竹质胶合板模板：除上述部位以外的其他构件（如剪力墙、框架梁、楼梯）等均采用 12mm 厚覆膜竹质胶合板模板。

(7) 钢筋笼内衬五合板模板：屋面宝顶座中有 2 个上口直径 1300mm、下口直径 800mm 的“碗状”叠加构件，采用 ϕ6 钢筋制作成碗状钢筋笼，内衬五合板。

以上 7 种模板的综合应用，解决了该工程不同部位混凝土构件的成型难题。不足之处是针对数量大、模板周转次数多的部分构件（如昂头周转次数达 20 次），木模内置白铁皮的做法是有一定缺陷的，主要体现在薄铁皮受振动棒冲撞时易出现坑凹皱褶，混凝土观感质量较差。在后期附属工程轩和牌楼的构件预制时改用上等覆膜竹质胶合板代替木模板、用 2mm 的钢板作升耳子外模，混凝土的外观质量明显提高。

5 结语

望江楼工程于 2002 年 5 月初开工建设，2003 年 7 月主体封顶，结构工程单层施工时间在 40～60 天之间，整体工程于 2012 年 12 月底竣工交付。建成后的望江楼工程（后改名安澜楼）成为安康市地标性建筑之一。

综上所述，采用钢筋混凝土材料建造具有中国传统风格的现代建筑中，采用预制与现浇相结合的施工方法既能遵循钢筋混凝土结构受力特点和施工规范规定，保证了结构安全稳定耐久，同时又极大地降低了施工难度；通过制作模型、翻样和进行垂直方向上结构施工层次的划分能够使施工人员准确理解设计图纸，工作思路清晰，工序安排合理顺畅，质量、进度、成本均易于控制。

附录5　中国长安文化山庄（慈善会）工程施工

陕西古建园林建设有限公司
牛晓宇

1　工程概况

中国长安文化山庄建设项目位于秦岭北麓山脚下，沣峪口国道东侧。项目占地65亩，总建筑面积4250m²，其中地上建筑面积3772m²，地下建筑面积317m²。由3个相互独立的仿清式官式四合院组成。结构形式除主体工程为钢筋混凝土框架结构外，其廊檐和游廊为木结构；外墙采用丝缝装饰青砖墙与内衬砖墙组砌的形式；屋面为小式黑活筒瓦屋面；门窗为双层仿古木门窗、中空玻璃；室内地面采用尺四方砖细墁地的形式，室外十字甬路采用大停泥砖进行铺满；台明及散水分别采用尺四方砖和青石铺砖而成。整体风貌青堂瓦舍，雕梁画栋，清式风格古朴浓郁（附图5-1）。

附图5-1　长安文化山庄全景图

2　工程特点及难点

2.1　工程特点

该工程位于秦岭山麓，环境相对于市区来说较为潮湿，雨雪较多，冬季气温也相对较低。因此除钢筋混凝土外，仿古部分的施工比如青砖墙面、室内外地面、屋面瓦作、石作、木作、木门窗、油漆彩绘等显得尤为重要，这些部位的施工为本工程的重点区域。

2.2　工程难点

该工程地理位置特殊，处于秦岭北麓断裂带，建筑物又处于两座山口之间，自然灾害频发。因此，该建筑应保证其安全防护性能。建筑物的基础采用筏板基础，主体框架为全现浇钢筋混凝土结构。屋面及青砖墙面主要为装饰作用，因此，在混凝土现浇主体上进行仿古建筑施工成为本工程的难点。

3　施工工法研究的组织管理

如附图5-2所示。

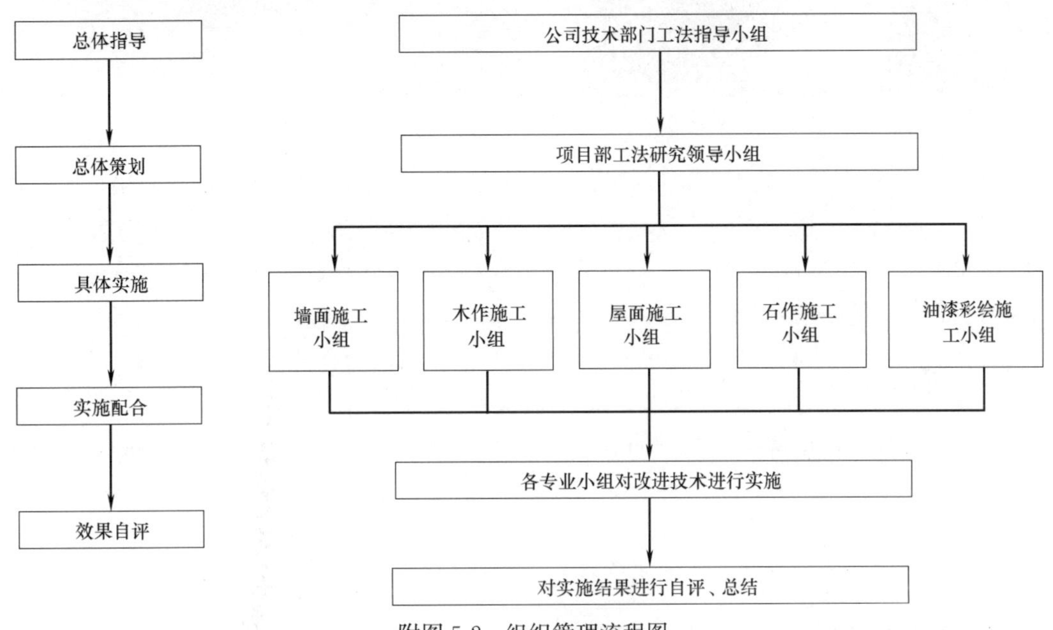

附图5-2　组织管理流程图

4　施工工法的实施情况

4.1　青砖丝缝墙面工程

砖墙砌体在中国古代建筑中起维护、阻隔、装饰作用。本工程为仿清式建筑，因此在施工时以清代官式建筑为参考。清代对墙体类型的划分比较细致，按照质量等级分为干摆墙、丝缝墙、淌白墙、糙砖墙、碎砖墙等。根据建设单位的要求，本工程采用丝缝墙做法进行施工。丝缝墙是砌筑精度仅次于干摆墙的一种墙体，采用膀子面砖进行砌筑，砌筑灰缝要求控制在2mm左右，横平竖直。

4.1.1　青砖的转料选择及前期加工

（1）本工程根据现场的实际情况，对青砖的尺寸进行了调整，大停泥的尺寸为320mm×160mm×70mm，小停泥的尺寸为260mm×130mm×60mm。

（2）先对进场的青砖进行统一筛选，要求对每块砖的规格进行丈量，保证砖的优良率，从源头控制质量。根据古建做法要求，砌筑丝缝墙的砖都需要对砖进行砍磨加工，做成“膀子面砖”，由专人操作切砖机械进行加工，保证砖的平整直顺。如附图5-3、附图5-4所示。

4.1.2　青砖的砌筑工艺

（1）青砖砌筑的前期准备：

附图 5-3　机械加工青砖面

附图 5-4　青砖水浸

1）青砖在砌筑前需要对其进行水浸，水浸的目的：①洗去砖表面的尘土和杂质，让气孔的口暴露出来，使砖和砂浆更好地胶结；②砂浆在具有足够水分的情况下才能更好地凝结，而干燥的砖会吸收水分，削弱砂浆的粘结力和砌体强度。因此将砖浸水后再进行砌筑有利于砂浆与砖胶结，并且确保砌体具有足够的强度。

2）浸水后有专人对砖料进行检查，对加工不合格或砖面损坏的砖进行挑拣。

3）砌筑灰浆的制作：根据传统工艺，砌筑用的灰浆以老灰浆居多，在施工中也尝试进行新的工艺技术，运用现代材料进行灰浆调配，使其既能满足强度需求又能降低成本投入。

在文化山庄工程施工中，所使用的灰浆配比为水泥∶青灰∶白灰＝1∶2∶3。青灰在调浆时需要进行筛选，以保证所使用的青灰无块状杂质。如附图 5-5 所示。

附图 5-5　青灰筛选

附图 5-6　古建专家进行现场指导

（2）样板墙的制作：本工程实行样板引路的施工模式，在施工前先砌筑一段样板墙，并请古建专家进行现场检验及指导（附图 5-6），提前发现问题，及时改进。再以样板墙为基础对工人进行砌筑前的技术交底。

（3）丝缝墙施工工艺流程：

在砌筑青砖墙之前，根据节能保温的要求，对现场的部分墙体砌筑了内衬墙，在内衬墙（古建中称为“金刚墙”）的外立面再包砌青砖丝缝墙面。砌筑前在内衬墙或现浇混凝土墙面上进行植筋，保证内外墙之间拉结牢固。

施工工艺流程：弹线、样活→拴线、衬脚→抹灰砌筑→灌浆→打点修理→墙面勾缝→墙面打磨（附图5-7～附图5-10）。

附图5-7　弹线、样活、拴线

附图5-8　打战尺，对不平整部位进行打磨

砌筑完一整排砖之后，对砖面的平整度进行检查，保证砌筑的缝隙宽度在2～3mm，砖缝平直、厚度一致，不得出现“游丝走缝”的现象（附图5-11、附图5-12）。

附图5-9　打灰条

附图5-10　刮去余灰

附图5-11　检查平整度

附图5-12　进行细微调整

灌浆时不得灌满，但也不宜过少。两道墙体之间预埋的钢筋拉结件处必须被填充满。并适当进行振捣。如附图 5-13～附图 5-16 所示。

附图 5-13　灌浆灰的制作

附图 5-14　灌浆

勾缝时若墙面变干，必须事先用水将墙面洇湿，保证灰浆附着牢固，灰缝勾完之后要用刷子或软扫帚对墙面进行清扫（附图 5-17、附图 5-18）。

由于掺入水泥的影响，墙面在干燥之后会出现泛碱等现象，而且墙面色泽差异较大，因此墙面干燥之后用砂磨机进行整体打磨（附图 5-19、附图 5-20）。

附图 5-15　墙面的打点

附图 5-16　墙面墁水活

附图 5-17　墙面勾缝

附图 5-18　勾缝前后对比

附图 5-19 青砖墙面的打磨

附图 5-20 打磨之后的墙面

4.1.3 丝缝墙砌筑完成之后的整体效果

如附图 5-21、附图 5-22 所示。

附图 5-21 厢房

附图 5-22 正房山墙

4.2 古建筑木作施工

本工程主体结构以钢筋混凝土结构为主，但是为了保持古建筑的造型和特色，在建筑的屋檐、抄手游廊、大门等部分采用木结构施工，柱子、梁檩等部分采用混凝土结构外包木板进行施工，最大限度地保留了古建筑特色。

4.2.1 木结构用料前期准备

（1）备料：由于工地的位置在山脚，湿度相对较大，为了使木材适应周围环境，减少使用中的变形，在开工时就对木构件进行备料，在烘烤炉烘焙干之后，再将木材存储在工地的备料间，自然风干一年，使木材适应周围环境的湿度变化。

（2）验料：对所备用的木材质量进行检验，其中包括有无腐朽、虫蛀、节疤、劈裂、空心以及含水率等内容。要求木材无腐朽及虫蛀现象，木材不能有损伤开裂，自然开裂缝隙深度不得超过断面的四分之一。

（3）材料在初加工阶段按照其使用部位对其进行曲直、砍圆、刮光。椽子、望板等也进行初步下料，加工成需要的规格料。如附图 5-23、附图 5-24 所示。

4.2.2 木作施工工艺流程：

（1）大木构件的制作：

1）大木构件制作的第一道工序就是大木画线。大木画线是在已经初步加工好的规格料上把构件的尺寸、中线、侧脚、榫卯和大小等用墨线表示出来，然后工人按线操作。

附图 5-23 圆木料的备料及初加工

附图 5-24 方木料的备料及初加工

2）画线完毕之后必须将位置在构件上标写清楚，以便安装时对号入位，这样做也是为了防止在安装时漏掉或者重复制作某个构件，造成浪费。

附图 5-25 大木构件的加工及分类堆放

3）大木的画线以及标号都必须由专人制作，加工完成的构件分类堆放，位置号标在明显、不易被遮挡的位置（附图 5-25）。

（2）混凝土柱外包假木柱的制作及安装

1）本工程其主体结构还采用钢筋混凝土结构，游廊、垂花门、前檐等采用木结构，因此在做木游廊时，需要在混凝土上做半根假柱子来作为上架与混凝土连接处的支撑，其效果与金柱的一半砌筑到青砖墙的效果类似。故而在制作时需要将柱子加工成半个，然后再根据实际的抱头梁、穿插枋的位置制作榫卯。

2）而柱子在安装时与混凝土墙之间采用膨胀螺丝进行拉结，露头部分进行防锈处理并用木材填充孔洞之后再做油饰。

如附图 5-26、附图 5-27 所示。

附图 5-26 外包木柱的制作

附图 5-27 外包木柱的安装

（3）椽类构件的加工制作与安装：

1）本工程所有椽子为方椽。主体部位的檐椽后尾置于混凝土主体结构之上，向外挑出，飞椽置于檐椽之上，向外挑出，后尾钉附在檐椽之上，成楔形，头尾之间的比为1∶2.5，飞椽径同檐椽。

2）本项目的游廊和水榭为卷棚屋顶，罗锅椽为屋脊构件。在制作时放实样，按照样板纸制作，完成后要求现场进行1∶10比例的样板构架组装，进行矫正、优化后方可进行安装。如附图5-28～附图5-30所示。

附图5-28　抄手游廊的缩小模型

附图5-29　罗锅椽的加工

附图5-30　罗锅椽的现场安装

4.3　黑活筒瓦屋面施工

在檐廊木构架进行完成之后，再进行屋面挂瓦工程。

4.3.1　挂瓦前的准备工作

（1）屋面的准备工作：

1）屋面的起坡符合木结构施工时的举架要求，屋面形成柔和的曲面，不出现死硬折弯。

2）屋面施工时需要做两层SBS改性沥青防水层，防水层之上绑扎钢筋网片进行防水保护，考虑到屋面坡度相对较大，增加挂瓦条，保证挂瓦的牢固性。如附图5-31、附图5-32所示。

（2）材料的准备工作：

1）为了满足施工的质量要求，项目部组织各方人员对河北、陕西、山西的筒瓦、板瓦厂家进行考察，挑选了做工精细、质量上乘的山西河津市瓦厂的瓦件。

2）在瓦件到场后组织专人挑拣，选择无破损的瓦件进行分类码放（附图5-33）。

3）水浸时对瓦件逐块检查，瓦件的挑选以敲之声音清脆、不破不裂、没有残隐者为佳，外观应无明显扭曲、变形、无粘疤等缺陷。颜色差异较大的，用于屋面不明显的部位。

附图 5-31　屋面做基层防水

附图 5-32　屋面做挂瓦条

附图 5-33　瓦件的分类码放

4.3.2　屋面挂瓦施工工艺流程

分中、号垄→排瓦当→号垄→冲垄→挂檐头滴子瓦→挂底瓦→挂筒瓦→捉节夹垄（附图 5-34～附图 5-37）。

附图 5-34　挂檐头滴子瓦

附图 5-35 冲垄图

附图 5-36 大面积挂瓦

4.4 石作工程施工

石材的使用在古建筑中普遍存在，从房屋的基础到房屋的装饰，石材无所不在。在本工程中石材主要用在台明、阶条石、柱顶石等基础部分。

4.4.1 石材的选料

经过对各类石材的对比及实地考察，最后确定使用品质较好的青白石作为台明、台阶、阶条石、柱顶石等石作的用材（附图 5-38）。

附图 5-37 刷浆提色之后的瓦屋面

附图 5-38 进场的成品石材

在施工前，对石材进行挑选，有石瑕或裂缝等较大质量问题的石材不予采用。石材表面的污点以及红白线等不可避免，安装时要注意安装在不引人瞩目的部位。

4.4.2 石材的加工

(1) 石材表面的加工：石材在进场前基本都已加工为成品规格料，石材表面已经磨光处理。按照传统做法，不同部位对石材表面的加工方法不同。

(2) 剁斧：剁斧前应保证剁斧面的平整、光滑、无缺陷。剁出的斧印密度均匀直顺，深浅一致，不留有錾点、錾影，刮边宽度一致。剁斧完之后还可刷细道，刷细道做法一般应用于挑檐石、阶条石、腰线石。根据规范要求：剁斧密度为 45 道/100mm，偏差最低不能少于 35 道。

(3) 在剁斧前先弹好刮边线，边线距离石材的边缘 10～20mm。为了保证斧剁均匀、直顺，可先弹上若干道线，然后顺线剁斧。剁斧时用力要轻，举斧高约 150mm，剁出的斧印细密、均匀、直顺，石面凹凸不超过 2mm。如附图 5-39、附图 5-40 所示。

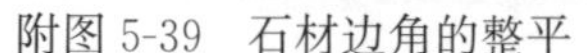

附图 5-39　石材边角的整平

附图 5-40　石材的剁斧

4.4.3　石材的安装

（1）石材在安装的过程中为了稳固常通常采用以下措施：

1）铺坐灰浆。根据石材的具体标高，拴好水平标高线，然后再根据石材的厚度进行铺浆，保证灰浆的厚度适宜。

2）灌浆。在灌浆前先勾缝，防止灌浆时将石活撑开。

（2）石材在安放好后按水平线找正、找平、垫稳，遇到不平整时用背山的方法解决。

（3）灌浆前对石面进行湿润，有利于灰浆和石料之间的粘结，灌浆应从预留的位置进行，完成之后应将浆口封堵好。

安装完成之后，石材局部如有凸起不平，还可继续进行斧剁，将石面加工平整。

4.4.4　完成后的石材工程

如附图 5-41、附图 5-42 所示。

附图 5-41　脚柱石

附图 5-42　石质垂带踏跺

4.5　油饰彩画工程

根据设计要求，本工程的油饰彩绘全部采用苏氏包袱彩绘。后根据建设单位的要求，仅在垂花门部位进行彩绘，其余部位使用深咖色油漆刷饰。

4.5.1　材料的选择：

（1）油漆材料的选择：

传统油饰工艺中通常采用大漆，大漆虽然有漆膜坚硬、漆膜光亮如镜、耐磨性好、附着力强、耐酸、耐碱、耐油、耐溶剂、耐水抗潮、耐土壤腐蚀、耐热、绝缘性能好等优点，但是他也有最致命的缺点，就是耐紫外线性能较差，漆膜必须在一定温度下、湿度较大的环境下才能干燥。北方地区，尤其是在西北地区，空气干燥，用大漆施工难度大，而且室外紫外线强烈，影响大漆成活的质量。若采用现代工业合成的调和漆（附图 5-43），既能保证质量，又能随意调和颜色，施工也相对容易操作。

附图 5-43　工程中使用的调和漆

（2）地仗材料的选择：

地仗是保护木构件并填充其缺陷，使其棱角整齐、大面光洁平整的一种工艺，并对木结构坚固耐久起着重要作用。

传统的地仗材料使用的有白面、血料、砖灰、灰油、桐油、石灰、麻、布等（附图 5-44～附图 5-47）。在仿古建筑中，也可以用现代材料替代砖灰，同样也能达到保护木结构、表面光滑洁净的作用。在地仗配料中将砖灰和白面替换为大白粉和立德粉，同样也能达到传统地仗的耐久度和美观性。但是在灰油制作、油满配制以及地仗灰配制时还是按照传统的配合比进行配制，保证地仗的耐久性。

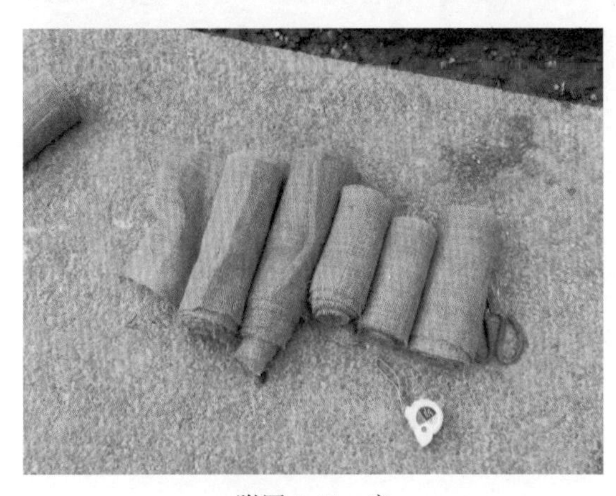

附图 5-44　麻

附图 5-45　布

4.5.2　桐油的熬制

调配地仗材料时最重要的材料就是灰油和血料，而发血料和熬制灰油也是相当重要的一个环节。

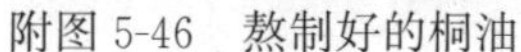

附图 5-46　熬制好的桐油

附图 5-47　发质好的猪血

灰油在进行地仗工序时，主要是用来调制油满的材料。将土籽灰和樟丹混合在一起，放入锅中不断翻炒，目的是去除其中的水分，炒干之后再倒入生桐油进行熬炼，因为土籽灰和樟丹易沉淀，故在熬炼时不断用油勺进行搅拌使土籽和樟丹与油混合。油开锅后要用油勺轻扬放烟，待油表面成黑褐色时即可进行试油。如附图 5-48～附图 5-50 所示。

试油方法是将油滴入水中，如油不散，凝结成珠即为熬成。有些熬油师傅在进行试油时是将油滴在斧面上然后将斧子放入冷水中，待到油冷却之后弹掉水珠用手指蘸油提起，有 30mm 左右的不断油丝时表明油已经熬制好了。熬制完成之后将油倒入金属容器中静置自然冷却。

附图 5-48　土籽

附图 5-49　生桐油

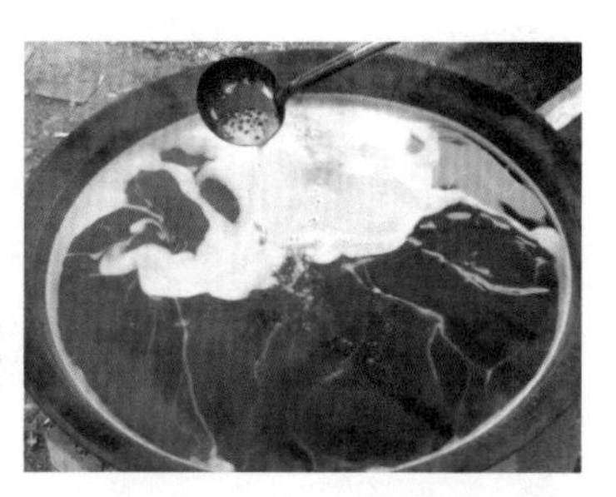

附图 5-50　灰油的熬制

4.5.3　地仗灰腻子的配制

油满的配制：油满是用净白面粉、石灰水和灰油调配而成，它的配合比以净白面粉：石灰水：灰油＝1：1.3：1.95 为最佳，但是在现实施工中工匠在配料时并不是严格按照这样的比例配制，而是根据经验来进行调配，相对最佳配合比，略微有所浮动。

地仗灰腻子的配比根据实际的用途来定，根据建设单位的要求，地仗施工时上下架大木构件均采用一麻五灰外加一布四灰工序。在进行灰层作业时，考虑到灰层在干燥时收缩力过大将下层灰牵揭撕起，因此在进行每层地仗灰配料时要求逐层减少油满的用量，增大猪血和桐油的用量。如附图 5-51、附图 5-52 所示。

血料选用发制好的成品血料进行施工。

4.5.4　地仗施工工艺

（1）地仗木基层施工工艺：

地仗在进行时的第一道工序是对木基层的处理。木基层处理的工序为：斩砍见木→撕缝→下竹钉→汁浆（附图 5-53～附图 5-55）。

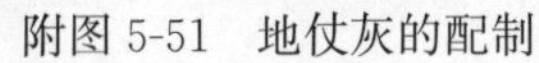

附图 5-51　地仗灰的配制

附图 5-52　调制好的地仗灰

附图 5-53　丝缝、下竹钉

附图 5-54　做银锭榫拉结

附图 5-55　汁浆

（2）一麻五灰地仗的操作工艺：

木基层处理→清扫→捉缝灰→打磨→修补清理→扫荡灰→打磨→清理→使麻→打磨清理→压麻灰→打磨清理→中灰→打磨清理→细灰→磨细钻生→打磨清理。

1）捉缝灰：经过木基层处理和汁浆工序之后，用刷子将表面的灰尘清扫干净，然后用油灰刀或刮铲将捉缝灰向木缝内填嵌，横推竖划，使缝内灰填满压实。对不平整、缺棱少角的部位进行初步的填补找平干后用砂纸进行打磨平整，并清理干净（附图 5-56）。

(*a*)

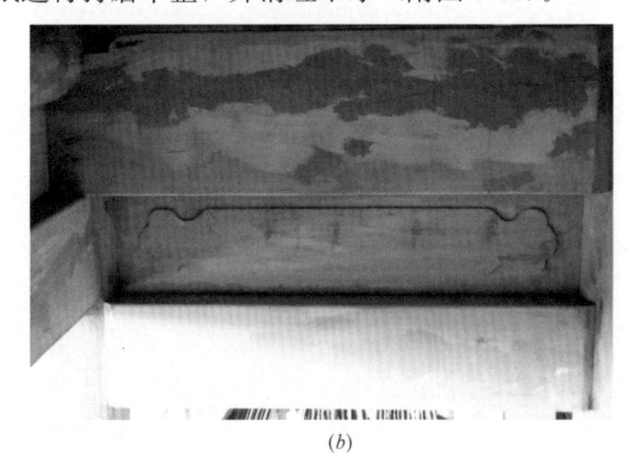

(*b*)

附图 5-56　捉缝灰

2）扫荡灰（附图 5-57）：它在捉缝灰之上，是披麻工序的基础，必须刮平刮直。在进行大木构架的通灰时，对大构件进行分段披灰，至少由两个人同时进行一个构件的通灰，一个人用灰板刮涂通灰，另一人用灰板将灰刮平刮直、找圆，并借助靠尺等水平工具进行辅助找平，对凹凸不平的部位进行补灰找平。完成之后再将阴角、接头部位找补顺平，修整平整。灰层完全干燥后用砂纸进行打磨，磨去表面的浮灰和不平整的部位，然后用干刷子清扫干净，为使麻做好准备。

(a)

(b)

附图 5-57　扫荡灰

3）使麻：本工程使用编制好的麻布来代替麻丝同样也能起到很好的保护作用。

披麻分为以下几道工序：

① 根据各个构件的大小，将麻布提前裁好，并标号分类码放。

② 刷开头浆：用刮板将油满血料刮于扫荡灰之上，其厚度以能浸透麻布孔为宜，油满血料必须满刷，厚度均匀。

③ 使麻：刷完开头浆之后，立即将裁好的麻布粘贴上去。粘贴麻布时拼接处要留在木材的背阴面或不易被看见的地方。麻布要粘贴平整，修剪掉麻布上的接结和有麻丝疙瘩的部位。剪掉疙瘩之后，要将周围剪断的麻丝头理顺，填补住因修剪产生的孔洞。

④ 轧麻：用刮板将麻布刮平理顺，目的是为了使麻布与头浆更好的粘结，轧麻时要顺着构件的方向进行，逐次轧 2～3 次，力度适宜，力度过大就会将过多的头浆从麻布孔里挤压出来，导致粘结不牢，容易出现空鼓。阴角部位的麻布要多刮几次，不能出现遗漏。

⑤ 稍生：将油满血料以 1∶1 的比例混合调匀，用刷子均匀地涂刷于麻层表面，不得出现遗漏。

⑥ 水压：在稍生完成之后对麻层进行检查，对粘结不牢固或过干的部位进行翻松，然后用沾满头浆的刷子反复进行刷，随刷随压，并将余浆挤出。完成后可再统一进行一次稍生，防止因干燥过快导致出现裂纹。

⑦ 整理：以上工序完成之后，进行详细检查，对棱角绷起、麻布松动等质量缺陷进行修正，有干麻的部位进行补浆修正。完成之后晾干 2～3 天。

4）压麻灰：在压麻灰进行之前对麻层打磨，要求打磨至麻茸浮起，但不得将麻丝磨断。打磨完成之后用羊毛刷将表面浮灰刷掉，再用刮板将调制好的压麻灰涂抹于麻上，要

(a)

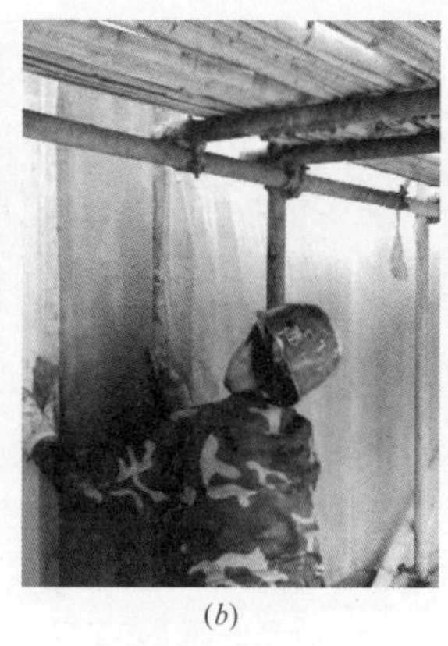
(b)

(c)

附图5-58　使麻

求压麻灰分层进行刮涂，第一遍先薄刮涂一遍，使灰头和麻布密实结合，然后再在其上刮几道，以能完全覆盖麻布为准，不宜过厚。在进行每层灰的过程中要借助靠尺等工具进行检验，保证木构件的平、直、圆。

5）中灰：压麻灰干燥之后要精心打磨，将构件通磨一遍，磨至平直、圆滑，清扫干净之后用刮板将中灰均匀地刮一道，灰层不宜过厚，对有线脚的部位进行轧线，线条压平直（附图5-59、附图5-60）。

附图5-59　压麻灰

附图5-60　中灰打磨

6）细灰（附图5-61）：中层灰干燥之后，用砂纸打磨清扫后进行细灰工序，在圆柱子等表面作细灰时改用软皮子进行，大面积的平整面用刮铲进行，灰层厚度不能超过2mm。披刮接头要平整，有线脚的地方再以细灰轧脚。干燥之后再修补找平，对所有细灰完成面检查，不平整的部位进行修补。检查完成后打磨。

7）一麻五灰地仗在细灰工序之后就结束了，根据建设单位要求在一麻五灰地仗上再加一布四灰工序。一布四灰工序中的捉缝灰及通灰均以中灰腻子的操作方式进行，两道灰之后进行裹布工序，裹布的操作流程及规范要求和披麻基本一致（附图5-62）。

8）磨细钻生：磨细要求精心细磨，用水磨砂纸进行细磨。钻生就是在等细灰层打磨完成之后，用刷子蘸生桐油刷于细灰表面，要求不能刷油过厚，不能出现流坠现象，第一遍钻完之后可根据情况再钻一次，保证桐油必须钻透。干燥后不得出现鸡爪纹和挂甲现

(*a*)

(*b*)

附图 5-61　细灰

附图 5-62　裹布

象。等钻生的桐油完全干燥之后用细砂纸精心细磨，保证完成面平整直顺。

4.5.5　地仗操作工艺注意事项

（1）在各层灰打磨清理时，要将表面的飞翘和浮灰磨掉；麻层磨至断斑，但是不能将麻丝磨断；最后两道灰要精心细磨，每打磨完一道灰层都要将表面的浮灰清扫干净。

（2）在使麻前，必须把木基层及捉缝灰处理好，避免因麻层以上面灰层过厚导致面层出现鸡爪纹和较大的裂纹等质量问题。

（3）刮灰时采取自上而下、自左向右的操作顺序。柱子刮灰时应先刮中段，后刮上下，由左向右操作。

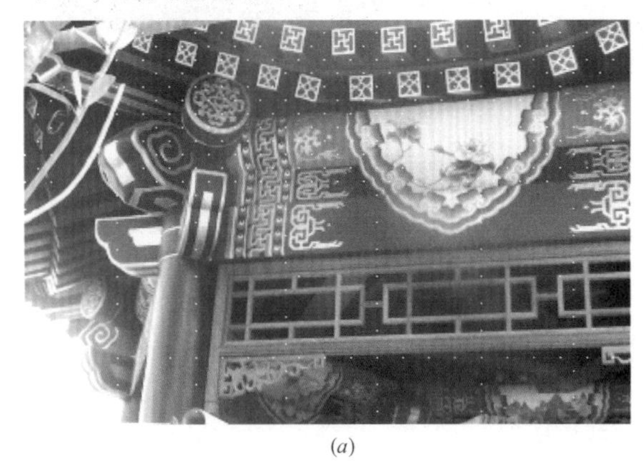

(*a*)

(*b*)

附图 5-63　完成后的彩画

（4）使麻时遇到柱顶、八字脚和柱顶石等部位时不可将麻粘在其上，必须间距 3～5mm，防止麻布与其接触吸潮腐烂。

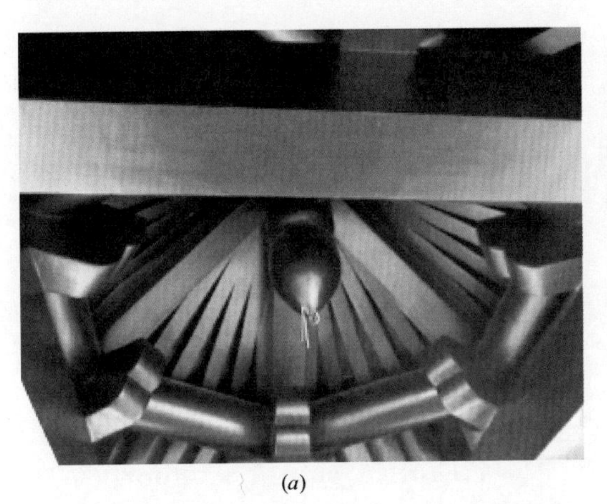
(a)

(b)

附图 5-64　完成后的油饰

(5) 在进行灰层之前，要对墙面及地面等进行成品保护。

5　工法使用成效

通过对施工中的一些施工技术及方法进行改进，对工程的质量改观起到了很大作用，赢得了建设单位及社会各方的称赞和表扬。同时还有幸邀请到了古建筑行业的专家及学者进行指导，获得了一致好评与肯定。公司也大力支持工法在公司内部的推广及实施，积极组织各分公司的技术人员进行现场学习。本工程荣获省级工法两项、省级 QC 两项、国家级 QC 一项，省级文明工地等。

附录6　中山图书馆旧址（亮宝楼）修缮项目

陕西古建园林建设有限公司
贺黎哲

1　中山图书馆旧址（亮宝楼）的历史

中山图书馆位于西安市南院门，始建于1902年，民间俗称“亮宝楼”，光绪末年、宣统初年扩建成“劝工陈列所”，随后成为清政府设立的第一批省级图书馆——陕西省图书馆的所在地。据有关资料记载，劝工陈列所（亮宝楼）扩建后占地面积12850余平方米，建筑布局为传统的两进四合院，门厅三间，依次有门楼、前院、四明厅、后院、亮宝楼及前、后院东西厢房七个部分。

“亮宝楼”主体面宽七间，纵深四间，为一高台建筑，高出地面2m有余，门楣上有南书房行走陆润庠为慈禧代笔所书“静观自得”四个大字。如附图6-1～附图6-3所示。

附图6-1　历史照片中的亮宝楼

2　工程简介

中山图书馆旧址修缮工程，位于西安市南院门53号，西邻西安市老市委大礼堂，建筑面积632.6m²，其中古建筑修复三座，亮宝楼建筑面积466m²，四明厅建筑面积117m²，西游廊49.6m²，重建南大门楼一座、东门一座以及传统青砖围墙67.2m，院内景观包含地面铺装 879m²，水池及拱桥一座，以及附属安装工程和装修工程（附图 6-4）。

附图 6-2　历史照片中经加固改造后的亮宝楼

附图 6-3　历史照片中的亮宝楼——静观自得

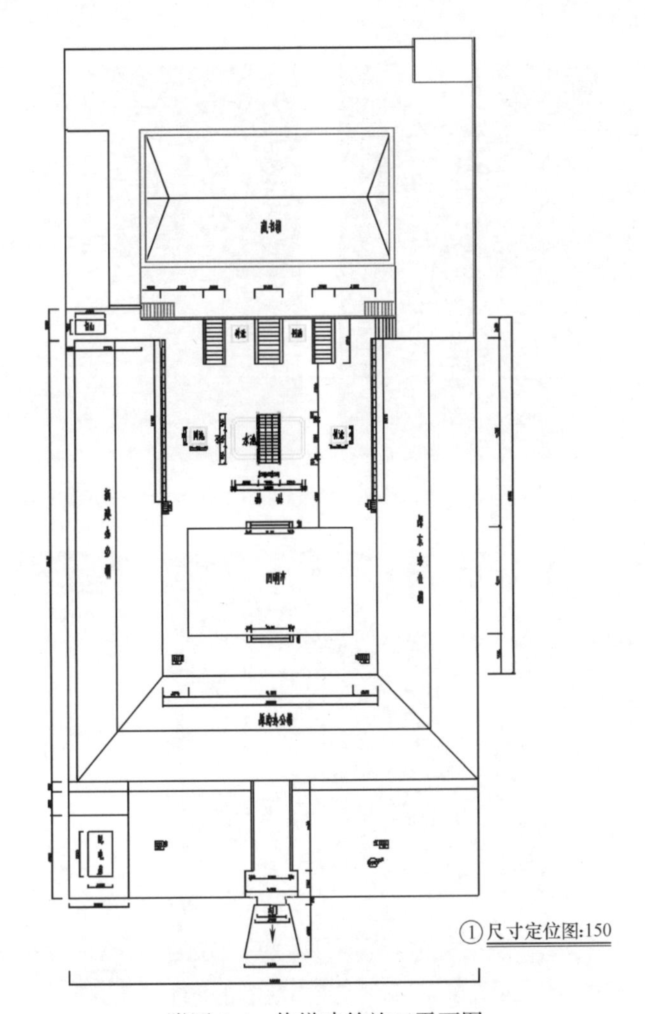

附图 6-4　修缮建筑施工平面图

3　建筑修复工作

3.1　亮宝楼

由于年久失修，亮宝楼（原陕西省图书馆藏书楼）损坏十分严重，建筑保存现状极差，屋面几乎完全坍塌，东侧雨水浸入亮宝楼东侧柱下基础，地基不均匀下陷达 146mm，墙体倾斜和开裂，角柱的外包砖基础自身也在基础下陷和风化导致的强度降低的联合作用下发生开裂。由于原建筑墙体为土坯墙内芯，外包青砖作为外立面，在屋面损坏后，雨水渗入墙内，导致墙内的木质暗柱均发生了不同程度的腐朽，同时土坯墙墙体也因为雨水的浸泡失去强度，而后在冲刷和风化联合作用下还原为黄泥顺缝隙随雨水流出，直接导致南立面西段完全坍塌，西立面和北立面也有不同程度的坍塌。北立面有一立柱完全腐朽下沉导致该处的地面一同发生下沉，结构情况十分危险。二层楼面木地板大部分发生了腐坏。楼梯大部分保存完好，从痕迹上可以看出楼梯有烧伤的痕迹，每个踏步上都有钢板条进行加固，推测为以前曾进行过加固维修或改造。一层地面为在原地砖上增加过一层水泥抹面。建筑外墙有一圈钢梁进行过加固，但加固作用效果并不明显。如附图 6-5～附图 6-8 所示。

附图 6-5　由于檐柱下沉造成的二层地面塌陷

附图 6-6　砖墙与土坯墙发生剥离

附图 6-7　亮宝楼前损毁的台明花墙

附图 6-8　修复前的楼梯柱头木雕

综合以上情况，最终制定部分落架大修的修缮方案。在施工开始前使用脚手架与损坏情况较轻不需要替换的中柱进行互相拉结，从建筑外侧向上延伸，在亮宝楼上方使用钢管架为主体搭设一个半封闭的保护大棚，在其顶面铺设彩钢屋面板，以此方式来保证在施工期间不因为下雨下雪以及阳光直晒造成无须进行替换的木构件发生二次损坏，尽可能保留原构件和材料，同时可以以脚手架为补充固定结构，将一些不需要拆下来重新安装的构件进行原位固定。如附图 6-9 所示。

附图 6-9　亮宝楼修缮保护大棚正在修缮施工中内景

随后，对拆除的构件进行测量、编号、拍照。通过对拆除构件的测量数据进行记录，如椽长度、直径、间距和根数，对于砖雕等艺术构件进行必要的测量以绘制大样图。对于拆下来的构件按序进行存放（附图 6-10、附图 6-11），木构件保存于干燥避雨的室内，砖雕构件按照拆除位置进行摆放，为补配做好准备工作，拔钉等铁件成对存放。

(a)

(b)

附图 6-10　拆除前对构件进行编号

(a)

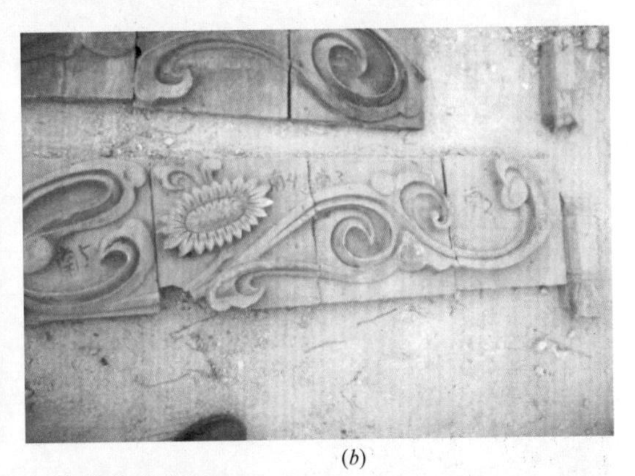

(b)

附图 6-11　拆除后的构件按序存放

拆除完成后，对原建筑的地基基础情况进行勘测，发现原建筑基础已完全损坏无法使用，经各方研究确定由设计单位重新设计新的地基处理方案和基础设计方案进行施工。

同时对损坏严重的木构件、柱顶石进行更换，对于未进行替换的中柱，将朽坏的部分进行了剔补和墩接。考虑到建筑设计的使用功能和结构安全，我方也在专家的建议下，与建设单位、监理单位和设计单位进行沟通，特别增加了抱柱和平枋以补充强度，二层的地面龙骨也进行了相应的调整。对于屋面的木椽条等，完全按照拆除的原材料的规格大小对损坏的构件进行替换。由于该建筑的外檐柱均为暗柱，因此对所用木材均进行了防腐处理，同时在砖墙砌筑的过程中，全部使用 SBC120 防水材料再次包裹，达到防腐的目的。如附图 6-12～附图 6-14 所示。

附图 6-12　替换的椽子

附图 6-13　替换的檐柱

附图 6-14　修缮中的青砖墙及包裹的防水材料

原建筑外墙上的砖雕由于墙体坍塌，部分出现裂缝、风化和遗失，因此在拆除时对于可再次使用的部件都进行编号，按原样摆放，对无法使用的以及遗失的部件，我们特地寻找与原材料相近的青砖胎体，在现场进行手工雕刻，雕刻前进行策划翻样，在雕刻过程中随时与原部件之间进行对比，尽可能保证新做部件与原有部件之间形制吻合，风格一致。在砌筑过程中严格按照原先测量的尺寸进行砌筑，还原原建筑的砌筑方法和效果，力求新旧青砖砌筑完成后，尺寸一致，灰缝宽度一致，保持建筑原有风貌。如附图 6-15～附图 6-21 所示。

附图 6-15　雕刻师傅在现场对损失的砖雕进行雕刻

附图 6-16　雕刻完成后统一存放的砖雕

附图 6-17 修复后的砖雕

附图 6-18 修复前的角柱

附图 6-19 修复后的角柱

由于原建筑的防水处理方法上存在先天性的材料限制，在本次修缮过程中特别增加了两道防水层。屋面铺瓦使用的是经过现场人工挑选后的旧瓦，将损坏的瓦片剔除，挑选完好的瓦片使用，铺瓦方案也遵循历史旧貌进行铺设。

室内地面使用了规格更为整齐一致的御窑金砖进行铺设。铺设前对现场进行测量，做铺设前计划，铺设时严格控制砖间缝隙大小，随时对缝，随时测量，保证横平竖直，互相垂直，杜绝斜缝、歪缝、大头小尾情况出现。室外地面所用青砖也逐一进行了磨切，力求尺寸一致，铺设前进行策划，铺设中进行量准，铺设后进行勾缝检查，保证工程施工质量。

如附图 6-22～附图 6-27 所示。

附图 6-20　修复前的亮宝楼内楼梯

附图 6-21　修复后的亮宝楼内楼梯

附图 6-22　修复前的亮宝楼东立面

附图 6-23　修复后的亮宝楼

附图 6-24　修复前的亮宝楼局部坍塌南立面

附图 6-25　修复后的亮宝楼南立面

附图 6-26　修复前的亮宝楼内景

附图 6-27　修复完成后的亮宝楼内景

3.2　四明厅

四明厅曾被作为商业建筑改造使用过，当时的使用方对原建筑的墙体、座凳、门窗等均拆除废弃，而后将四明厅南北两面使用落地玻璃进行了围挡，东西两侧砌筑墙体，同时做了吊顶。进场后对新加的部分进行了拆除，随后对建筑原始遗存进行了详细的查勘，最终制订了揭瓦亮椽的修缮方案。如附图 6-28～附图 6-31 所示。

附图 6-28　历史照片中四明厅一角

附图 6-29　修复前的四明厅北立面

附图 6-30　揭瓦亮椽的四明厅

附图 6-31　替换损坏构件的四明厅

将屋面拆除至望板后，将损坏的椽、角梁进行原规格替换，随后采用与亮宝楼相同的屋面处理方案，所使用瓦件规格、花式均参照原先的瓦件进行配置。

原使用单位在重新装修时未对上架的花格窗部分进行破坏，因此我方施工中仅对其中的腐坏件进行了少量替换。同时按照历史资料和照片的记载，对四明厅的门、窗、座椅进行恢复，门扇的花形，座凳的高度、样式等均为参照原照片进行制作（附图 6-32、附图 6-33）。

附图 6-32　修复前的四明厅南立面

附图 6-33　修复后的四明厅

3.3　西游廊

西游廊属于亮宝楼的配套建筑的一部分。原本在对应的东侧还有一个东游廊，但是在历史演进中已被拆除变成了马路的一部分。因此在本次工程修复中，仅对西游廊进行了部分落架大修，对各类损坏的木构件进行了替换修复。墙地面的砌筑铺贴工作均按照亮宝楼的方案进行，屋面做法亦与亮宝楼相同。如附图 6-34、附图 6-35 所示。

3.4　南门楼

南门楼的重建是一个比较特殊的部分。原先的南大门楼已经在历史进程中被彻底地拆除并建成市政道路，无法完全按照原大门楼的规制进行完整的恢复。在进行了多次的讨论和修改后，现在复建的南大门楼在正立面的形制上与原门楼一致，对门楼的进深进行了调整，取消了两侧的门房，在大门后保留一间木质门楼，按照历史规制完全还原制作方法。

附图 6-34　修复前的西游廊

附图 6-35　修复后的西游廊

由于原件已遗失无法寻找，因此门楣上方的“中山图书馆”匾额为按照历史照片进行复制的石材雕刻作品（附图 6-36～附图 6-38）。

附图 6-36　历史照片中的南院大门

附图 6-37 重制的中山图书馆匾额

附图 6-38 修复后的南门楼全景

5 结语

在本次修复工程中，我们通过详细的勘察调研，通过对历史照片、文献等资料的查阅等方式尽可能地寻找并恢复原始的建筑风貌，采用了现代施工技术方案，最大程度保留原始建筑的历史观感，让历经百余年的古建筑继续履行凝固历史的使命，继续默默讲述着过去的故事。

参考文献

[1] 梁思成. 梁思成全集（第七卷）[M]. 北京：中国建筑工业出版社，2001.

[2] 马炳坚. 中国古建筑木作营造技术 [M]. 北京：科学技术出版社，2003.

[3] 刘大可. 中国古建筑瓦石营法（第 2 版）[M]. 北京：中国建筑工业出版社，2015.

[4] 蒋广庆. 中国清代官式建筑彩画技术 [M]. 北京：中国建筑工业出版社，2005.

[5] 王效清，王小清. 中国古建筑术语辞典 [M]. 北京：文物出版社，1996.

[6] 李剑平. 中国古建筑名词图解词典 [M]. 太原：山西科学技术出版社，2011.

[7] 北京市建设委员会. 中国古建筑修建施工工艺 [M]. 北京：中国建筑工业出版社，2007.

[8] 刘大可. 古建筑工程施 3232 艺标准 [M]. 北京：中国建筑工业出版社，2009.

[9] 刘大可. 中国古建筑营造技术导则 [M]. 北京：中国建筑工业出版社，2016.

[10] 中华人民共和国行业标准. 古建筑修建工程质量检验评定标准（北方地区）CJJ 39—91 [S]. 北京：中国建筑工业出版社，1991.

[11] 中华人民共和国行业标准. 古建筑修建工程质量检验评定标准（南方地区）CJJ 70—96 [S]. 北京：中国建筑工业出版社，1996.

[12] 中华人民共和国行业标准. 古建筑修建工程施工与质量验收规范 JGJ 159—2008 [S]. 北京：中国建筑工业出版社，2013.

[13] 中华人民共和国行业标准. 仿古建筑施工工艺标准 DBJ 61/T 122—2016 [S]. 北京：中国建材工业出版社，2017.

跋

檐牙斗角，匠心独具。中国传统建筑源远流长，举世惊奇。

陕西建工集团及所属企业长期从事传统建筑工程施工，承建了陕西历史博物馆、三唐工程（唐华宾馆、唐歌舞厅、唐代艺术博物馆）、大唐芙蓉园、曲江池遗址公园、楼观台景区、少林寺景区入口工程等一大批享誉中外的仿古建筑（群），多项工程荣获国家优质工程和省级优质工程奖。通过长期施工实践，陕西建工集团广大工程技术人员发扬“工匠精神”，不断总结经验，自主创新工艺做法，形成了一大批企业独有的专利、专有技术、施工工法和工艺，其中荣获 5 项古建筑类国家级工法、30 项省级工法。

由陕西古建园林建设有限公司、陕西建工第三建设集团有限公司、陕西建工第七建设集团有限公司组织编写的《传统建筑工程施工工法》一书，是从陕西建工集团总结形成的诸多施工工法中认真遴选出 23 项施工工法编写而成。这些施工工法技术内容新颖，具有较高的参考价值。

该书由姬脉贤主编，时炜策划并统稿，王海鹏、王瑾、雷亚军三位同志分别负责部分书稿的审核修改。书稿编写过程中，还得到了业内专家、同仁的多方支持，著名古建专家刘大可先生和贾华勇先生欣然为本书作序，并审核了书稿，提出了许多宝贵意见。在此，对关心本书编写的诸位专家同仁一并表示衷心谢意。

今年适逢陕西古建园林建设有限公司成立十周年，又正值该书的出版，特此致贺。

记。